MATHEMATICA kompakt

Hans Benker

MATHEMATICA
kompakt

Mathematische Problemlösungen
für Ingenieure, Mathematiker
und Naturwissenschaftler

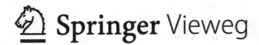

Hans Benker
Halle-Wittenberg, Deutschland

ISBN 978-3-662-49610-7   ISBN 978-3-662-49611-4   (eBook)
DOI 10.1007/978-3-662-49611-4

Die Deutsche Nationalbibliothek verzeichnet diese Publikation in der Deutschen Nationalbibliografie; detaillierte bibliografische Daten sind im Internet über http://dnb.d-nb.de abrufbar.

Springer Vieweg

Gedruckt auf säurefreiem und chlorfrei gebleichtem Papier

Springer Vieweg ist Teil von Springer Nature
Die eingetragene Gesellschaft ist Springer-Verlag GmbH Berlin Heidelberg
Die Anschrift der Gesellschaft ist: Heidelberger Platz 3, 14197 Berlin, Germany

Vorwort

Im heutigen Computerzeitalter werden mathematische Probleme meistens nicht mehr per Hand berechnet, wie in vielen Mathematiklehrbüchern praktiziert ist.

Man setzt verstärkt Mathematik- und Tabellenkalkulationsprogramme ein, um anfallende mathematische Berechnungen mit einem vertretbaren Aufwand unter Verwendung von Computern bewältigen zu können.

Das vorliegende Buch berücksichtigt diese Entwicklung, indem es durchgehend das *Mathematikprogramm* (Computeralgebraprogramm) MATHEMATICA einsetzt:

- Im Buch wird die neue Version 10 von MATHEMATICA berücksichtigt, die auf PCs unter WINDOWS (oder LINUX) läuft ebenso wie auf APPLE-Computern:
  - Die auf einem zur Verfügung stehenden Computer installierte Version ist aus der Hilfe von MATHEMATICA ersichtlich.
  - MATHEMATICA 10 ist *abwärts kompatible* zu früheren Versionen, wie z. B. 9 und 8. Dies bedeutet, dass Änderungen in neuen Versionen von MATHEMATICA hauptsächlich die Effektivität und nur geringfügig die Benutzeroberfläche betreffen, während sich die Vorgehensweise nicht ändert.
  - MATHEMATICA besitzt die klassische WINDOWS-Benutzeroberfläche mit einer *Menüleiste* aber keinen *Symbolleisten*.

- MATHEMATICA gehört neben MAPLE zu den am weitesten entwickelten Computeralgebraprogrammen, in die zusätzlich effektive numerische Algorithmen (Näherungsmethoden) aufgenommen wurden:

  Da sich zahlreiche in Anwendungen auftretende (vor allem nichtlineare) mathematische Probleme nicht exakt mit Methoden der Computeralgebra berechnen lassen, ist MATHEMATICA deshalb aufgrund der integrierten numerischen Algorithmen auch für Ingenieure und Naturwissenschaftler ein wesentliches Berechnungsprogramm.

Das vorliegende *Buch* ist in *drei Teile* aufgeteilt:

I. Der *erste Teil* des Buches (Kap.1-10) gibt eine kurze Einführung in MATHEMATICA. Es wird ein Überblick über Aufbau und Arbeitsweise von MATHEMATICA und die integrierte Programmiersprache gegeben, so dass auch Einsteiger in der Lage sind, MATHEMATICA effektiv einzusetzen.

II. Der *zweite Teil* des Buches (Kap.11-21) gibt eine Einführung in *Grundgebiete* der Mathematik für Ingenieure und Naturwissenschaftler (Ingenieurmathematik) wie u.a. Gleichungen, Differential- und Integralrechnung, wobei Berechnungen mit MATHEMATICA im Vordergrund stehen.

III. Im *dritten Teil* des Buches (Kap.22-26) werden wichtige *Spezialgebiete* der Mathematik für Ingenieure und Naturwissenschaftler (Ingenieurmathematik) wie Differentialgleichungen, Transformationen, Wahrscheinlichkeitsrechnung und Statistik vorgestellt, wobei ebenfalls Berechnungen mit MATHEMATICA im Vordergrund stehen.

Das vorliegende *Buch* lässt sich folgendermaßen *charakterisieren:*

- Da das Buch [33] von St. Wolfram in Englischer Sprache einen Umfang von über 1400 Seiten hat, ist es natürlich beim vorliegenden Buch mit einem Umfang von ¼ nicht möglich, auf alle Einzelheiten einzugehen. Das vorliegende Buch enthält jedoch die wichtigen Details, so dass Anwender unter Verwendung der Hilfe von MATHEMATICA in der Lage sind, anfallende mathematische Berechnungen ohne Probleme durchzuführen.

– Da MATHEMATICA nicht ohne mathematische Grundkenntnisse anwendbar ist, werden Grundlagen und Probleme der Ingenieurmathematik anschaulich besprochen, d.h. Theorie und numerische Methoden (Näherungsmethoden) werden nur soweit dargestellt, wie es für Anwendungen erforderlich ist. Dies bedeutet, dass auf Beweise und ausführliche theoretische Abhandlungen verzichtet wird, dafür aber notwendige Grundlagen, Formeln und Methoden anschaulich an Beispielen unter Einsatz von MATHEMATICA erläutert und illustriert werden:
Damit sind auch Einsteiger in der Lage, mathematische Probleme mittels MATHEMATICA problemlos zu berechnen.

– Das Buch lässt sich auch als Nachschlagewerk bei mathematischen Unklarheiten und bei der Aufstellung mathematischer Modelle für Naturwissenschaft und Technik verwenden.

– In den entsprechenden Kapiteln ist erörtert, wann zur Berechnung auf *spezielle Programmsysteme* zurückgegriffen werden muss. Dies resultiert aus dem Sachverhalt, dass MATHEMATICA als allgemeines Mathematikprogramm (mit Computeralgebra- und Numerikmethoden) konzipiert ist und somit vor allem für hochdimensionale und/oder nichtlineare Probleme natürliche Grenzen gesetzt sind.

Das vorliegende Buch ist aus Lehrveranstaltungen und Computerpraktika entstanden, die der Autor an der Universität Halle gehalten hat, und wendet sich sowohl an *Studenten, Dozenten und Professoren* der

Mathematik, Ingenieurmathematik, Technik- und *Naturwissenschaften*

von Fachhochschulen und Universitäten als auch in der *Praxis* tätige

Mathematiker, Ingenieure und *Naturwissenschaftler.*

Da die behandelten und mit MATHEMATICA berechneten mathematischen Probleme nicht nur zu den Grundlagen der Ingenieurmathematik gehören, kann das vorliegende Buch auch von *Wirtschaftswissenschaftlern* konsultiert werden, um MATHEMATICA erfolgreich einzusetzen.

♦

Im Folgenden werden Hinweise zur *Gestaltung* des *Buches* gegeben:

• In *Kursivdruck* sind wichtige Begriffe geschrieben.

• In **Fettdruck** sind geschrieben:
  – *Überschriften* und Namen von *Abbildungen, Beispielen, Listen, Vektoren* und *Matrizen,*
  – *Dialogfenster/Dialogboxen* von MATHEMATICA,
  – *Internetadressen,*
  – *Menüs* und *Untermenüs* in Notebooks von MATHEMATICA,
  – *Inputs* **In**[...] und *Outputs* **Out**[...] in MATHEMATICA-Notebooks,
  – *Dateiendungen,*
  – In MATHEMATICA integrierte (vordefinierte) *Funktionen* (*Built-in Functions*) und *Kommandos*, die wir als MATHEMATICA-Funktionen bzw. MATHEMATICA-Kommandos (Befehle) bezeichnen,
  – In MATHEMATICA integrierte (vordefinierte) *Konstanten*, die wir als MATHEMATICA-Konstanten bezeichnen,

- *Befehle* (Schlüsselworte) der in MATHEMATICA integrierten *Programmierspra-che*.
- In GROSSBUCHSTABEN sind geschrieben:
  Datei-, Operator-, Programm-, Tasten- und Verzeichnisnamen.
- *Abbildungen* und *Beispiele* werden in jedem Kapitel mit 1 beginnend durchnummeriert, wobei die Kapitelnummer vorangestellt ist. So bezeichnen z.B. **Abb. 4.5** und **Beisp.2.8** die Abbildung 5 aus Kapitel 4 bzw. das Beispiel 8 aus Kapitel 2.
- Bei Hinweisen auf bestimmte *Bücher* des *Literaturverzeichnisses* wird deren Nummern in eckige Klammern [...] eingeschlossen.
- *Bemerkungen* beginnen mit dem Pfeil

und enden mit dem Symbol

♦

wenn sie vom folgenden Text abzugrenzen sind.
- Eine *Folge* von *Menüs* und *Untermenüs* (*Menüfolge*) für durchzuführende Aktivitäten (Berechnungen) in Notebooks von MATHEMATICA wird durch Pfeile ⇒ getrennt.
- *Tasten* werden mit Rahmen angezeigt, wie z.B. ⇧ für SHIFT und ↵ für ENTER (EINGABE). Für *Tastenkombinationen* werden diese Tasten hintereinandergeschrieben, wie z.B. ⇧ ↵ für SHIFT+ENTER, die für die Auslösung der Arbeit von MATHEMATICA im aktuellen Notebook zu drücken sind.

Für die *Unterstützung* bei der Erstellung des Buches möchte ich *danken:*
- Frau Hestermann-Beyerle und Frau Kollmar-Thoni vom Verlag Springer-Vieweg für die Aufnahme des Buchtitels in das Verlagsprogramm und die Unterstützung bei der Erstellung des Manuskripts.
- Meiner Gattin Doris, die großes Verständnis für meine Arbeit an den Abenden und Wochenenden aufgebracht hat.
- Meiner Tochter Uta für Hilfen bei Computerfragen.

Über Fragen, Hinweise, Anregungen und Verbesserungsvorschläge würde sich der Autor freuen. Sie können an folgende E-Mail-Adresse gesendet werden:

hans.benker@mathematik.uni-halle.de

Halle, Frühjahr 2016   Hans Benker

Inhaltsverzeichnis

TEIL I: Einführung in MATHEMATICA

TEIL III: Anwendung von MATHEMATICA in Spezialgebieten der Mathematik (Ingenieurmathematik)

1 Einleitung

1.1 Mathematische Berechnungen mit dem Computer

MATHEMATICA gehört zur Klasse von *Mathematikprogrammen*, die zur Berechnung *mathematischer Probleme* mittels *Computer* entwickelt wurden und laufend verbessert werden.

Alle *Mathematikprogramme* sind so konzipiert, dass Anwender benötigte Algorithmen zur exakten bzw. numerischen Berechnung mathematischer Probleme nicht kennen bzw. programmieren müssen:

– Mit Mathematikprogrammen lassen sich zahlreiche in Technik-, Natur- und Wirtschaftswissenschaften anfallende Probleme mit mathematischem Hintergrund berechnen, da neben integrierten (vordefinierten) *Berechnungsfunktionen* zusätzlich *Erweiterungspakete* für technische, natur- und wirtschaftswissenschaftliche Gebiete existieren bzw. entwickelt werden.

– In Mathematikprogrammen ist meistens eine *Programmiersprache* integriert, so dass Anwender gegebenenfalls eigene Programme erstellen können, falls für gewisse Probleme keine Berechnungsfunktionen bzw. Erweiterungspakete vorhanden sind.

1.1.1 Anwendung der Computeralgebra

Da in Computern nur Zahlendarstellungen mit endlicher Anzahl von Ziffern möglich sind, könnte man annehmen, dass mit ihnen und damit mit allen Mathematikprogrammen und auch mit MATHEMATICA nur *numerische* (näherungsweise) *Berechnungen* auf Basis endlicher Dezimalzahlen (Gleitkommazahlen) durchführbar sind.

Dies ist jedoch nicht der Fall, wie die sich mit der Computerentwicklung seit den 1950er Jahren herausgebildete mathematische Theorie zeigt, die *exakte* (symbolische) *Berechnungen* mathematischer Probleme mittels Computern zum Inhalt hat und als *Computeralgebra* bezeichnet wird.

Die *Computeralgebra* ist folgendermaßen *charakterisiert:*

– Sie wird im Gegensatz zum *numerischen* (näherungsweisen) Rechnen (siehe Abschn. 1.1.2) als *exaktes* (symbolisches) *Rechnen* bezeichnet, weil mit Symbolen (Formeln) gerechnet (manipuliert) wird, die mathematische Gegenstände repräsentieren.

  Diese Gegenstände können Zahlen, algebraische Ausdrücke, Gleichungen oder auch Elemente der abstrakten Algebra sein, für die sich mit exakten (symbolischen) Manipulationen (Rechnungen) gewisse Lösungsformen finden lassen. Man spricht deshalb neben *Computeralgebra* und *symbolischem Rechnen* auch von *Formelmanipulation*, wobei letztere Bezeichnung den Sachverhalt am besten trifft.

– Dabei steht der Begriff *Algebra* in Computeralgebra für die Vorgehensweise, d.h. es lassen sich nicht nur Probleme der Algebra exakt berechnen, sondern auch Probleme mit symbolischen Ausdrücken der mathematischen Analysis, wie im Buch zu sehen ist.

– Computerprogramme zur Anwendung der Computeralgebra (*Computeralgebraprogramme*) werden auch als *Computeralgebrasysteme* (Abkürzung: CAS) bezeichnet. Die bekannten Programme MATHEMATICA und MAPLE waren zu Beginn reine CAS und

wurden erst in ihrer weiteren Entwicklung durch Aufnahme von numerischen Algorithmen (Näherungsmethoden) zu universellen *Mathematikprogrammen*.
– Die Computeralgebra bildet einen aktuellen Forschungsschwerpunkt der Mathematik, da sie wirkungsvolle Algorithmen zur *exakten Berechnung* mathematischer Probleme mittels Computer entwickelt.

Mittels *Computeralgebra* lassen sich mathematische Probleme auf einem Computer nur exakt berechnen, wenn ein Algorithmus bekannt ist, der exakte Ergebnisse nach endlich vielen Schritten liefert, d.h. ein *endlicher Berechnungsalgorithmus*. Typische Beispiele hierfür sind:
– Umformung mathematischer Ausdrücke (siehe Kap.13),
– Lösung linearer Gleichungen mittels Gaußschen Algorithmus (siehe Abschn.17.2),
– Ableitung (Differentiation) von Funktionen, die sich aus elementaren differenzierbaren Funktionen zusammensetzen (siehe Abschn.18.2).
– Berechnung gewisser Integrale und Lösung gewisser linearer Differenzen- und Differentialgleichungen (siehe Kap.19 und 22).

Die *Computeralgebra* liefert für gewisse Probleme auch Aussagen, dass eine exakte Berechnung möglich bzw. unmöglich ist (z.B. für die Integralberechnung).
Wer sich ausführlicher mit der Problematik der Computeralgebra beschäftigen möchte, kann die deutschsprachige Literatur [127,128] konsultieren. Eine leicht verständliche *Einführung* in *symbolisches Rechnen* (Computeralgebra) findet man in dem *Script* von H.G. Gräbe [126], der sich aus dem Internet kostenlos herunterladen lässt.
♦

Vor- und *Nachteile* von *Computeralgebramethoden* sind folgendermaßen charakterisiert:

Vorteile bestehen im Folgenden:
– Formelmäßige Eingabe zu berechnender Probleme.
– Ergebnisse werden ebenfalls als Formel geliefert. Diese Vorgehensweise ist der manuellen Berechnung mit Papier und Bleistift angepasst.
– Da mit Zahlen exakt (symbolisch) gerechnet wird, treten keinerlei Fehler auf, so dass exakte Ergebnisse erhalten werden.
– Die exakt berechneten Ergebnisse (Lösungen), die in Form von Formeln vorliegen, sind universell einsetzbar.

Nachteile bestehen im Folgenden:
– Es sind nur solche Probleme berechenbar, für die ein *endlicher Berechnungsalgorithmus* bekannt ist. Derartige Algorithmen gibt es nur für spezielle Kategorien von Problemen (vor allem für lineare Probleme), wie im Buch illustriert ist.
– Viele in der Praxis auftretende mathematische Probleme sind jedoch nicht exakt (symbolisch) lösbar, wobei dies meistens nichtlineare Probleme betrifft.

Computeralgebra (*Formelmanipulation, Symbolisches Rechnen*) lässt sich umgangssprachlich als Rechnen mit Buchstaben (Symbolen) und Formeln mittels Computer interpretieren. Das folgende Beisp.1.1 liefert eine erste *Illustration* zur Problematik der *Computeralgebra*.

Beispiel 1.1:

Illustration zur Problematik der Computeralgebra mit Anwendung von MATHEMATICA:

a) *Reelle Zahlen* wie z.B. $\sqrt{2}$ und π werden nach Eingabe im Rahmen der *Computeralgebra* (exakte Berechnungen) nicht durch eine endliche Dezimalzahl

$$\sqrt{2} \approx 1.414214... \text{ bzw. } \pi \approx 3.141593...$$

approximiert, wie dies bei *numerischen Algorithmen* der Fall ist, sondern werden formelmäßig (symbolisch) als $\sqrt{2}$ bzw. π erfasst, d.h.:

In[1]:= **Sqrt**[2] oder **In**[1]:= $\sqrt{2}$ bzw.   **In**[2]:= **Pi** oder **In**[2]:= π

so dass bei weiteren Berechnungen wie z.B. $(\sqrt{2})^2$ der exakte Wert 2 folgt.

b) An der Lösung des einfachen linearen Gleichungssystems

a·x+y=1

x+b·y=0

das zwei frei wählbare Parameter a und b enthält, ist ein typischer *Unterschied* zwischen *Computeralgebra* und *numerischen Algorithmen* zu sehen. Der *Vorteil* der *Computeralgebra* liegt darin, dass die Lösung in Abhängigkeit von a und b gefunden wird, während numerische Algorithmen für a und b Zahlenwerte benötigen.

MATHEMATICA berechnet im aktuellen Notebook bei exakter (symbolischer) Lösung mit der integrierten (vordefinierten) Funktion **Solve** (siehe Abschn.17.2.2):

In[1]:= **Solve**[{a∗x+y==1, x+b∗y==0}, {x, y}]

Out[1]={{ $x \rightarrow \dfrac{b}{-1+ab}$, $y \rightarrow \dfrac{-1}{-1+ab}$ }}

die *formelmäßige Lösung*

$$x = \frac{b}{-1+a \cdot b} \quad , \quad y = \frac{-1}{-1+a \cdot b}$$

in Abhängigkeit von den Parametern a und b. Der Anwender muss lediglich erkennen, dass für a und b die Ungleichung a·b≠1 zu fordern ist, da sonst keine Lösung existiert.

c) Ein weiteres typisches Beispiel für die Anwendung der *Computeralgebra* liefert die *Differentiation* von Funktionen (siehe Abschn.18.2):

– Durch Kenntnis der Ableitungen elementarer mathematischer Funktionen und bekannter *Differentiationsregeln:*

Summenregel, Produktregel, Quotientenregel, Kettenregel

kann die Differentiation jeder noch so komplizierten (differenzierbaren) Funktion exakt durchgeführt werden, die sich aus elementaren Funktionen zusammensetzt.

– Dies lässt sich als *algebraische Behandlung* der *Differentiation* interpretieren.

So berechnet MATHEMATICA ohne Probleme exakt z.B. die 3.Ableitung (siehe Abschn.18.2) der Funktion x^x mittels der Differentiationsfunktion **D**:

In[1]:= **D**[x^x, {x, 3}]

Out[1]= $2x^{-1+x}(1+\textbf{Log}[x])+x^x(1+\textbf{Log}[x])^3+x^{-1+x}((-1+x)/x+\textbf{Log}[x])$

◆

1.1.2 Anwendung der Numerischen Mathematik (Numerik)

Da sich in Anwendungen auftretende (vor allem nichtlineare) mathematische Probleme häufig nicht exakt (symbolisch) mit Methoden der Computeralgebra berechnen lassen, sind *Algorithmen* (Näherungsmethoden) der *Numerischen Mathematik* (Numerik) erforderlich, die *numerisches* (näherungsweises) *Rechnen* zum Inhalt hat.

In aktuellen Versionen von MATHEMATICA und auch MAPLE sind effektive Varianten numerischer Algorithmen integriert.

Im Gegensatz zur Computeralgebra rechnen die Algorithmen (Methoden) der *Numerischen Mathematik* mit gerundeten Dezimalzahlen (Gleitkommazahlen) und liefern i.Allg. nur Näherungsergebnisse, so dass von *numerischen Algorithmen, numerischen Methoden* oder *Näherungsmethoden* gesprochen wird.

Die *Numerische Mathematik* (Numerik) ist ein umfangreiches Gebiet und stellt einen Forschungsschwerpunkt dar, um neue und effektive numerische Algorithmen für verschiedene Gebiete der Mathematik zu entwickeln.

◆

Numerische Algorithmen (Methoden) sind folgendermaßen *charakterisiert:*

– Der *Vorteil* liegt in ihrer *Universalität*, d.h. sie lassen sich zur näherungsweisen Berechnung der meisten mathematischen Probleme entwickeln.

– *Nachteile* bestehen im Folgenden:

Numerische Algorithmen liefern in einer endlichen Anzahl von Schritten meistens nur *Näherungsergebnisse*. Es können *Fehler auftreten* (siehe Abschn.4.3.2).

Für hochdimensionale und komplizierte Probleme können numerische Algorithmen einen großen Rechenaufwand erfordern, dem selbst die heutige Computertechnik nicht gewachsen ist.

Wer sich ausführlicher mit Numerik beschäftigen möchte, kann die umfangreiche Literatur zur Numerischen Mathematik konsultieren.

◆

1.1.3 Computerprogramme für mathematische Berechnungen (Mathematikprogramme)

Da sich nicht jeder für benötigte mathematische Berechnungen mit Computeralgebra und Numerik beschäftigen und hierfür Programme erstellen kann, wurden *Computerprogramme* zur *Computeralgebra* und *Numerik* von verschiedenen Softwarefirmen erstellt und werden weiterentwickelt. Derartige auch als *Mathematikprogramme* bezeichneten Programme sind auch von Nichtmathematikern ohne tiefere Mathematikkenntnisse einsetzbar, um anfallende mathematische Probleme berechnen zu können.

Es gibt eine Reihe von *Mathematikprogrammen* (siehe Abschn.1.2 und 1.3), von denen MATHEMATICA im folgenden Abschn.1.2 kurz und in den Kap.2-4 ausführlicher vorgestellt und im gesamten Buch angewandt wird.

♦

1.1.4 Computerprogramme für Tabellenkalkulation (Tabellenkalkulationsprogramme)

Unter *Tabellenkalkulation* wird die Erstellung, Verwaltung, Bearbeitung und grafische Darstellung von Daten (meistens in Form von Zahlen) unter Verwendung zweidimensionaler *Tabellen* verstanden.

Da im kaufmännischen Bereich umfangreiche Datenmengen anfallen, liegt hier ein Schwerpunkt für den Einsatz der Tabellenkalkulation.

Häufig ist unbekannt, dass *Tabellenkalkulationsprogramme* eine Reihe von Problemen der Mathematik und damit auch der Ingenieurmathematik berechnen können, wie im Abschn. 1.4 kurz und in den Büchern [114,115] des Autors ausführlich erläutert wird.

♦

1.2 Mathematikprogramm (Computeralgebraprogramm, Computeralgebrasystem) MATHEMATICA

MATHEMATICA hat als eines der ersten *Computeralgebraprogramme* (Computeralgebrasysteme - CAS) unter einer *Bedieneroberfläche* (*Benutzeroberfläche*) exakte (symbolische) und numerische (näherungsweise) Berechnungen und grafische Darstellungen vereinigt, die ständig weiterentwickelt werden:

- Als großes Programm besitzt MATHEMATICA eine *Modulstruktur*, die Kap.3 vorstellt.

- Da MATHEMATICA in der Lage ist, sowohl *exakte* als auch *numerische Berechnungen* durchzuführen, ist es ebenso wie MAPLE kein reines Computeralgebraprogramm (CAS) mehr und wird deshalb besser als *Mathematikprogramm* bezeichnet:

  - MATHEMATICA berechnet als weit entwickeltes *Computeralgebraprogramm* (Computeralgebrasystem - CAS) mathematische Probleme *exakt*, wenn dies im Rahmen der Computeralgebra möglich ist, d.h. endliche Lösungsalgorithmen existieren. Meistens sind das lineare Probleme wie u.a. lineare Gleichungen, Differenzen- und Differentialgleichungen und lineare Optimierungsprobleme. MATHEMATICA kann auch sämtliche Ableitungen differenzierbarer Funktionen und gewisse Integrale exakt berechnen, wie im Rahmen des Buches zu sehen ist.

  - Bei der Entwicklung von MATHEMATICA werden nicht nur integrierte Algorithmen der Computeralgebra an den gegenwärtigen Forschungsstand angepasst, sondern auch effektive moderne numerische Algorithmen aufgenommen, so dass sich

zahlreiche (vor allem nichtlineare) mathematische Probleme numerisch (näherungsweise) berechnen lassen.

Es lässt sich kein bestes *Mathematikprogramm* angeben. Alle haben Vor- und Nachteile,
die auch von den zu berechnenden Problemen abhängen.

Stehen Anwendern neben MATHEMATICA weitere Mathematikprogramme zur Verfügung, so sollten diese für gleiche zu berechnende Probleme eingesetzt werden, um ihre
Leistungsfähigkeit zu testen und die berechneten Ergebnisse zu vergleichen.

Zur Arbeit mit den Mathematikprogrammen sind allerdings *englische Sprachkenntnisse* erforderlich, da in aktuellen Versionen das Englische überwiegt, obwohl sich z.B. in MAT-
HEMATICA verschiedene *Sprachen* (auch Deutsch) mittels der Menüfolge

Edit ⟹ Preferences... ⟹ Interface ⟹ Language

einstellen lassen.

♦

1.2.1 Entwicklung durch WOLFRAM RESEARCH

Die Vorarbeiten zu MATHEMATICA begannen Ende der 1970er Jahre unter Leitung des
Physikers S.Wolfram, wobei die Version 1.0 im Jahr 1988 erschien. Zur Weiterentwicklung
gründete S.Wolfram die Firma WOLFRAM RESEARCH, die in der Folgezeit die weiteren
Versionen 2 (1991), 3 (1996), 4 (1999), 5 (2003), 6 (2007), 7 (2008), 8 (2010), 9 (2012), 10
(2014) herausbrachte. Gegenwärtig liegt die im Buch verwendete Version 10.4 vor.

1.2.2 Einsatzgebiete und Fähigkeiten

Im Buch wird ein *Haupteinsatzgebiet* von MATHEMATICA behandelt, das die *Berechnung mathematischer Probleme* zum Inhalt hat:

- MATHEMATICA liefert effektive *exakte* (symbolische) und *numerische* (numerische)
  Berechnungsmethoden für Grund- und wesentliche Spezialgebiete der Mathematik (Ingenieurmathematik), wie im Buch besprochen und an Beispielen illustriert wird.

- MATHEMATICA kann auch zur Berechnung von Problemen der *Wirtschaftsmathematik* herangezogen werden (siehe auch [107]-[111]), da es hierfür Probleme der linearen
  Algebra, linearen Optimierung, Finanzmathematik und Statistik berechnet, wie im Buch
  zu sehen ist.

MATHEMATICA besitzt folgende *Fähigkeiten* (siehe auch Kap.4):

- *Exakte* (symbolische) *Berechnungen* im Rahmen der *Computeralgebra* sind möglich, da
  ein umfangreiches und modernes *Computeralgebrasystem* (CAS) für symbolisches (exaktes) Rechnen integriert ist, das auch als *Symbolprozessor* bezeichnet wird (siehe
  Abschn.4.3.1).

- *Näherungsweise* (numerische) *Berechnungen* im Rahmen der *Numerik* sind möglich, da
  ein *Numeriksystem* für numerisches Rechnen integriert ist, das auch als *Numerikprozes-
  sor* bezeichnet wird (siehe Abschn.4.3.2).

– Erstellung von zwei- und dreidimensionalen Grafiken ist möglich, d.h. ein *Grafiksystem* ist integriert. Dabei sind aber dreidimensionale Darstellungen nur in der Ebene (zweidimensional) möglich (siehe Kap.12).

– Erstellung von Programmen ist möglich, da eine *Programmiersprache* mit Elementen der funktionalen, objektorientierten, prozeduralen (strukturierten) und regelbasierten Programmierung integriert ist (siehe Kap.10).

– Es existieren *Erweiterungspakete* (*Packages*) zur Berechnung mathematischer Spezialprobleme für Technik-, Natur- und Wirtschaftswissenschaften wie z.B. Finanzmathematik, Optimierung, Wahrscheinlichkeitsrechnung und Statistik (siehe Abschn.3.5).

Im Rahmen des Buches wird auch ein Einblick in die *grafischen Fähigkeiten* und die *prozedurale* (*strukturierte*) *Programmierung* von MATHEMATICA gegeben.

◆

MATHEMATICA besitzt *weitere Einsatzgebiete:*

– Hierzu gehört u.a. der Einsatz in Biologie, Mechanik, Medizin, Modellbildung, Operationsforschung, Simulation, Spieltheorie und Physik.

– Um den Rahmen des Buches nicht zu sprengen, kann nicht auf weitere Einsatzgebiete eingegangen werden. Es wird hierzu auf die Literatur zu Anwendungsgebieten von MATHEMATICA verwiesen (siehe Literaturverzeichnis).

1.2.3 Suchmaschine WolframAlpha

Die Suchmaschine **WolframAlpha** (rechnende Wissensmaschine **WolframAlpha** - engl.: *computational knowledge engine* **WolframAlpha**) ist ein auf MATHEMATICA aufbauender Internetdienst, der von WOLFRAM RESEARCH seit 2005 entwickelt wird und eine Installation von MATHEMATICA auf dem verwendeten Computer nicht benötigt:

– **WolframAlpha** unterscheidet sich von bekannten *Suchmaschinen* wie BING, GOOGLE, T-ONLINE und YAHOO, die zu *Suchanfragen* nur entsprechende Webseiten finden.

– **WolframAlpha** versucht, *inhaltliche Antworten* zu *Suchanfragen* (in Englischer Sprache) zu finden und kann auch gewisse mathematische Berechnungen ohne Installation von MATHEMATICA auf dem Computer durchführen.

WolframAlpha wird mittels folgender *Internetadresse aufgerufen:*

http://www.wolframalpha.com/

Abb.1.1: Fenster **WolframAlpha**

Unter dem Fenster **WolframAlpha** erscheint das in Abb.1.2 zu sehende *Erklärungsfenster* von **WolframAlpha**.

In diesem Fenster ist eine Reihe von Gebieten in Unterfenstern aufgelistet, für die **WolframAlpha** Antworten liefert. Durch Anklicken eines Unterfensters erscheint ein Fenster mit Beispielen und Inhalten des gewählten Gebiets.

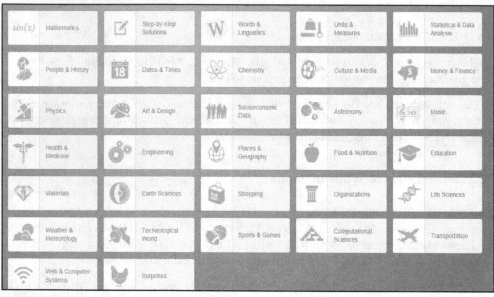

Abb.1.2: Erklärungsfenster von **WolframAlpha**

Es wird Anwendern empfohlen, bevor Berechnungen mit MATHEMATICA begonnen werden, zuerst **WolframAlpha** zu konsultieren und hier Fragen zur Problematik zu stellen.

♦

1.3 Weitere Mathematikprogramme

Neben MATHEMATICA gibt es eine Reihe weiterer Mathematikprogramme wie AXIOM, DERIVE, MACSYMA, MAPLE, MuPAD, MATHCAD, MATLAB und REDUCE, die jedoch nicht alle weiterentwickelt werden, wie z.B. AXIOM, DERIVE, MACSYMA und REDUCE.

Während AXIOM, DERIVE, MACSYMA, MAPLE, MATHEMATICA, MuPAD und REDUCE zuerst als *Computeralgebrasysteme* (CAS) für *exakte (symbolische) Rechnungen* entwickelt wurden, waren MATLAB und MATHCAD am Anfang ihrer Entwicklung reine *Numeriksysteme*, d.h. sie bestanden aus einer Sammlung numerischer Algorithmen (Näherungsmethoden) zur näherungsweisen Berechnung mathematischer Probleme unter *einheitlicher Bedieneroberfläche* (Benutzeroberfläche).

Inzwischen sind in den bekannten aktuell auf dem Markt befindlichen Programmen MAPLE, MATHEMATICA, MATHCAD und MATLAB sowohl Computeralgebra- als auch Numeriksysteme integriert, so dass sich alle als *Mathematikprogramme* bezeichnen lassen, da sie mathematische Probleme *exakt* (symbolisch) bzw. *numerisch* (näherungsweise) berechnen können.

♦

In den folgenden Abschnitten werden die weiteren neben MATHEMATICA angebotenen Mathematikprogramme MAPLE, MATHCAD, MATLAB und MuPAD kurz vorgestellt.

1.3.1 MAPLE

Die erste Version von MAPLE wurde 1980 von der SYMBOLIC COMPUTATION GROUP der Universität von Waterloo (Ontario) als Computeralgebrasystem (CAS) erstellt. Seit 1988 wird MAPLE von MAPLESOFT der Firma WATERLOO MAPLE weiterentwickelt und verkauft. Gegenwärtig liegt die Version 17 vor.

MAPLE besteht ebenso wie MATHEMATICA aus einem *Computeralgebrasystem* (CAS), einem *Numeriksystem*, einem *Grafiksystem* und einer *Programmiersprache*.

MAPLE ist ein ebenso umfangreiches und weitentwickeltes Mathematikprogramm wie MATHEMATICA und von ähnlicher Architektur. Ausführliche Informationen zu MAPLE sind in der Literatur [52,107,118,121,124,125] und im Internet unter folgender Adresse zu finden:

http://www.maplesoft.com/

♦

1.3.2 MATHCAD

MATHCAD war zu Beginn seiner Entwicklung ebenso wie MATLAB ein reines *Numerikprogramm*, d.h. es bestand aus einer *Sammlung numerischer Algorithmen* (Näherungsmethoden) zur näherungsweisen Berechnung mathematischer Probleme unter *einheitlicher Bedieneroberfläche*:

– Die Entwicklung von MATHCAD begann 1986 als kommerzielles Produkt durch die Firma MATHSOFT, die 2004 durch die Firma PARAMETRIC TECHNOLOGY CORPORATION (PTC) übernommen wurde.

– Nachdem in neuere Versionen von MATHCAD eine Minimalvariante des *Symbolprozessors* von MAPLE und aktuell von MuPAD integriert ist, kann es auch exakte (symbolische) Berechnungen durchführen, d.h. es hat sich zu einem universellen Mathematikprogramm entwickelt.

– MATHCAD besitzt von allen Mathematikprogrammen die benutzerfreundlichste Bedieneroberfläche, da alle Berechnungen in mathematischer Standardnotation einzugeben sind.

– Gegenwärtig gibt es zwei Versionen von MATHCAD: die klassische Version 15 und die neue Version MATHCAD PRIME 3 mit aktueller moderner Bedieneroberfläche.

MATHCAD ist ebenso wie MATLAB bei exakten (symbolischen) Berechnungen (Computeralgebramethoden) MATHEMATICA und MAPLE unterlegen, hat aber Vorteile bei numerischen Berechnungen.

Ausführliche Informationen zu MATHCAD und MATHCAD PRIME sind in den Büchern [112,113,117] des Autors und unter folgender Internetadresse zu finden:

http://de.ptc.com/product/mathcad

♦

1.3.3 MATLAB

MATLAB war zu Beginn seiner Entwicklung ebenso wie MATHCAD ein reines *Numerikprogramm*, d.h. es bestand aus einer *Sammlung numerischer Algorithmen* (Näherungsmethoden) zur näherungsweisen Berechnung mathematischer Probleme unter *einheitlicher Bedieneroberfläche:*

– Die Entwicklung von MATLAB begann Ende der 1970er Jahre, um die Fortran-Bibliotheken LINPACK und EISPACK für lineare Algebra ohne Programmierkenntnisse in Fortran zur Verfügung zu stellen.

– 1984 wurde die Firma MATHWORKS gegründet, die MATLAB in ein kommerzielles Produkt umwandelte, weiterentwickelte und weitere aktuelle Algorithmen zur numerischen (näherungsweisen) Berechnung für verschiedene mathematische Gebiete aufnahm.

– Nachdem in neuere Versionen von MATLAB (bis zur Version R2008a) eine Variante des *Symbolprozessors* von MAPLE integriert ist, kann es auch exakte (symbolische) Berechnungen durchführen, d.h. es hat sich ebenfalls zu einem universellen Mathematikprogramm entwickelt. Ab Version R2008b ist anstatt des Symbolprozessors von MAPLE das *Computeralgebrasystem* von MuPAD integriert.

MATLAB ist ebenso wie MATHCAD bei exakten (symbolischen) Berechnungen (Computeralgebramethoden) MATHEMATICA und MAPLE unterlegen, hat aber Vorteile bei numerischen Berechnungen.

Ausführliche Informationen zu MATLAB sind in den Büchern [112,113,116] des Autors und unter folgender Internetadresse zu finden:

http://de.mathworks.com/products/matlab/

1.3.4 MuPAD

Der Name MuPAD ist die Abkürzung von *Multi Processing Algebra Data Tool* und wurde als *Computeralgebrasystem* von einer Forschungsgruppe der Universität Paderborn unter Leitung von B. Fuchssteiner bis 1997 entwickelt. Danach wurde es durch die Firma SCI-FACE SOFTWARE weiterentwickelt.

Ebenso wie bei anderen Mathematikprogrammen sind in MuPAD neben einem *Computeralgebrasystem* (CAS) ein *Numeriksystem*, ein *Grafiksystem* und eine *Programmiersprache* integriert.

Mit der Übernahme 2008 der Firma SCIFACE SOFTWARE durch MATHWORKS ist Mu-PAD nur noch als Bestandteil der *Symbolic Math Toolbox* von MATLAB zu bekommen. Nur die Version 4.0.6 von 2008 kann noch käuflich erworben werden.

Ausführliche Informationen zu MuPAD sind unter folgenden Internetadressen zu finden:

http://de.mathworks.com/discovery/mupad.html

https://de.wikipedia.org/wiki/MuPAD

◆

1.4 Tabellenkalkulationsprogramme

Es gibt eine Reihe von *Tabellenkalkulationsprogrammen*, mit denen sich ebenfalls mathematische Berechnungen durchführen lassen.

Derartige Tabellenkalkulationsprogramme befinden sich in OFFICE-Programmpaketen.

EXCEL ist von allen Tabellenkalkulationsprogrammen das bekannteste, weil es auf vielen Computern im Rahmen des MICROSOFT OFFICE-Programmpakets installiert ist (siehe Abschn.1.4.2).

Es gibt auch kostenlose Tabellenkalkulationsprogramme, so z.B. in den OFFICE-Programmpaketen LIBRE OFFICE und OPEN OFFICE (siehe[115]).

1.4.1 Fähigkeiten für mathematische Berechnungen

Tabellenkalkulationsprogramme können mehr, als im Rahmen von Tabellenrechnungen (Tabellenkalkulationen) Zahlenreihen auszuwerten, wie sie bei Aufgaben der Buchhaltung, Lohn- und Kostenrechnungen, d.h. im kaufmännischen Bereich anfallen:

– Sie eignen sich auch zur Verarbeitung von Daten (Zahlen) in *technischen* und *naturwissenschaftlichen Bereichen*.

– Sie sind durch Aufnahme (Integration) von *Funktionen* und *Zusatzprogrammen/Erweiterungsprogrammen* (*Add-Ins*, *Add-Ons*) auch zu einem Werkzeug zur Berechnung mathematischer Probleme worden. Diese Fähigkeiten sind in verschiedensten Gebieten von Technik, Wirtschafts- und Naturwissenschaften nutzbar, wie aus den Büchern [114,115] des Autors ersichtlich ist.

1.4.2 EXCEL

Für *Tabellenkalkulationen* wird EXCEL seit 1985 im Rahmen des OFFICE-Programmpakets von MICROSOFT angeboten, kontinuierlich verbessert und erweitert:

- Die *aktuelle Version* ist EXCEL 2016.

- Bekannte *Vorgängerversionen* sind in der Reihenfolge ihres Erscheinens

  EXCEL 5.0, EXCEL 7.0, EXCEL 97 (8.0), EXCEL 2000 (9.0), 2002 (XP), 2003, 2007, 2010, 2016.

- EXCEL ist weitverbreitet und in vielen Firmen und Einrichtungen ein wichtiges Programm, um Tabellenkalkulationen und kaufmännische mathematische Berechnungen mittels Computer durchzuführen.

Vorliegende Zusatzprogramme (Add-Ins/Add-Ons) für EXCEL sind für eine Reihe von Gebieten der Mathematik einsetzbar:

- z.B. zur:

  - Lösung von *Gleichungen*, *Ungleichungen* und *Optimierungsaufgaben* mittels Add-In SOLVER.

  - Berechnung von Problemen der *Wahrscheinlichkeitsrechnung* und *Statistik:*

    Hierfür gibt es mehrere Add-Ins.

  - Durchführung von *Monte-Carlo-Simulationen:*

    Hierfür existieren zwei Add-Ins.

- Ausführlichere Informationen hierüber findet man in den Büchern [114,115] des Autors und im Internet unter einer Reihe von Adressen, wie z.B.:

  https://de.wikipedia.org/wiki/Microsoft_Excel

  https://products.office.com/de-de/excel

  http://www.studium-und-pc.de/excel-grundlagen.htm

  http://www.computerwoche.de/k/excel,3461

- Professionelle Add-Ins/Add-Ons für EXCEL werden von Softwarefirmen angeboten und müssen bis auf den SOLVER käuflich erworben werden, der bereits auf der Installations-CD von EXCEL enthalten ist.

2 Hilfen für MATHEMATICA

2.1 Einführung

Das *Hilfesystem* von MATHEMATICA ist sehr umfangreich und enthält viele *Informationen* und *Beispiele*, so dass für die meisten auftretenden Fragen und Probleme ausführliche Antworten bzw. Hinweise erhalten werden. Um das Hilfesystem zufriedenstellend nutzen zu können, ist jedoch ein Internetanschluss erforderlich.

In den folgenden Abschn.2.2-2.4 kann nur auf grundlegende Eigenschaften des *Hilfesystems* von MATHEMATICA eingegangen werden. Da die Hilfemöglichkeiten von MATHEMATICA sehr komplex sind, sollten Hilfen häufig herangezogen werden, um ihre volle Breite und auch die Einzelheiten kennenzulernen.
♦

2.2 Hilfemenü von MATHEMATICA

Der größte Teil der Hilfen kann über das Hilfemenü **Help** des MATHEMATICA-Notebooks gestartet werden, das u.a. folgende *Untermenüs* enthält:
- **Wolfram Documentation**
  Hiermit wird das *Dokumentationszentrum* (engl.: *Documentation Center*) von WOLFRAM geöffnet, mit dessen Hilfe man Antworten auf die meisten gestellten Fragen erhält.
- **Find Selected Function**
  Hiermit werden für eine mit der Maus markierte MATHEMATICA-Funktion ausführliche Erläuterungen über die Argumente und die verschiedenen Eingabemöglichkeiten und aussagekräftige Beispiele gegeben.
- **Demonstrations...**
  Hiermit lassen sich zu zahlreichen Problemen der verschiedensten Anwendungsgebiete aussagekräftige Beispiele und Erläuterungen erhalten.

Man kann auch direkt in einem Notebook eine Hilfe für einen Funktions- oder Kommandonamen aufrufen, wenn ein Fragezeichen **?** vor den entsprechenden Namen gesetzt wird (siehe Beisp.2.1).
♦

Beispiel 2.1:
Illustration für Hilfeanzeigen durch vorangestelltes Fragezeichen **?** :
Möchte man z.B. Informationen über die MATHEMATICA-Funktion **Solve** zur Lösung von Gleichungen und Ungleichungen erhalten, so wird durch Eingabe von

In[1]:= **? Solve**

im Notebook folgende *Hilfe* in englischer Sprache *angezeigt:*

Solve[*expr,vars*] attempts to solve the system *expr* of equations or inequalities for the variables *vars*.

Solve[*expr, vars, dom*] solves over the domain *dom*. Common choices of *dom* are Reals, Integers, and Complexes.

♦

2.3 Fehlermeldungen von MATHEMATICA

MATHEMATICA liefert eine Reihe von *Fehlermeldungen* im aktuell benutzten Notebook. Dies betrifft Eingabe- und Berechnungsfehler, die im Folgenden kurz vorgestellt werden.

MATHEMATICA gibt in seinen *Fehlermeldungen* häufig auch Ursachen an, die jedoch nicht immer den wahren Fehler bezeichnen. Dies ist nicht verwunderlich, da Fehlerursachen sehr komplex sein können und MATHEMATICA oft erst *Folgefehler* erkennt.

♦

2.3.1 Eingabefehler

Eingabefehler werden durch den *Anwender* bei der Eingabe des zu berechnenden Problems in das MATHEMATICA-Notebook verursacht:
–   Es treten vor allem *syntaktische Fehler* in der MATHEMATICA-Sprache auf, d.h. es wird gegen die Syntax von MATHEMATICA verstoßen.
–   MATHEMATICA-Funktionen werden mit falschen bzw. nicht zulässigen Argumenten verwendet.

Viele Eingabefehler werden von MATHEMATICA erkannt und im Notebook angezeigt.

♦

2.3.2 Berechnungsfehler

Bei Berechnungen mit MATHEMATICA können gelegentlich *Fehler* auftreten, die sich folgendermaßen *charakterisieren* lassen:
–   Vom Anwender begangen Fehler (*Anwenderfehler*).
–   Durch interne Probleme (*Programmfehler*) von MATHEMATICA entstandene Fehler.

Die Gründe für *Anwenderfehler* können vielfältig sein. Häufig begangene Fehler sind:
–   Division durch Null.
–   Fehler bei Matrixoperationen: Die beteiligten Matrizen haben nicht den richtigen Typ bzw. sind singulär.
–   MATHEMATICA-Funktionen werden falsch eingesetzt.

Wenn *Fehler* während einer *Berechnung* auftreten, so zeigt MATHEMATICA
–   häufig eine *Fehlermeldung* an.
–   bei einigen Fehlern *keine Fehlermeldung* an:
     So wird z.B. bei nicht zulässigen Funktionsargumenten wie z.B. **Log**[0] keine Fehlermeldung, sondern das mathematisch unkorrekte Ergebnis -∞ (-Unendlich) angezeigt.

2.4 MATHEMATICA im Internet

MATHEMATICA bietet viele Möglichkeiten, um über das Internet zahlreiche Hinweise, Erläuterungen und Hilfen zu erhalten. Man erhält über die Menüfolge

Help ⟹ Wolfram Website...

Zugriff auf die *Webseite* (Internetseite) von WOLFRAM, auf der man umfangreiche Hilfen, Hinweise und Erläuterungen zu MATHEMATICA und allen Packages aufrufen und mit anderen Nutzern (*Wolfram Community*) kommunizieren kann.

Wenn mittels der Menüfolge

Edit ⟹ Preferences...

im erscheinenden *Dialogfenster* (Dialogbox) **Preferences** in der *Registerkarte* **Interface** als Sprache *German* (Deutsch) eingestellt ist, erscheint Einiges auf der WOLFRAM-Webseite in *Deutsch*, aber leider nicht Alles.

♦

Im Folgenden geben wir einige *Internetadressen*, mit deren Hilfe weitere Informationen und Hilfen zu MATHEMATICA erhalten werden können:

- **http://mathworld.wolfram.com**
  Hiermit lässt sich die ausführliche mathematische Enzyklopädie WOLFRAMMATHWORLD aufrufen, die mit MATHEMATICA-Technologie arbeitet.

- **http://library.wolfram.com**
  Hiermit lässt sich die WOLFRAM-Bibliothek aufrufen, die zahlreiche Bücher und Artikel über MATHEMATICA enthält und mittels der sich MATHEMATICA-Notebooks mit Beispielen herunterladen lassen.

- **http://www.additive-mathematica**
  Hiermit lassen sich eine Reihe von Informationen über MATHEMATICA in deutscher Sprache aufrufen.

3 Aufbau (Struktur) von MATHEMATICA

3.1 Einführung

In diesem Kapitel wird der *Aufbau* (die *Struktur*) kurz vorgestellt, um einen Einblick in das MATHEMATICA-Programm zu vermitteln:

- Als umfangreiches Programm ist MATHEMATICA *modular* aufgebaut, d.h. besitzt eine *Modulstruktur*. Es besteht aus verschiedenen *Modulen* (Teilen), die im Folgenden kurz vorgestellt und in den Abschn.3.2-3.6 erläutert werden:

    - *Begrüßungsfenster* (*Willkommensfenster* - engl.: *Welcome Screen*):
      Es erscheint nach dem Start von MATHEMATICA (siehe Abschn.3.2).

    - *Bedieneroberfläche* (*Benutzeroberfläche* - engl.: *User Interface* oder *Front End*):
      Sie lässt sich mittels Begrüßungsfenster öffnen und wird in MATHEMATICA in englischer Sprache als *Notebook* bezeichnet. Diese Bezeichnung ist nicht mit tragbaren Computern zu verwechseln, die ebenfalls Notebooks heißen. Da MATHEMATICA diesen Begriff schon früher benutzte, wurde er beibehalten. (siehe Abschn. 3.3). Wir benutzen diese Bezeichnung im gesamten Buch.

    - *Kern* (engl.: *Kernel*):
      Er enthält die wichtigen Funktionen für die Arbeit (Berechnungen) von MATHEMATICA und kann vom Anwender nicht verändert werden. Er ist neben dem Notebook der zweite wichtige Strukturbestandteil von MATHEMATICA (siehe Abschn. 3.4).

    - *Erweiterungspakete* (engl.: *Packages*):
      Da nicht alle Funktionen von MATHEMATICA im Kern integriert sind, dienen sie zur Erweiterung der Berechnungsmöglichkeiten des Kerns und werden meistens als *Packages* bezeichnet. Zahlreiche Packages werden bei der Installation von MATHEMATICA kostenlos mitgeliefert. Einige müssen zusätzlich gekauft werden (siehe Abschn.3.5).

    - *Programmiersprache*
      In MATHEMATICA ist eine C-ähnliche Programmiersprache integriert (siehe Abschn.3.6 und Kap.10).

- MATHEMATICA hat *keine* sogenannte *offene Architektur*, d.h. Anwender können keine Änderungen am Programm vornehmen, sondern nur Erweiterungen in Form von Paketen (Packages) unter Verwendung der integrierten Programmiersprache hinzufügen.

3.2 Begrüßungsfenster von MATHEMATICA

Nach dem Aufruf der auf dem Computer installierten Version von MATHEMATICA erscheint das *Begrüßungsfenster* (*Willkommensfenster* - engl.: *Welcome Screen*), das für die Versionen 8 bis 10 in den Abb.3.1 bis 3.3 zu sehen ist. Aus den Abbildungen ist ersichtlich, dass sich diese Fenster von Version zu Version etwas verändern, wobei allerdings die wesentlichen Aufgaben erhalten bleiben.

Mittels *Begrüßungsfenster* lassen sich alle Arbeiten mit MATHEMATICA in Angriff neh-
men, wobei das Begrüßungsfenster der Version 10.1 (siehe Abb.3.3) vorgestellt wird:

- Durch Anklicken von *Documentation* lässt sich das *Dokumentationszentrum* (engl.: *Documentation Center*) öffnen, das in Abb.3.4 zu sehen ist.
  Im *Dokumentationszentrum* lassen sich ausführliche *Informationen* über die Anwendung von MATHEMATICA in den zahlreich angegebenen Gebieten durch Mausklick
  abrufen.

- Durch Anklicken von *Wolfram Community* kann man bei einem bestehenden Internetanschluss mit der WOLFRAM-Gemeinschaft in Verbindung treten, diskutieren und
  Fragen stellen.

- Durch Anklicken von *Resources* erscheint das Fenster WOLFRAM *MATHEMATICA* in
  Deutscher Sprache mit einer Reihe von *Informationen* und *Hilfen* zu MATHEMATICA
  (MATHEMATICA-Ressourcen), wenn in der Registerkarte **Interface** als Sprache *Ger-
  man* (*Deutsch*) eingestellt wurde (siehe Abschn.3.3.1).
  Bei einer bestehenden Internetverbindung lassen sich hieraus weitere Internetseiten mit
  entsprechenden Informationen aufrufen, so u.a. die Neuheiten der Version 10, neue Bü-
  cher, WOLFRAM-Demonstrationen (Beispiele für MATHEMATICA), ein WOLF-
  RAM -Training, einen WOLFRAM-Blog, eine WOLFRAM-Videogalerie und die
  WOLFRAM-Technologiekonferenz. Diese Internetseiten liegen jedoch meistens in
  Englischer Sprache vor.

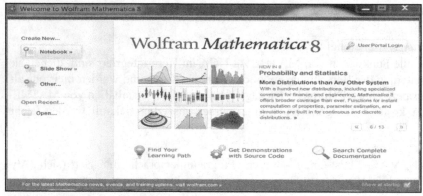

Abb.3.1: Begrüßungsfenster von MATHEMATICA Version 8

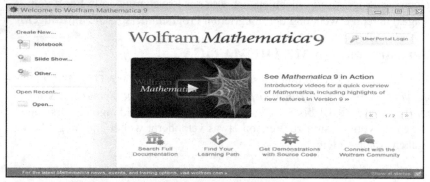

Abb.3.2: Begrüßungsfenster von MATHEMATICA Version 9

Abb.3.3: Begrüßungsfenster von MATHEMATICA Version 10.1

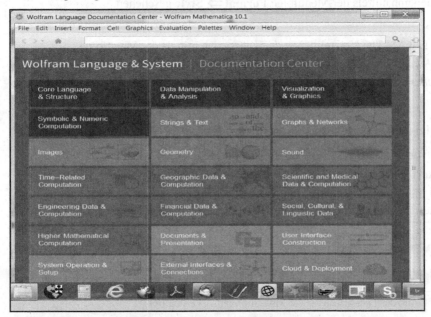

Abb.3.4: Fenster des Dokumentationszentrums von MATHEMATICA Version 10.1

3.3 Notebook (Bedieneroberfläche/Benutzeroberfläche) von MATHEMATICA

Die grafische *Bedieneroberfläche* (*Benutzeroberfläche* - engl.: *User Interface* oder *Front End*) für die Arbeit (z.B. mathematische Berechnungen) mit MATHEMATICA (siehe Abb. 3.5) bezeichnet MATHEMATICA als *Notebook*, das sich mittels *Begrüßungsfenster* durch Anklicken von

- **NewDocument⟹ Notebook**   für ein *neues Notebook*
- **Open...**   für ein *gespeichertes Notebook* (mit *Dateiendung* **.nb**)

öffnen lässt.

Ein *Notebook* von MATHEMATICA unterteilt sich in Bereiche, die als *Zellen* bezeichnet werden:

– Sie sind am rechten Rand des Notebooks durch eckige Klammern gekennzeichnet und teilen sich in *Elementarzellen* und größere Zellen auf.

– Jede der Zellen kann durch Mausklick auf die entsprechende Klammer markiert und bearbeitet (z.B. gelöscht oder korrigiert) werden.

– Die für einzelne Ein- und Ausgaben gebildeten Elementarzellen werden von MATHEMATICA fortlaufend nummeriert, wie im Abschn.3.3.2 näher erläutert und im Beisp.3.1 illustriert ist.

– An die Stelle für die *nächste einzufügende Zelle* schreibt MATHEMATICA eine horizontale Linie mit einem + Zeichen am linken Rand. Durch Anklicken von + kann die Art der Eingabe festgelegt werden.

  Das Gleiche kann mittels der Menüfolge **Format** ⇒ **Style** geschehen.

Jedes mit MATHEMATICA erstellte *Notebook* lässt sich mittels der Menüfolge

File ⇒ **Save As...**

als Datei *speichern*, die die *Dateiendung* **.nb** erhält.

◆

3.3.1 Menüleiste des Notebooks (Notebook-Menüs)

Das *Notebook* von MATHEMATICA hat die *Menüleiste*

File Edit Insert Format Cell Graphics Evaluation Palettes Window Help

wie aus Abb.3.5 ersichtlich ist, wobei die Aufgaben der einzelnen *Menüs* (mit Untermenüs) durch Anklicken zu sehen und im Verlaufe des Buches ausführlicher beschrieben sind.

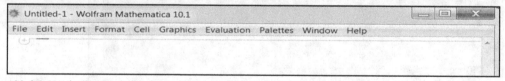

Abb.3.5: Notebook-Ausschnitt mit Menüleiste von MATHEMATICA Version 10.1

Auf das wichtige *Untermenü* **Preferences...** der *Menüleiste* möchten wir bereits jetzt hinweisen, da hiermit MATHEMATICA konfiguriert werden kann. Es wird mit der Menüfolge

Edit ⇒ **Preferences...**

geöffnet. Im erscheinenden Dialogfenster **Preferences** lassen sich Einstellungen für MATHEMATICA vornehmen, so kann z.B. in der Registerkarte **Interface** als Sprache (Language) *German* (*Deutsch*) gewählt werden. Dies bedeutet allerdings nicht, dass MATHEMATICA alles in Deutsch anzeigt, sondern nur einiges (z.B. Menüs und Dialogfelder/Dialogboxen).

◆

3.3.2 Ein- und Ausgaben (Ein- und Ausgabezellen) im Notebook

Die Arbeit mit MATHEMATICA wird durch *Ein-* und *Ausgaben* in Notebooks realisiert, wobei deren *Zellen* eine Hauptrolle spielen.

Zellen für Ein- und Ausgaben in Notebooks werden als *Ein-* bzw. *Ausgabezellen* bezeichnet:

- Sämtliche *Eingaben* (Inputs) in ein *Notebook* von MATHEMATICA können durch *Kopieren* oder mittels *Tastatur* erfolgen, wobei die Eingabe mittels Tastatur (+Mausklick) überwiegt:
  - *Eingaben* können in *Textschreibweise* (*linearer Schreibweise* z.B. für MATHEMATICA-Funktionen) oder mit *mathematischen Symbolen/mathematischer Standardnotation* unter Verwendung der Menüfolge

    Palettes ⟹ Basic Math Assistant ⟹ Basic ⟹ Advanced

    bzw.

    Palettes ⟹ Classroom Assistant ⟹ Basic ⟹ Advanced

    erfolgen, d.h. durch Mausklick auf die entsprechende Palette und anschließendem Ausfüllen eventuell angezeigter Platzhalter (siehe Beisp.3.1b).
  - Sämtliche *Eingaben* (*Inputs*) werden von MATHEMATICA mittels

    In[i]:=

    nummeriert und als *Eingabezellen* mit *Zellnummer* i (i=1,2,...,n) bezeichnet.
  - In einer *Eingabezelle* können *mehrere* Funktionen, Kommandos, Anweisungen oder Ausdrücke stehen. Sie sind durch *Semikolon* ; zu *trennen* und werden nacheinander ausgeführt, wie im Buch an vielen Beispielen zu sehen ist. Beisp.3.1a liefert eine erste Illustration. Steht nach der letzten Eingabe ebenfalls ein Semikolon, so unterdrückt MATHEMATICA die Ausgabe (Output).
  - Die *Ausführung* (Berechnung) von *Eingaben* im MATHEMATICA-Notebook wird durch Drücken der *Tastenkombination*

    ⇧ ↵ (SHIFT+ENTER)

    ausgelöst.
  - Wird bei *Eingaben* nur die Taste ↵ (ENTER) gedrückt, so löst dies nur einen *Zeilenumbruch* im Notebook aus.
  - MATHEMATICA unterscheidet bei der Eingabe in Textschreibweise zwischen *Groß-* und *Kleinschreibung*, wobei MATHEMATICA-Funktionen (siehe Abschn. 9.2) immer mit einem *Großbuchstaben* beginnen.

- Sämtliche *Ausgaben* (*Outputs*) der Arbeit (von Berechnungen) von MATHEMATICA werden im Notebook mittels

  Out[i]=

  nummeriert und als *Ausgabezellen* mit Zellnummer i (i=1,2,...,n) bezeichnet.

- Auf im Notebook befindliche Elementarzellen kann mittels **%Nr.** zugegriffen werden, wobei **Nr.** die Zellnummer bedeutet. Auf die vorhergehende Zelle kann nur mit **%** zugegriffen werden.

▸ Bemerkung ▸

Weitere Informationen zu Eingaben in MATHEMATICA-Notebooks findet man in den Abschn.4.3.3 und 13.3.

◆

Die zwei gängigen *Eingabemethoden* zur Durchführung von *Berechnungen* in MATHE-MATICA-Notebooks werden im Beisp.3.1b an der Berechnung eines Integrals illustriert und können Anwendern als Vorlage dienen.

Beispiel 3.1:

a) Mehrere Eingaben (von Zuweisungen) in eine Zelle sind durch Semikolon ; zu trennen und werden nacheinander ausgeführt, wie das folgendes Beispiel zeigt:

$\mathbf{In}[1]:= u = 1 ; v = 2 ; w = u*v/(u+v)$

$\mathbf{Out}[1]= \dfrac{2}{3}$

Wenn hinter den letzten eingegebenen Ausdruck ebenfalls ein Semikolon geschrieben wird, gibt MATHEMATICA kein **Out**[1] aus.

Der letzte eingegebene Ausdruck ist in *linearer Schreibweise* zu sehen. Er könnte auch in *mathematischer Standardnotation* unter Verwendung des Menüs **Palettes** geschrieben werden.

b) Im folgenden Ausschnitt aus einem Notebook von MATHEMATICA sind die *zwei Eingabemöglichkeiten* am Beispiel der Berechnung des unbestimmten Integrals

$$\int x^2 \, dx$$

mit Integrand x^2 und Integrationsvariable x zu sehen (siehe auch Kap.19):

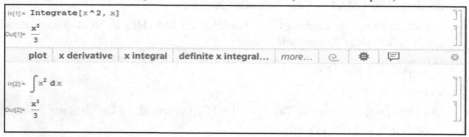

– Bei **In**[1] (Input *1* - Eingabezelle *1*) wird die MATHEMATICA-Funktion **Integrate** zur exakten Berechnung von Integralen mittels Tastatur in *Textschreibweise* (lineare Schreibweise) eingegeben, wobei Integrand x^2 (linear in Textschreibweise) und Integrationsvariable x durch Komma getrennt in eckige Klammern einzuschließen sind.

– Bei **Out**[1] (Ouput 1 - Ausgabezelle 1) wird das von MATHEMATICA exakt berechnete Ergebnis für **In**[1] in *mathematischer Standardnotation* angezeigt.

– Bei **In**[2] (Input 2 - Eingabezelle 2) wird das zu berechnende unbestimmte Integral in *mathematischer Standardnotation* mittels der Menüfolge

Palettes ⟹ **Basic Math Assistant** ⟹ **Basic** ⟹ **Advanced**

eingegeben, wobei die Platzhalter im aufgerufenen Integraloperator (Integralsymbol) ausgefüllt wurden.

– Bei **Out**[2] (Ouput 2 - Ausgabezelle 2) wird natürlich das gleiche wie bei **Out**[1] von MATHEMATICA exakt berechnete Ergebnis für **In**[2] in *mathematischer Standardnotation* angezeigt.

– Wird eine Ausgabezelle angeklickt, so zeigt MATHEMATICA darunter eine *Menüzeile* an, mit der weitere *Operationen* mit dem berechneten Ergebnis durchgeführt werden können, so z.B. nach **Out**[1] die *grafische Darstellung* mittels **plot**, die *Differentiation* mittels **x derivative**, die *Integration* mittels **x integral** und die *Berech-*

nung eines *bestimmten Integrals* **definite x integral** für die in **Out**[1] berechnete Funktion x^3/3.

♦

Im obigen Notebook-Ausschnitt ist an der rechten Seite auch die *Unterteilung* in *Zellen* zu erkennen, so die *Elementarzellen* für **In**[1], **Out**[1], **In**[2] und **Out**[2].

♦

3.3.3 Korrekturen im Notebook

Sämtliche *Eingaben* (Eingabezellen) können in einem Notebook von MATHEMATICA *korrigiert* und danach durch Drücken der Tastenkombination ⇧ ↵ (SHIFT+ENTER) *wieder ausgeführt* werden. Dabei ändert sich aber die Nummer n der Eingabezelle, da MATHEMATICA die Eingaben fortlaufend weiterzählt.

3.4 Kern (Kernel) von MATHEMATICA

Der *Kern* (engl.: *Kernel*) ist der zentrale Teil von MATHEMATICA und befindet sich im Hauptspeicher des Computers. Er führt wichtige Arbeiten (Berechnungen) von MATHEMATICA durch und lässt sich vom Anwender nicht verändern. Da nicht alle Berechnungsfunktionen im Kern integriert sind, können Erweiterungspakete/Add-Ons (Packages - siehe Abschn.3.5) bei Bedarf nachgeladen bzw. erstellt werden.

3.5 Erweiterungspakete (Packages) für MATHEMATICA

Ein *Erweiterungspaket* (Add-On) mit Berechnungsfunktionen wird in MATHEMATICA als *Package* bezeichnet. Zahlreiche Packages werden standardmäßig beim Kauf mitgeliefert. Sie befinden sich nach der Installation im *Unterverzeichnis* ADDONS von MATHEMATICA, besitzen die Dateiendung **.m** und müssen bei Bedarf geladen werden.

Die bereits von MATHEMATICA *geladenen Packages* lassen sich durch Eingabe von

In[1]:= **$Packages**

im aktuellen Notebook anzeigen.
Des Weiteren existieren auch noch Packages, die käuflich zu erwerben sind, bevor sie installiert werden können.
Alle installierten Packages lassen sich mittels der MATHEMATICA-Funktion

In[1]:= **Needs** ["Package-Name`"]

laden.

♦

3.6 MATHEMATICA als Programmiersprache

MATHEMATICA wird nicht zu Unrecht als *Programmiersprache* bezeichnet, die ohne Weiteres mit modernen (höheren) Programmiersprachen wie BASIC, C, FORTRAN, PASCAL,... konkurrieren kann (siehe auch Abschn.4.4). Wir können im Buch auf Grund der Stofffülle nicht näher hierauf eingehen und geben im Kap.10 nur eine Illustration der prozeduralen Programmierung.

3.7 Datenstrukturen in MATHEMATICA

Grundkenntnisse über verschiedene Datenstrukturen von MATHEMATICA muss jeder Anwender besitzen, da sonst kein effektives Arbeiten möglich ist. Deshalb werden diese im Folgenden kurz vorgestellt:

- *Listen:*
  Sie bilden eine wichtige Datenstruktur in MATHEMATICA, wobei meistens Zahlenlisten auftreten. Sie werden ausführlich im Kap.8 behandelt.

- *Notebooks:*
  In Ihnen spielt sich die gesamte Arbeit mit MATHEMATICA ab. Sie lassen sich als Dateien auf Datenträger mit der Dateiendung .nb speichern und bei Bedarf wieder einlesen (siehe Abschn.3.3).

- *Packages:*
  Sie liegen als Dateien mit der Dateiendung .m vor, dienen der Erweiterung von MATHEMATICA und sind im Unterverzeichnis ADDONS von MATHEMATICA gespeichert (siehe Abschn.3.5).

4 Arbeit mit MATHEMATICA

4.1 Einführung

In diesem Kapitel werden wesentliche *Aspekte* der *Arbeit* mit MATHEMATICA vorgestellt, so dass auch Einsteiger ihre Probleme ohne Schwierigkeiten berechnen können. Dies betrifft

- Interaktive Arbeit
- Mathematische Berechnungen
- Programmiermöglichkeiten
- Umgang mit Text

4.2 Interaktive Arbeit mit MATHEMATICA

Die *interaktive Arbeit* bei der Berechnung mathematischer Probleme mittels MATHEMATICA ist dadurch charakterisiert, dass ein laufender *Dialog* zwischen *Anwendern* und *Computer* über das *Notebook* (Bedieneroberfläche/Benutzeroberfläche - siehe Abschn.3.3) besteht, wobei sich folgender *Zyklus* I-IV wiederholt:

I. *Eingabe* des zu berechnenden mathematischen Problems in das *Notebook* von MATHEMATICA durch den Anwender (siehe Abschn.3.3.2).

II. *Auslösung* der *Berechnung* des Problems mittels MATHEMATICA durch den Anwender.

III. MATHEMATICA versucht anschließend die Berechnung des Problems und gibt eine *Antwort* im *Notebook* aus. Bei *erfolgreicher Berechnung* wird das *Ergebnis* ausgegeben (siehe Abschn.3.3.2)

IV. Die berechneten *Ergebnisse* stehen für die weitere Arbeit mit MATHEMATICA zur Verfügung.

4.3 Mathematische Berechnungen mit MATHEMATICA

Dieser Abschnitt behandelt die Problematik *mathematischer Berechnungen* mit MATHEMATICA.

Dies betrifft exakte und numerische Durchführung, Eingabe, Vorgehensweise und Fähigkeiten, die in den folgenden Abschnitten kurz vorgestellt und im gesamten Buch ausführlicher betrachtet werden.

Mathematische Berechnungen mit Mathematikprogrammen und damit auch mit MATHEMATICA sind von Methoden (Algorithmen) der *Computeralgebra* und *Numerischen Mathematik* geprägt:

- Die Durchführung *mathematischer Berechnungen* bildet eine *Haupteigenschaft* von MATHEMATICA, das hierfür wirkungsvolle Hilfsmittel liefert, wie im Buch zu sehen ist.

– Bei *Berechnungen* unterscheidet die Mathematik zwischen *exakter* (symbolischer) und *numerischer* (näherungsweiser) Durchführung. Dies gilt auch für MATHEMATICA, wie im Abschn.1.1, 4.3.1 und 4.3.2 zu sehen ist.

◆

4.3.1 Exakte (symbolische) Berechnungen (Computeralgebra-Anwendung)

Die *Computeralgebra* (siehe Abschn.1.1.1) stellt eine Reihe *exakter* (symbolischer) *Berechnungsalgorithmen* für Computer zur Verfügung, von denen viele in MATHEMATICA integriert sind, da MATHEMATICA und MAPLE zu Beginn ihrer Entwicklung als reine Computeralgebrasysteme (CAS) erstellt wurden und auch in ihrer Weiterentwicklung der Schwerpunkt auf der Computeralgebra liegt.
MATHEMATICA und MAPLE sind in Computeralgebra-Anwendungen den weiteren auf dem Markt befindlichen Mathematikprogrammen überlegen, weil diese nur Minimalvarianten von Computeralgebrasystemen enthalten.

Beisp.1.1 und 4.1 liefern erste *Illustrationen* zur Problematik *exakter Berechnungen.* Ausführlicher wird im gesamten Buch auf Möglichkeiten hierfür in den besprochenen mathematischen Gebieten eingegangen.

◆

4.3.2 Numerische (näherungsweise) Berechnungen (Numerik-Anwendung)

Die Notwendigkeit, *Algorithmen* (Methoden) zur *numerischen* (näherungsweisen) *Berechnung* (numerische Algorithmen/Methoden) in MATHEMATICA aufzunehmen, liegt darin begründet, dass sich für viele praktische Problemstellungen keine exakten Berechnungsmethoden im Rahmen der Computeralgebra finden lassen, wie im Verlauf des Buches zu sehen ist:

• Aufgrund der bereits im Abschn.1.1.2 genannten Fakten sollte Ergebnissen numerischer Berechnungen von MATHEMATICA nicht blindlings vertraut werden. Falls möglich (wie z.B. bei Gleichungen), empfiehlt sich eine Überprüfung der berechneten Ergebnisse (Lösungen).

• Die größte *Schwierigkeit* bei der Anwendung numerischer Algorithmen (Methoden) besteht darin, auftretende *Fehler abzuschätzen* bzw. zu *beurteilen.* Es werden folgende *Fehler* untersucht:

– *Rundungsfehler* resultieren aus der Rechengenauigkeit des Computers, da er nur endliche Dezimalzahlen verarbeiten kann. Sie können im ungünstigen (instabilen) Fall bewirken, dass berechnete Ergebnisse falsch sind.

– *Abbruchfehler* treten auf, da die Algorithmen nach einer endlichen Anzahl von Schritten abgebrochen werden müssen, obwohl in den meisten Fällen eine Lösung des Problems noch nicht erreicht ist.

– *Konvergenzfehler* liefern falsche Ergebnisse. Sie können auftreten, wenn numerische Algorithmen (z.B. Iterationsalgorithmen) nicht immer gegen eine Lösung des Problems streben, d.h. die Konvergenz nicht gesichert ist.

Eine große Rolle bei *numerischen Berechnungen* spielt die Numerikfunktion **N** von MA-THEMATICA.
Erste Illustrationen zur Problematik numerischer Berechnungen und zur Anwendung der Numerikfunktion **N** liefern die Beisp.1.1 und 4.1.
Ausführlicher wird im gesamten Buch auf Möglichkeiten numerischer Berechnungen in den besprochenen mathematischen Gebieten eingegangen.

♦

4.3.3   Eingabe durchzuführender Berechnungen in ein Notebook

Durchzuführende mathematische Berechnungen lassen sich als Kombination von

I.   MATHEMATICA-Funktionen (integrierten/vordefinierten Funktionen - siehe Kap.9),

II. Ausdrücken in *linearer Schreibweise* oder in *mathematischer Standardnotation* (mittels Menü **Palettes**)

in ein Notebook von MATHEMATICA eingeben, wie im Abschn.3.3.2 und 13.3 ausführlicher beschrieben ist.

Beisp.1.1, 3.1, 4.1 und 13.1 geben Illustrationen zur Eingabe durchzuführender Berechnungen in ein Notebook. Im gesamten Buch werden konkrete Eingaben für die einzelnen behandelten mathematischen Gebiete ausführlich beschrieben.

♦

4.3.4   Fähigkeiten für exakte und numerische Berechnungen

Die *Fähigkeiten* von MATHEMATICA für *exakte* und *numerische Berechnung* mathematischer Probleme lassen sich folgendermaßen *charakterisieren:*

- MATHEMATICA liefert wirkungsvolle Werkzeuge der Computeralgebra zu *exakten Berechnungen.*

- In MATHEMATICA sind zahlreiche *numerische Algorithmen* zu Berechnungen grundlegender Probleme der Ingenieurmathematik integriert. Eine große Anzahl *numerischer Funktionen* zur näherungsweisen Berechnung von (nichtlinearen) Problemen sind in MATHEMATICA integriert (vordefiniert), wie z.B. für Integralberechnung, Approximation von Funktionen, Lösung von Differentialgleichungen, algebraischen und transzendenten Gleichungen.

- Zusätzlich existieren *Erweiterungspakete* (Packages) für numerische Berechnungen weiterführender Probleme wie z.B. partielle Differentialgleichungen, Optimierung und Statistik.

- Man darf aber keine Wunder erwarten, da MATHEMATICA nur so gut sein kann, wie der gegenwärtige Stand entsprechender Berechnungsalgorithmen der Computeralgebra und Numerischen Mathematik.

MATHEMATICA befreit nicht von folgenden zwei Aufgaben:

I. Zur Berechnung praktischer Probleme sind effektive *mathematische Modelle* zu finden. Dies ist Aufgabe von Spezialisten der entsprechenden Fachgebiete.

II. Die aufgestellten mathematischen Modelle sind vom Anwender in die Sprache von MATHEMATICA zu überführen, so dass MATHEMATICA-Funktionen zur Berechnung einsetzbar sind.

♦

4.3.5 Vorgehensweise bei Berechnungen

Aufgrund der geschilderten Fähigkeiten von MATHEMATICA wird im Buch bei *Berechnungen* mathematischer Probleme mit MATHEMATICA folgendermaßen *vorgegangen:*

– Zuerst werden Möglichkeiten zur *exakten* (symbolischen) *Berechnung* untersucht.

– Anschließend wird die *numerische* (näherungsweise) *Berechnung* behandelt.

Diese *Vorgehensweise* wird empfohlen, da bei praktischen Berechnungen *exakte Ergebnisse* den *Näherungsergebnissen* vorzuziehen sind. Es gibt jedoch auch Fälle, wo ein erhaltenes exaktes Zahlenergebnis als Dezimalnäherung benötigt wird. Dies gelingt in MATHEMATICA auf einfache Weise, wie folgendes Beisp.4.1 illustriert.

Numerische Berechnungen sind einzusetzen, wenn MATHEMATICA angibt, dass exakte Berechnungen nicht gelingen.

♦

Beispiel 4.1:

Illustration des *Unterschieds* zwischen *exakten* und *numerischen Berechnungen:*

a) Am Beispiel des zu berechnenden Zahlenausdrucks

$$\frac{1}{3} \cdot \frac{1}{7} + \sqrt{2} + \sin\left(\frac{\pi}{3}\right) :$$

*   *Exakte Berechnung* mittels verschiedener Eingabemöglichkeiten in das Notebook:
    – *Lineare Eingabe* mittels MATHEMATICA-Funktionen **Sin**, **Sqrt** und MATHEMATICA-Konstante **Pi**:

        In[1]:= 1/3∗1/7+Sqrt[2]+Sin[Pi/3]

    – *Eingabe* in *mathematischer Standardnotation* mittels Menü **Palettes**:

        $$\mathbf{In}[1]:= \frac{1}{3} * \frac{1}{7} + \sqrt{2} + \mathrm{Sin}\left[\frac{\pi}{3}\right]$$

Nach Auslösung der Berechnung mittels der Tastenkombination ⏎ (SHIFT+ ENTER) liefert MATHEMATICA hierfür das *exakte Ergebnis:*

Out[1]:= $\frac{1}{21} + \sqrt{2} + \frac{\sqrt{3}}{2}$

Für das Produkt der beiden Brüche und für sin(π/3) wird der exakte Wert 1/21 bzw. $\sqrt{3}$ / 2 berechnet, während $\sqrt{2}$ unverändert stehen bleibt, da es eine irrationale Zahl ist, die exakt nur als Symbol und nicht anders darstellbar ist.

- *Numerische Berechnung* mittels Numerikfunktion **N** von MATHEMATICA ist auf zwei Arten möglich:

  – Wird die Numerikfunktion **N** im Notebook mittels // hinter den zu berechnenden Ausdruck geschrieben, d.h.

    In[1]:= 1/3*1/7+Sqrt[2]+Sin[Pi/3]//N

    so zeigt MATHEMATICA nach Auslösung der Berechnung mittels der Tastenkombination ⇑ ⏎ (SHIFT+ENTER) hierfür das *numerische Ergebnis* als Dezimalzahl

    Out[1]= 2.32768

    an, d.h. nur mit 5 Dezimalstellen, obwohl MATHEMATICA intern mehr Dezimalstellen berechnet. Durch Anklicken von **show all digits** nach dem angezeigten Ergebnis werden mehr Stellen ausgegeben:

    Out[2]= 2.327858013776582

  – Bei Anwendung der Numerikfunktion **N** mit Argumenten in der Form

    N[*Zahlenausdruck***, n]**

    wird der zu berechnende *Zahlenausdruck* von MATHEMATICA numerisch (näherungsweise) mit n Stellen (n-positive ganze Zahl) berechnet, wie z.B. mittels

    In[3]:= N[1/3*1/7+Sqrt[2]+Sin[Pi/3], 20]

    das folgende Ergebnis mit n=20 Stellen

    Out[3]= 2.3278580137765813146

b) Am Beispiel des exakt berechenbaren bestimmten Integrals

$$\int_0^\pi x \cdot \sin(x)\, dx = \pi :$$

- *Exakte Berechnung* des betrachteten Integrals mittels der MATHEMATICA-Funktion **Integrate** bzw. in *mathematischer Standardnotation* (mittels Menü **Palettes...**):

  In[1]:= Integrate[x*Sin[x], {x, 0, Pi}]   bzw.   **In[1]:=** $\int_0^\pi x * Sin[x]\, dx$

  MATHEMATICA berechnet das *exakte Ergebnis:*

  Out[1]= π

- *Numerische Berechnung* mittels Numerikfunktion **N** von MATHEMATICA:

  In[2]:= $\int_0^\pi x * Sin[x]\, dx$ **//N**   bzw.   **In[2]:= NIntegrate[x*Sin[x], {x, 0, Pi}]**

– MATHEMATICA berechnet nach Auslösung der Berechnung mittels der Tastenkombination ⬆ ⏎ (SHIFT+ENTER) hierfür das *numerische Ergebnis* (Näherungsergebnis) als Dezimalzahl

Out[2]= 3.14159,

d.h. nur mit 5 Dezimalstellen, obwohl MATHEMATICA intern mehr Dezimalstellen berechnet. Durch Anklicken von **show all digits** nach dem angezeigten Ergebnis werden mehr Stellen ausgegeben:

Out[3]= 3.141592653589793

– Wird die Numerikfunktion **N** folgendermaßen angewandt

$$In[4]:=N[Integrate[x*Sin[x],\{x,0,Pi\}], 20] \text{ bzw. } In[4]:=N[\int_0^\pi x*Sin[x]dx, 20]$$

kann MATHEMATICA n berechnete Stellen anzeigen (hier n=20)

Out[4]= 3.1415926535897932385

◆

Bei *numerischen Berechnungen* mittels Numerikfunktion **N** kann der zu berechnende *Ausdruck* ebenso wie bei exakten Berechnungen auch in *mathematischer Standardnotation* eingegeben werden, wie Beisp.4.1b illustriert.

◆

4.4 Programmiermöglichkeiten mit MATHEMATICA

Wenn für ein zu berechnendes Problem keine entsprechenden MATHEMATICA-Funktionen oder Erweiterungspakete (Packages) existieren, können Programme für erforderliche Algorithmen mittels der in MATHEMATICA integrierten Programmiersprache (MATHEMATICA-Programmiersprache) erstellt werden, die Elemente der funktionalen, objektorientierten, prozeduralen (strukturierten, imperativen) und regelbasierten Programmierung enthält:

– Wer Kenntnisse in der Programmiersprache C besitzt, hat keine Schwierigkeiten mit der MATHEMATICA-Programmiersprache. Dies liegt darin begründet, dass diese C-ähnliche Strukturen aufweist.

– Die MATHEMATICA-Programmiersprache besitzt sogar *Vorteile* gegenüber herkömmlichen Programmiersprachen, da die gesamte Palette der MATHEMATICA-Funktionen bei der Programmierung verwendet werden kann.

Bereits die *prozedurale Programmierung* mit MATHEMATICA liefert ein Hilfsmittel zur Erstellung von Programmen für Algorithmen der Numerischen Mathematik. Deshalb geben wir hierfür im Kap.10 eine Einführung mit illustrativen Beispielen.

Auf weiterführende Programmiermöglichkeiten können wir nicht eingehen und verweisen Interessenten auf die Literatur [95-100].

◆

4.5 Text in MATHEMATICA

Für eine effektive Arbeit werden Kenntnisse zum Text im Rahmen von MATHEMATICA benötigt:

- Für die Darstellung von Text benötigt MATHEMATICA sogenannte *Zeichenketten* (Zeichenfolgen), die folgender Abschn.4.5.1 beschreibt.
- *Texteingaben* (mittels Tastatur)
  tragen dazu bei, um im Notebook durchzuführende Berechnungen mittels Erklärungen anschaulich und verständlich darzustellen (siehe Abschn.4.5.2).
- *Textausgaben* (im Notebook)
  werden benötigt, um von MATHEMATICA berechnete Ergebnisse zu erklären und anschaulich darzustellen (siehe Abschn.4.5.3).

MATHEMATICA kann auch zur *Textverarbeitung* eingesetzt werden. Der Vorteil besteht hier darin, dass man Formeln nicht nur eingeben (wie beim Formeleditor von WORD) sondern auch berechnen kann.

Wir können im Rahmen des Buches nicht näher hierauf eingehen und verweisen auf die Literatur [30].

◆

4.5.1 Zeichenketten (Zeichenfolgen)

Zeichenketten (Zeichenfolgen) sind in MATHEMATICA folgendermaßen *charakterisiert:*

- Sie bilden eine in Anführungsstriche eingeschlossene Kette (Folge - engl.: *String*) von Zeichen.
- Es sind alle ASCII-Zeichen zulässig, d.h. Zeichenketten haben folgende Form

  "Folge von ASCII-Zeichen"
- Zeichenketten können einer Variablen zugewiesen werden (siehe Beisp.4.2), so z.B.

  z = "Folge von ASCII-Zeichen"

  Derartige Variablen (z.B. z) werden als *Zeichenkettenvariablen* bezeichnet, denen eine Zeichenkette zugewiesen wird.
- Zur Arbeit mit Zeichenketten sind in MATHEMATICA *Zeichenkettenfunktionen* integriert (vordefiniert), von denen u.a. **StringLength**, **StringJoin**, **Characters**, **Text** eingesetzt werden (siehe Beisp.4.2).
- Ausführliche Informationen über alle Zeichenkettenfunktionen liefert die MATHEMATICA-Hilfe, wenn im Hilfe-Menü **Help** *String Operation* oder *String Manipulation* eingegeben wird.

Beispiel 4.2:
Illustrationen zu Zeichenketten und Zeichenkettenfunktionen:

- *Zuweisung* einer *Zeichenkette* an eine Variable z (Zeichenkettenvariable)

  In[1]:= z = "Zeichen"

Out[1]= Zeichen

In[2]:= z

Out[2]= Zeichen

– Anwendung der Zeichenkettenfunktion **StringLength**:

In[3]:= **StringLength**[z]

Out[3]= 7

– Anwendung der Zeichenkettenfunktion **Characters**:

In[4]:= **Characters**[z]

Out[4]= {Z,e,i,c,h,e,n}

– Anwendung der Zeichenkettenfunktion **StringJoin**:

In[5]:= **StringJoin**[z, "Kette"]

Out[5]= Zeichenkette

♦

4.5.2 Texteingabe

Um eingegebenen *Text* von Funktionen und Ausdrücken im Notebook zu unterscheiden, muss ihm (∗ vorangestellt werden. Daran erkennt MATHEMATICA, dass es sich um Text handelt und nichts zu berechnen ist (siehe Beisp.4.3):

– MATHEMATICA fügt bei Texteingabe nach (∗ einen *automatischen Zeilenwechsel* ein. Möchte man aus Gründen der Übersichtlichkeit vorher in der nächsten Zeile weiterschreiben, so ist die ENTER-Taste ⏎ zu drücken.

– Das *Ende* von eingegebenem *Text* ist durch ∗) zu kennzeichnen.

– In einer Zeile des Notebooks lassen sich gleichzeitig durchzuführende Berechnungen und Text eingeben, wenn zuerst die Berechnungen stehen und anschließend der Text mittels (∗ Text ∗) angefügt wird (siehe Beisp.4.3a).

– Wird zuerst Text eingegeben, so interpretiert MATHEMATICA die gesamte Zeile auf Grund des vorangestellten (∗ als *Textzeile* und danach eingegebene Berechnungen werden nicht durchgeführt. Diese Berechnungen werden nur durchgeführt, wenn der eingegebene Text mit ∗) abgeschlossen wurde (siehe Beisp.4.3b).

In MATHEMATICA ist die *Textfunktion* **Text** integriert (vordefiniert) in der folgenden Form:

Text[*Ausdruck*]   bzw.   **Text**[*Ausdruck, Koordinaten*]

Diese Funktion gestattet die Anzeige des Arguments *Ausdruck* in mathematischer Schreibweise (siehe Beisp.4.3c). Mittels des Arguments *Koordinaten* lässt sich bei grafischen Darstellungen der eingegebene *Ausdruck* in den angegebenen Koordinaten anzeigen.

♦

Beispiel 4.3:

Im Folgenden wird die *Eingabe* von *erläuterndem Text* in ein Notebook von MATHEMA-
TICA am Beispiel der Volumenberechnung für einen geraden Kreiszylinder mit Radius
r=0.5 und Höhe h=2 illustriert:

a) *Texteingabe* vor *Berechnungen:*

Die Texteingabe mittels (∗ Text ∗) vor Berechnungen ist möglich, wie folgendes Beispiel zeigt:

In[1]:= (∗ *Berechnung des Volumens V eines Kreiszylinders mit Radius*
r=0.5 und Höhe h=2 mittels der Formel V=**Pi**∗r^2∗h ∗)

r=0.5 ; h=2 ; V=**Pi**∗r^2∗h

Out[1]= 1.5708

b) *Texteingabe* nach *Berechnungen:*

Hier wird die Berechnung zuerst durchgeführt und danach mittels (∗ Text ∗) erläutert:

In[1]:= r=0.5 ; h=2 ; V=**Pi**∗r^2∗h (∗ *Berechnung des Volumens V eines Kreiszylinders*
mit Radius r=0.5 *und Höhe* h=2 *mittels der Formel* V=**Pi**∗r^2∗h ∗)

Out[1]= 1.5708

c) Anwendung der *Textfunktion* **Text**:

In[1]:= **Text**[(x^2+1)/(2∗x+3)]

Out[1]= $\dfrac{1+x^2}{3+2x}$

Man sieht, dass mittels **Text** linear in ein Notebook eingegebene Ausdrücke in mathematische Standardnotation umgewandelt werden.

♦

Beisp.4.3 kann für Anwender als Vorlage dienen, um erläuternden Text für durchzuführende Berechnungen einzugeben.

♦

4.5.3 Textausgabe

Für mathematische Berechnungen reicht zur *Textausgabe* in MATHEMATICA die Funktion **Print** aus, um Ergebnisausgaben durch Erklärungen (erläuternden Text) anschaulich zu
erläutern, wie Beisp.4.4 illustriert.

Beispiel 4.4:

Illustration der *Ausgabe* von *erläuterndem Text* im Notebook von MATHEMATICA für
die Aufgabe der Volumenberechnung eines Kreiszylinders aus Beisp.4.3:

Bei Anwendung des Befehls **Print** ist z.B. Folgendes in das Notebook einzugeben, um die
Ergebnisausgabe zu erläutern:

In[1]:= r= 0.5 ; h= 2 ; V= **Pi**∗r^2∗h ;

In[2]:= **Print**["*Ein Kreiszylinder mit Radius* r= ", r , " *und Höhe* h= ", h ,
" *hat das Volumen* V= ", V]

MATHEMATICA zeigt danach Folgendes im Notebook an:

Ein Kreiszylinder mit Radius r=0.5 *und Höhe* h=2 *hat das Volumen* V=1.5708

♦

> **Bemerkung**

Beisp.4.4 kann für Anwender als Vorlage dienen, um durchgeführte Berechnungen durch erläuternden Text zu erklären.

♦

5 Zahlen

5.1 Einführung

Zahlen bilden die Grundlage vieler Berechnungen. Deshalb ist es erforderlich, über sie ausreichende Kenntnisse zu besitzen.

In den folgenden Abschn.5.2 und 5.3 werden *reelle* bzw. *komplexe Zahlen* vorgestellt und Berechnungen mit ihnen im Rahmen von MATHEMATICA behandelt.

5.2 Reelle Zahlen

Reelle Zahlen bestehen aus zwei Klassen von Zahlen:

* *Rationale Zahlen:*
  Sie lassen sich durch ganze Zahlen und Brüche ganzer Zahlen (gebrochene Zahlen) in der Form

  $$\frac{m}{n} \qquad \text{(m , n - ganze Zahlen - siehe Abschn.5.2.1)}$$

  oder durch *endliche* oder *periodische unendliche Dezimalzahlen/Dezimalbrüche* darstellen und können in dieser Form von MATHEMATICA verarbeitet werden.

* *Irrationale Zahlen:*
  Sie lassen sich nicht durch ganze Zahlen und Brüche ganzer Zahlen darstellen, sondern nur durch *nichtperiodische unendliche Dezimalzahlen/Dezimalbrüche* oder *Symbole* (symbolische Darstellung).

  Bei ihrer *Anwendung* ist Folgendes in MATHEMATICA zu *beachten:*

  - Sie lassen sich nur *exakt* in ein Notebook *eingeben* bzw. *ausgeben*, wenn dies als *symbolische Bezeichnung* möglich ist (siehe Beisp.5.1 und 5.4), wie z.B.

    $$\sqrt{2}, \quad \pi \quad \text{und} \quad e$$

    mittels (unter Verwendung des Menüs **Palettes**)

    Sqrt[2] oder $\sqrt{2}$, **Pi** oder π bzw. **Exp[1]** oder **E**

  - Ihre *exakte Eingabe* ist erforderlich, wenn *exakte* (symbolische) *Berechnungen* (siehe Abschn.4.3.1) durchzuführen sind.

Beispiel 5.1:

Die *Darstellung irrationaler Zahlen* in MATHEMATICA lässt sich bereits anschaulich an der Berechnung von

$$\sin(\pi/4) = \sqrt{1/2} = \sqrt{2}/2 = 1/\sqrt{2}$$

illustrieren:

- Bei *exakter Berechnung* (siehe Abschn.4.3.1) wird das erhaltene Ergebnis exakt als *Symbol* (da irrationale Zahl) ausgegeben, d.h. in *mathematischer Standardnotation:*

  In[1]:= Sin[Pi/4]

  Out[1]= $\dfrac{1}{\sqrt{2}}$

- Bei *numerischer Berechnung* mittels der MATHEMATICA-Numerikfunktion **N** (siehe Abschn.4.3.2) wird ein Näherungswert 0.707107 geliefert, d.h. das exakte irrationale Zahlenergebnis wird hierdurch angenähert:

  In[2]:= Sin[Pi/4]//N
  Out[2]= 0.707107
  ◆

5.2.1   Ganze Zahlen und Brüche ganzer Zahlen in MATHEMATICA

Obwohl MATHEMATICA meistens mit endlichen Dezimalzahlen (Dezimalbrüchen - siehe Abschn.5.2.2) rechnet, werden *ganze Zahlen* und *Brüche ganzer Zahlen* (rationale Zahlen) ebenfalls benötigt:

- *Ganze Zahlen* (engl.: Integers) werden in der üblichen Form als endliche Folge von Ziffern in ein Notebook von MATHEMATICA eingegeben.

- *Brüche ganzer Zahlen* haben die Form

$$\frac{m}{n} \qquad \text{(m , n - ganze Zahlen)}$$

und können in ein Notebook von MATHEMATICA eingegeben werden, indem statt des Bruchstrichs der Schrägstrich (engl.:Slash) / zu schreiben ist, d.h. Brüche lassen sich in linearer Form m/n eingeben. Sie können aber auch in obiger *mathematischer Standardnotation* mittels des Menüs **Palettes** eingegeben werden.

In ein Notebook *eingegebene Brüche* werden von MATHEMATICA folgendermaßen *verarbeitet* (siehe Beisp.5.2):

Exakte Berechnungen:

- MATHEMATICA behält die Bruchform bei und gibt berechnete Ergebnisse in Bruchform aus. Hier gibt es allerdings eine *Ausnahme*. Wenn im berechneten Zahlenausdruck eine endliche Dezimalzahl (Dezimalbruch) vorkommt, wird das Ergebnis als endliche Dezimalzahl (Dezimalzahl mit endlich vielen Ziffern) exakt bzw. näherungsweise ausgegeben (siehe Beisp.5.4a)

- Sollen als Brüche vorliegende Ergebnisse exakter Berechnungen in *Dezimalzahlen* umgewandelt werden, so lässt sich die Numerikfunktion **N** von MATHEMATICA einsetzen, wie im Beisp.5.2 und 5.3 illustriert ist.

Numerische Berechnungen:

Brüche werden durch *endliche Dezimalzahlen* in eingestellter Genauigkeit mittels der Numerikfunktion **N** von MATHEMATICA ersetzt bzw. angenähert (siehe Beisp.5.2-5.4).

♦

Beispiel 5.2:

Illustration der Durchführung von *Rechenoperationen* zwischen *ganzen Zahlen* und *Brüchen* in MATHEMATICA anhand der Berechnung eines Ausdrucks, wobei zuerst exakt gerechnet und danach das numerische Ergebnis mittels Numerikfunktion **N** ausgegeben wird:

- *Exakte Berechnung:*

   In[1]:= 1/2+1/3*1/4+2^3 - 5

   Out[1]= $\dfrac{43}{12}$

- *Numerische Berechnung:*

   In[2]:= 1/2+1/3*1/4+2^3 - 5//**N**

Out[2] = 3.58333
♦

5.2.2 Endliche Dezimalzahlen in MATHEMATICA

Endliche Dezimalzahlen (Gleitkommazahlen) sind allgemein bekannt. Sie bilden eine wichtige Zahlenklasse bei der Arbeit mit MATHEMATICA:

- Sie können unmittelbar in ein Notebook eingegeben werden, wobei statt des Dezimalkommas der *Dezimalpunkt* zu schreiben ist, so dass statt von Gleitkommazahlen auch von *Gleitpunktzahlen* (engl.: floating-point numbers) gesprochen wird.

- Bei *numerischen Berechnungen* kann MATHEMATICA nur mit *endlichen Dezimalzahlen* arbeiten. Für die Ausgabe (Anzeige) im Notebook stellt die Numerikfunktion **N** *Genauigkeiten* zur Verfügung, wie im folgenden Beisp.5.3 illustriert ist.

- Brüche ganzer Zahlen lassen sich in endliche bzw. unendliche periodische Dezimalzahlen (Dezimalbrüche) umwandeln und umgekehrt. Da MATHEMATICA nur endliche Dezimalzahlen verarbeiten kann, werden mittels der Numerikfunktion **N** nur Näherungswerte im Falle unendlicher periodischer Dezimalzahlen geliefert (siehe Beisp.5.2 und 5.3).

Beispiel 5.3:

a) Der *Bruch* 1/5 ist äquivalent zur *endlichen Dezimalzahl* 0.2, die auch die Numerikfunktion **N** von MATHEMATICA unter Verwendung des Menüs **Palettes** liefert:

In[1]:= $\frac{1}{5}$ //**N**   liefert   **Out**[1]= 0.2

In[2]:= **N**[$\frac{1}{5}$, 10]   liefert   **Out**[2]= 0.2000000000

b) Der *Bruch* 1/13 ist äquivalent zur *unendlichen periodischen Dezimalzahl*
   0.076923076923076923076923076923....
   mit der *Periode*
   076923
   wofür die *Numerikfunktion* **N** von MATHEMATICA folgende Näherungen unter Verwendung des Menüs **Palettes** berechnet:

In[1]:= $\frac{1}{13}$ //**N**   liefert die Näherung   **Out**[1]= 0.0769231

mit 8 Ziffern.

In[2]:= **N**[$\frac{1}{13}$, 20]   liefert die Näherung   **Out**[2]= 0.0769230769230769230

mit den geforderten 20 Ziffern.
♦

5.2.3 Rechenoperationen und Berechnungen mit MATHEMATICA

MATHEMATICA kann mit reellen Zahlen alle *Rechenoperationen* Addition, Subtraktion, Multiplikation, Division und Potenzierung durchführen, für die es die *Rechenoperatoren* (*Operationszeichen, Rechenzeichen*) + , - , * , / und ^ verwendet (siehe Beisp.5.2 und 5.4). In MATHEMATICA sind sowohl *exakte* als auch *numerische Berechnungen* (siehe Abschn.4.3.1 und 4.3.2) mit *reellen Zahlen* durchführbar:

- *Exakte Berechnungen* lassen sich folgendermaßen *charakterisieren:*
  - Reelle Zahlen sind exakt (symbolisch) einzugeben (siehe Beisp.4.1, 5.2 und 5.4).
  - Tritt eine endliche Dezimalzahl auf, so wird das Ergebnis auch als Dezimalzahl ausgegeben, eventuell als Näherung, wie Beisp.5.4 illustriert.
  - MATHEMATICA führt bei Berechnungen von Zahlenausdrücken die *Rechenoperationen exakt* (symbolisch) durch, wenn nicht die *numerische* (näherungsweise) *Berechnung* mittels der *Numerikfunktion* **N** veranlasst wird (siehe Abschn.4.3 und Beisp.5.1-5.4). Eine *Ausnahme* kommt jedoch vor, wenn eine Dezimalzahl im Ausdruck vorkommt. Hier wird das Ergebnis auch als Dezimalzahl ausgegeben, eventuell als Näherung, wie Beisp.5.4 illustriert.

- *Numerisch Berechnungen* lassen sich folgendermaßen *charakterisieren:*
  - Reelle Zahlen können sowohl exakt (symbolisch) als auch numerisch (näherungsweise als endliche Dezimalzahl) eingegeben werden.
  - Sie geschehen auf Basis *endlicher Dezimalzahlen* (siehe Abschn.5.2.2).
  - Exakt eingegebene reelle Zahlen werden durch endliche Dezimalzahlen angenähert, wobei Rundungsfehler auftreten können (siehe Beisp.4.1, 5.1, 5.2 und 5.4).

Beispiel 5.4:

a) Illustration der Problematik *exakter Berechnungen* am Beispiel des Zahlenausdrucks

$3/2 + \pi$

der in unterschiedlicher Schreibweise eingegeben wird:

- *Eingabe* von 3/2 als *Bruch* und nicht als endliche Dezimalzahl 1.5:

  In[1]:= 3/2 + **Pi**   bzw.   **In**[1]:= $\frac{3}{2} + \pi$ liefert   **Out**[1]= $\frac{3}{2} + \pi$

  Hier wird der Ausdruck unverändert von MATHEMATICA ausgegeben, da bei exakter Berechnung 3/2 und π als Bruch bzw. irrationale Zahl nicht weiter vereinfacht werden können.

- *Eingabe* von 3/2 als endliche *Dezimalzahl* 1.5:

  In[2]:= 1.5 + **Pi**   bzw.   **In**[2]:= 1.5+π liefert   **Out**[2]= 4.64159

  Hier wird der Ausdruck von MATHEMATICA trotz exakter Berechnung als Dezimalzahl ausgegeben, d.h. für π wird ein Näherungswert verwendet.

b) Illustration der Problematik *numerischer Berechnungen* am Zahlenausdruck

$3/2 + \pi$

aus Beisp.a:

- Anwendung der Numerikfunktion **N** von MATHEMATICA:

$\mathbf{In}[1]:= 3/2 + \mathbf{Pi}//\mathbf{N}$ bzw. $\mathbf{In}[1]:= \dfrac{3}{2} + \pi \ //\mathbf{N}$

liefert

$\mathbf{Out}[1]= 4.64159$
- Bei *Eingabe* von 3/2 als *Dezimalzahl* 1.5 rechnet MATHEMATICA *immer numerisch:*
  $\mathbf{In}[2]:= 1.5 + \mathbf{Pi}$ bzw. $\mathbf{In}[2]:= 1.5 + \pi$ liefert $\mathbf{Out}[2]= 4.64159$
  d.h. für π wird ein Näherungswert verwendet.
  ◆

5.3 Komplexe Zahlen

Komplexe Zahlen haben die Form

$z = a + b \cdot i$

wobei a und b beliebige reelle Zahlen sind und als *Realteil* bzw. *Imaginärteil* und i als *imaginäre Einheit* (mit $i^2 = -1$) bezeichnet werden.

Offensichtlich sind reelle Zahlen eine Teilmenge der komplexen Zahlen, da sie sich für b=0
ergeben, d.h. komplexe Zahlen bilden eine Erweiterung der Menge der reellen Zahlen.
◆

5.3.1 Darstellung in MATHEMATICA

Komplexe Zahlen werden in ein Notebook von MATHEMATICA in *mathematischer
Schreibweise* eingegeben:
- Die imaginäre Einheit muss jedoch mit großem i, d.h. **I** eingegeben werden.
- Imaginärteil und imaginäre Einheit können mit oder ohne Multiplikationszeichen ver-
  bunden sein:
  Damit sind in MATHEMATICA zwei *Schreibweisen* für *komplexe Zahlen* möglich:
  $\mathbf{In}[1]:= a + b*\mathbf{I}$ oder $\mathbf{In}[1]:= a + b\mathbf{I}$ (a und b - reelle Zahlen)

  Beide Eingaben werden in folgender Form von MATHEMATICA ausgegeben:
  $\mathbf{Out}[1]= a + b \ i$
  d.h. mit kleinem **i**.

5.3.2 Rechenoperationen in MATHEMATICA

MATHEMATICA kann mit komplexen Zahlen ebenso wie bei reellen Zahlen die *Rechenoperationen* Addition, Subtraktion, Multiplikation, Division und Potenzierung durchführen,
für die die bekannten *Operationszeichen* + , - , * , / und ^ zu verwenden sind (siehe
Beisp.5.5).

Beispiel 5.5:
In einem Notebook von MATHEMATICA werden zwei *komplexe Zahlen*

In[1]:= z1 = 2+3I

Out[1]= 2+3 i

In[2]:= z2 = 1-5I

Out[2]= 1-5 i

definiert und hierfür *Rechenoperationen* durchgeführt:

a) Im Folgenden werden *Grundrechenarten* Addition, Subtraktion, Multiplikation, Division und Potenzierung für diese komplexen Zahlen durchgeführt:

   In[3]:= z1+z2   **Out**[3]= 3-2 i

   In[4]:= z1-z2   **Out**[4]= 1+2 i

   In[5]:= z1*z2   **Out**[5]= 17-7 i

   In[6]:= z1/z2   **Out**[6]= $-\dfrac{1}{2}+\dfrac{i}{2}$

   In[7]:= z1^2   **Out**[7]= -5+12 i

b) Wenn es mehrere Ergebnisse für eine numerische Rechenoperation mit komplexen Zahlen gibt, so wird i.Allg. der *Hauptwert* ausgegeben:

   In[8]:= **Sqrt**[z1]//N   **Out**[8]:= 1.67415 + 0.895977 i

   In[9]:= **Sqrt**[z2]//N   **Out**[9]= 1.74628 - 1.43161 i

   Bei der Berechnung der n-ten Wurzel ist Folgendes zu beobachten, wie an einem Beispiel illustriert ist:

   Für die *Kubikwurzel* von -1 wird *nur* numerisch der *Hauptwert* berechnet:

   In[10]:= (-1)^(1/3)//N   **Out**[10]= 0.5 + 0.866025 i

   Der reelle Wert

   $\sqrt[3]{-1} = -1$

   wird weder exakt noch numerisch berechnet.

Für *komplexe Zahlen*

z = a+b·**i**

kann MATHEMATICA weitere Werte berechnen:

– *Betrag*, *Winkel*, *Real-* und *Imaginärteil* und *Konjugierte* mittels folgender Funktionen:

   Abs[z]   berechnet den *Betrag* r=$|z|=\sqrt{a^2+b^2}$

   Arg[z]   berechnet den *Winkel* φ im Bogenmaß

   Re[z]   berechnet den *Realteil* a

   Im[z]   berechnet den *Imaginärteil* b

   Conjugate[z]   berechnet die Konjugierte $\overline{z}$ =a-b·**i**

– Mittels der Funktionen **Abs** und **Arg** lassen sich

   trigonometrische Form z = r·(cos φ + sin φ **i**)

exponentielle Form $z = r \cdot e^{i \cdot \varphi}$

berechnen, wobei sich Radius r und Winkel φ (im Bogenmaß) folgendermaßen ergeben:

$$r = \mathbf{Abs}[z] = \sqrt{a^2 + b^2} \; , \; \varphi = \mathbf{Arg}[z] = \arctan \frac{b}{a}$$

Beispiel 5.6:
Berechnungen für die in einem Notebook definierte komplexe Zahl

In[1]:= z = 1+2I   **Out**[1]= 1+2 i

von *Betrag*, *Winkel*, *Real-* und *Imaginärteil* mit entsprechenden MATHEMATICA-Funktionen:

In[2]:= **Abs**[z]//N   **In**[3]:= **Arg**[z]//N   **In**[4]:= **Re**[z]   **In**[5]:= **Im**[z]

Out[2]= 2.23607   **Out**[3]= 1.10715   **Out**[4]= 1   **Out**[5]= 2
♦

5.4 Umwandlung von Zahlen in MATHEMATICA

Im Abschn.5.2 haben wir bereits die Umwandlung von Brüchen in Dezimalzahlen kennengelernt.
Die hier für Zahlen vorgestellten *Typen* reichen für die Durchführung von Berechnungen im Rahmen der Ingenieurmathematik in den meisten Fällen aus.
Falls *ganze Zahlen* (im Dezimalsystem mit Basis 10) in *Dualzahlen* (im Dualsystem/Binärsystem mit Basis 2) umzuwandeln sind, so geht das in MATHEMATICA einfach nach Eingabe der ganzen Zahl durch Anklicken von **binary form**, wie Beisp.5.7 illustriert.

Beispiel 5.7:
Umwandlung der ganzen Zahl 123 in die entsprechende Dualzahl:

In[1]:= 123

Out[1]= 123

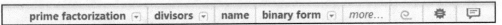

Durch Anklicken von **binary form** berechnet MATHEMATICA die folgende entsprechende *Dualzahl*

Out[2]= 1111011
♦

6 Konstanten

6.1 Einführung

Im Folgenden werden wichtige *mathematische Konstanten* aufgelistet, die für praktische Berechnungen häufig benötigt werden und die auch MATHEMATICA kennt (siehe Abschn.6.2):

- Die reelle (irrationale) Zahl π=3.14159...

- Die reelle (irrationale) Zahl e=2.71828...

- Die *imaginäre Einheit* i=$\sqrt{-1}$

- *Unendlich* ∞
  Mathematisch ist dies nicht exakt, da Unendlich keine Zahl (Konstante) ist und nur als Grenzwert zu verstehen ist.

6.2 MATHEMATICA-Konstanten

MATHEMATICA kennt eine Reihe mathematischer Konstanten, die zu *integrierten* (vordefinierten) *Konstanten* (Built-In Konstanten oder MATHEMATICA-Konstanten) gehören. Sie sind dadurch charakterisiert, dass MATHEMATICA ihnen immer den gleichen Wert zuweist.

Wichtige MATHEMATICA-Konstanten haben folgende Bezeichnungen:

- π wird durch Eingabe von **Pi** oder in mathematischer Standardnotation durch π (mittels Menü **Palettes**) im Notebook realisiert.

- e wird durch Eingabe von **E** oder **Exp**[1] im Notebook realisiert.

- i wird durch Eingabe von **I** im Notebook realisiert.

- ∞ wird durch Eingabe von **Infinity** oder in mathematischer Standardnotation durch ∞ (mittels Menü **Palettes**) im Notebook realisiert. Mathematisch ist dies nicht exakt, da Unendlich keine Zahl ist und nur als Grenzwert zu verstehen ist (siehe Beisp.6.1d).

Die *Hilfe* von MATHEMATICA liefert durch Eingabe von

Mathematical Constants

Informationen zu allen vordefinierten mathematischen Konstanten.

♦

Beispiel 6.1:
Vorstellung mathematischer Konstanten von MATHEMATICA und Durchführung von Rechenoperationen:

a) Zahl π

   In[1]:= **Pi**

   Out[1]= π

   bzw.

In[2]:= **Pi//N**

Out[2] = 3.14159

bzw.

In[3]:= **N[Pi, 20]**

Out[3] = 3.1415926535897932385

b) Zahl e

In[1]:= **E**   oder   **In**[1]:= **Exp[1]**

Out[1]= 2.71828

c) imaginäre Einheit i

In[1]:= **I**

Out[1]= i

Rechnungen mit i sind möglich, z.B.

In[1]:= **I^2**

Out[1]= -1

In[2]:= **I^3+1**

Out[2]= 1-i

d) Unendlich ∞

In[1]:= **Infinity**

Out[1]= ∞

MATHEMATICA gestattet auch *Rechenoperationen* mit **Infinity** (Unendlich), obwohl diese mathematisch nicht definiert bzw. nur über *Grenzwertbetrachtungen* erklärbar sind:

– Bei folgenden Operationen mit Unendlich erhält MATHEMATICA als Ergebnis wieder Unendlich:

In[1]:= **Infinity+Infinity**

Out[1]= ∞

In[2]:= **Infinity*Infinity**

Out[2]= ∞

– Für die *Potenzen*

$$0^\infty \quad \text{und} \quad \infty^0$$

erhält MAHEMATICA folgende *Ergebnisse:*

In[3]:= **0^Infinity**

Out[3]= 0

In[4]:= **Infinity^0**

Out[4]= Indeterminate (unbestimmt)

◆

7 Variablen

7.1 Einführung

Variablen (*veränderliche Größen*) spielen in der *Mathematik* eine fundamentale Rolle, da sie in Formeln und Ausdrücken mathematischer Modelle auftreten. Sie lassen sich folgendermaßen charakterisieren:

- Variablen besitzen Namen, die nach gewissen Regeln zu bilden sind (siehe auch Abschn.7.2).
- Variablen unterteilen sich in einfache und indizierte Variablen (siehe auch Abschn.7.3).

7.2 Variablen in MATHEMATICA

Bei *Berechnungen* mathematischer Probleme besteht ein Teil der Arbeit im Notebook von MATHEMATICA in der *Eingabe* von *Variablen*, in *Zuweisungen* von Zahlen bzw. Ausdrücken an *Variablen* und in der *Verarbeitung* von *Variablen* durch MATHEMATICA-Funktionen, d.h. Variablen sind bei der Anwendung von MATHEMATICA erforderlich.

Um Variablen in MATHEMATICA anwenden zu können, sind Kenntnisse über *Variablennamen*, *Eigenschaften* von *Variablen* und *Variablenarten* erforderlich, die im Folgenden zu finden sind.

◆

7.2.1 Variablennamen

Variablen sind in der Mathematik durch ihre Namen charakterisiert, wobei Folgendes in MATHEMATICA bei der Festlegung von *Variablennamen* zu beachten ist:

- Für Variablennamen sollten keine Namen von MATHEMATICA-Konstanten und -Funktionen verwendet werden, da diese dann nicht mehr verfügbar sind.
- In MATHEMATICA sind Variablennamen zugelassen, die aus mehreren Buchstaben und Ziffern bestehen können:
  - Jeder Variablenname muss mit einem *Buchstaben* beginnen.
  - *Leerzeichen* sind in Variablennamen *nicht zulässig*.
  - MATHEMATICA unterscheidet bei Variablennamen zwischen *Groß*- und *Kleinschreibung*.
  - Variablen mit so gebildeten Variablennamen ohne weitere Zusätze heißen *einfache Variablen*.

MATHEMATICA kennt wie die Mathematik neben *einfachen* auch *indizierte Variablen* für die nach dem Variablennamen noch Indexangaben erforderlich sind (siehe Abschn.7.3.1).

◆

7.2.2   Eigenschaften von Variablen

Variablen sind in MATHEMATICA folgendermaßen *charakterisiert:*

- Alle für Berechnungen benötigten *Variablen* lassen sich problemlos *definieren*, indem *Variablennamen* (z.B. v) festgelegt (siehe Abschn.7.2.1) und diesen Namen im Notebook von MATHEMATICA eine entsprechende *Größe* G (*Ausdruck, Funktion, Liste, Konstante* oder *Zeichenkette*) *zugewiesen*, d.h. die *Zuweisung*

  In[1]:= v = G

  mittels Gleichheitszeichen = (*Zuweisungsoperator*) durchgeführt wird:

  - MATHEMATICA benötigt keine Deklarationen, Typerklärungen oder Dimensionsanweisungen für Variablen. Wird ein neuer *Variablenname* in das Notebook eingegeben, so richtet MATHEMATICA diese Variable automatisch ein und ordnet ihr Speicherplatz und einen *Datentyp* aufgrund einer Zuweisung zu.

  - MATHEMATICA zeigt mittels

    ?*Variablenname*

    den Typ einer im Notebook stehenden Variablen an (siehe Beisp.7.1c).

- Werden im Notebook stehenden Variablen *neue Größen zugewiesen*, so wird ihre alte Größe überschrieben und ist nicht mehr verfügbar (siehe Beisp.7.1b).

- Mittels der integrierten Funktion

  Clear[*Variablenname1, Variablenname2,...*]

  wird der *Inhalt* der bezeichneten Variablen im Notebook *gelöscht* (siehe Beisp.7.1a und b).

Beispiel 7.1:

Illustration der Anwendung von **Clear** und **?** in einem MATHEMATICA-Notebook:

a) Im Folgenden wird der Variablen y zuerst die Zahl 13 zugewiesen und anschließend mittels **Clear** gelöscht, so dass y wieder ohne Wert ist:

   In[1]:= y = 13

   Out[1]= 13

   In[2]:= y

   Out[2]= 13

   In[3]:= **Clear**[y]

   In[4]:= y

   Out[4]= y

b) Wenn einer Variablen ein neuer Wert zugewiesen wird, so ist der vorhergehende Wert nicht mittels **Clear** wiederherstellbar, wie folgendes Beispiel illustriert:

   In[1]:= v = 9

   Out[1]= 9

   In[2]:= v = 10

   Out[2]= 10

In[3]:= **Clear**[v]

In[4]:= v

Out[4]= v

c) Zur Illustration der Anwendung von **?** weisen wir einer Variablen u einen Zahlenwert und einer Variablen v einen symbolischen Ausdruck zu und geben anschließend **?**u bzw. **?**v ein:

– Zuweisung eines Zahlenwertes an die Variable u:

    In[1]:= u = 5

    Out[1]= 5

    ?u

    zeigt an, dass u eine *globale Variable* ist und der Zahlenwert 5 zugewiesen ist:

    Global `u

    u=5

– Zuweisung eines symbolischen Ausdrucks an die Variable v:

    In[2]:= v = x+1

    Out[2]= x+1

    ?v

    zeigt an, dass v eine *globale Variable* ist und der symbolischen Ausdruck x+1 zugewiesen ist:

    Global `v

    v=x+1

    ♦

Neben **Clear** gibt es in MATHEMATICA noch die Funktion **Remove**[*Variablenname1*, *Variablenname2*,...]

♦

7.3 Variablenarten in MATHEMATICA

Die Mathematik unterscheidet zwischen *einfachen* und *indizierten Variablen*, die auch MATHEMATICA kennt. MATHEMATICA unterscheidet noch weitere Variablenarten (numerische und symbolische, lokale und globale) die keinen mathematischen Hintergrund haben und im Folgenden ebenfalls kurz vorgestellt werden.

7.3.1 Einfache und indizierte Variablen

Einfache und *indizierte Variablen* der Mathematik sind in MATHEMATICA anwendbar und werden folgendermaßen dargestellt:

- *Einfache Variablen:*

Sie werden in MATHEMATICA wie in der Mathematik nur mittels *Variablennamen* ohne weitere Zusätze bezeichnet.

Sie können auch zur Bezeichnung von Vektoren, Matrizen, Listen,... verwendet werden und heißen Vektorvariablen, Matrixvariablen, Listenvariablen,...

* *Indizierte Variablen:*
  Sie enthalten *Elemente* von *Listen* und *Matrizen* bzw. Komponenten von *Vektoren,* die ausführlicher im Kap.8, 15 und 16 behandelt werden.

  – Sie werden in der Mathematik mittels *Variablennamen* und tiefgestellter Zahl (*Index*) bezeichnet, wie z.B.

    Variablenname $_i$

    oder

    Variablenname $_{i\,k}$

  – Sie müssen in MATHEMATICA in der Form

    Variablenname[[i]]

    bzw.

    Variablenname[[i,k]]

    geschrieben werden (siehe Abschn.15.3.3), d.h. nach *Variablenname* werden Index bzw. durch Komma getrennte Indizes in zweifache eckige Klammern eingeschlossen (siehe Beisp.7.2).

Beispiel 7.2:

a) Zuweisung einer eindimensionalen Liste an eine Variable (Zeilenvektor) **v**:

   In[1]:= **v**={1,2,6,4,5};

   und Auswahl des Elements aus Spalte 3 von **A**:

   In[2]:= **v**[[3]]

   Out[2]= 6

b) Zuweisung einer zweidimensionalen Liste an eine Variable (Matrix) **A**:

   In[1]:= **A**={{1,2},{3,4}};

   und Auswahl des Elements aus Zeile 1 und Spalte 2 von **A**:

   In[2]:= **A**[[1,2]]

   Out[2]= 2
   ♦

7.3.2 Symbolische und numerische Variablen

MATHEMATICA unterscheidet bei Variablen zwischen zwei Arten, die folgendermaßen charakterisiert sind:

– *Symbolische Variablen*

werden in *exakten* (*symbolischen*) *Berechnungen* im Rahmen der Computeralgebra benötigt. Sie sind dadurch gekennzeichnet, dass ihnen keine Zahlenwerte zugewiesen sein dürfen.

– *Numerische Variablen*
  werden bei *numerischen Berechnungen* benötigt und sind dadurch gekennzeichnet, dass ihnen immer Zahlen zuzuweisen sind.

Beispiel 7.3:
Illustration des *Unterschieds* zwischen *numerischen* und *symbolischen Variablen*, indem eine Variable v zu symbolischen bzw. numerischen Berechnungen eingesetzt wird:

a) Einsatz von v als *symbolische Variable* für eine Potenzierung bzw. Differentiation:

   – *Potenzierung*

   In[1]:= v^2

   Out[1]= v^2

   – *Differentiation*

   In[2]:= D[v^2 ,v]

   Out[2] = 2 v

b) Einsatz von v als *numerische Variable* für eine Potenzierung

   In[1]:= v=9 ; v^2

   Out[1]= 81

   Hier muss v vor Verwendung ein *Zahlenwert zugewiesen* werden.
   ◆

7.3.3 Lokale und globale Variablen

MATHEMATICA unterscheidet zwischen lokalen und globalen Variablen:

– *Lokale Variablen*
  Jede MATHEMATICA-Funktion (vordefiniert oder vom Anwender definiert) hat ihre eigenen lokalen Variablen, deren Werte nicht für andere Funktionen zur Verfügung stehen.

– *Globale Variablen*
  Globale Variablen stehen allen Funktionen von MATHEMATICA, d.h. dem gesamten Notebook zur Verfügung.

8 Listen in MATHEMATICA

8.1 Einführung

Bei einer Reihe von mathematischen Problemen ist es vorteilhaft, *mehrere Größen* als eine *Gesamtheit* zu betrachten und hiermit zu rechnen wie mit einem einzigen Objekt, wofür Mathematikprogramme ähnlich wie Programmiersprachen *Felder* oder *Listen* bereitstellen, die beide die gleiche Struktur besitzen und aus einer Reihe von *Elementen* (Feldelemente bzw. Listenelemente) bestehen.

MATHEMATICA verwendet die Bezeichnung *Listen* (engl.: *Lists*):

* Für die Mathematik (Ingenieurmathematik) werden hauptsächlich *ein-* und *zweidimensionale Listen* benötigt, die zur Darstellung von Vektoren bzw. Matrizen dienen.

* *Listen* kann ein *Name* (Listenname) zugewiesen werden, der in Anlehnung an Vektoren und Matrizen (siehe Kap.15 und 16) meistens für *eindimensionale Listen* mit Kleinbuchstaben **a**, **b**, **c**,... und für *zweidimensionale Listen* mit Großbuchstaben **A**, **B**, **C**,... gebildet wird:
  – *Listennamen* erleichtern die Arbeit wesentlich, wenn eine Liste mehrmals benötigt wird.
  – Um *Listennamen* von Variablennamen (siehe Abschn.7.2) zu unterscheiden, werden sie im Buch ebenso wie Matrix- und Vektornamen (siehe Kap.15 und 16) durch *Fettdruck* bezeichnet.

* Durch Eingabe des Listennamens **a** oder **A** lässt sich eine bereits eingegebene Liste **a** bzw. **A** im Notebook anzeigen.

* Elemente einer Liste (*Listenelemente*) können wieder Listen sein, d.h. *Listen* lassen sich *schachteln*, wobei verschiedene Ebenen auftreten (siehe Beisp.8.1).

Listen bilden eine wichtige *Datenstruktur* in MATHEMATICA, da Listen von vielen Funktionen und Kommandos als berechnete Ergebnisse ausgegeben bzw. als Argumente benötigt werden.

Listen werden mittels *geschweifter Klammern* gebildet (siehe Abschn.8.3 und Beisp.8.1).
♦

8.2 Arten von Listen

Nach Art der Listenelemente unterscheidet MATHEMATICA zwischen drei *Listenarten:*

* *Listen* mit *symbolischen Elementen:*
  Hier ist mindestens ein Listenelement ein symbolisches Element (symbolischer Ausdruck).

* *Zeichenlisten:*
  Hier bestehen alle Listenelemente aus *Zeichenketten* (siehe Abschn.4.5.1 und Beisp. 8.1d).

* *Zahlenlisten* (numerische Listen):
  Hier bestehen alle Listenelemente aus *Zahlen* (siehe Beisp.8.1a-c).

Zahlenlisten treten bei vielen Anwendungen auf und besitzen folgende *Eigenschaften:*

– Die Erzeugung *eindimensionaler Zahlenlisten* mit gleichabständigen Zahlen gelingt in MATHEMATICA effektiv mit dem Kommando **Table** (siehe Beisp.8.1a):

In[1]:= a = **Table**[i, {i, c, d}]

erzeugt die *eindimensionale Zahlenliste* **a**

Out[1]= {c, c+1, c+2 ,..., d*}

wobei die *Schrittweite* 1 beträgt und d* die größte Zahl kleiner oder gleich d ist, die durch die Schrittweite 1 erreichbar ist.

In[1]:= a = **Table**[i, {i, c, d, Δ}]

erzeugt die *eindimensionale Zahlenliste* **a**

Out[1]= {c, c+Δ, c+2Δ,..., d*}

wobei die *Schrittweite* Δ beträgt und d* die größte Zahl kleiner oder gleich d ist, die durch die Schrittweite Δ erreichbar ist.

– Die Erzeugung *zweidimensionaler Zahlenlisten* mit gleichabständigen Zahlen gelingt in MATHEMATICA durch Schachtelung mittels des Kommandos **Table**, wie Beisp.8.1b illustriert.

– Zahlenlisten werden zur Bildung von *Vektoren* und *Matrizen* benötigt (siehe Kap. 15).

Beispiel 8.1:

Illustration von Zahlen- und Zeichenlisten:

a) Die Folge von Zahlen 1, 2, 3, 4, 5, 6, 7, 8 kann mittels

In[1]:= a = {1, 2, 3, 4, 5, 6, 7, 8}

o d e r

mittels des Kommandos **Table**

In[1]:= a = **Table**[i, {i, 1, 8}]

einer *eindimensionalen Zahlenliste* **a** zugewiesen werden. MATHEMATICA gibt das Ergebnis in folgender Form im Notebook aus:

Out[1]= {1, 2, 3, 4, 5, 6, 7, 8}

b) Die durch *Schachtelung* mittels des Kommandos **Table** erzeugte Zahlenliste **A**

In[1]:= A = {**Table**[i, {i, 1, 11, 2}], **Table**[i, {i, 3, 8}]}

ist *zweidimensional*, da sie zwei Zeilen mit je 6 Spalten enthält, wie unten zu sehen ist. Sie wird von MATHEMATICA folgendermaßen im Notebook ausgegeben:

Out[1]= {{1, 3, 5, 7, 9, 11}, {3, 4, 5, 6, 7, 8}}

Mittels der MATHEMATICA-Kommandos **MatrixForm** und **TableForm** lassen sich zweidimensionale Listen in *Matrix-* bzw. *Tabellendarstellung* anschaulich im Notebook ausgeben, wie im Folgenden an der eingegebenen Liste **A** zu sehen ist:

In[2]:= **MatrixForm**[A]

Out[2]//**MatrixForm**=

$$\begin{pmatrix} 1 & 3 & 5 & 7 & 9 & 11 \\ 3 & 4 & 5 & 6 & 7 & 8 \end{pmatrix}$$

In[3]:= **TableForm[A]**

Out[3]//**TableForm**=

    1   3   5   7   9   11

    3   4   5   6   7   8

c) Die folgende Zahlenliste **b**

    In[1]:= **b** = {{1, 2, 3, 4, 5},{6, 7}}

    Out[1]= {{1, 2, 3, 4, 5},{6, 7}}

ist *nicht zweidimensional*, obwohl die Elemente einer eindimensionalen Liste ebenso eindimensionale Listen sind. Das liegt daran, dass die zwei Listen der zweiten Ebene nicht die gleiche Anzahl von Elementen enthalten.

d) Die folgende Liste **c** ist eine *Zeichenliste:*

    In[1]:= **c** = {"hans","otto"}

    Out[1]= {hans,otto}

    ♦

8.3 Ein- und zweidimensionale Listen

Listen werden in einem Notebook von MATHEMATICA folgendermaßen *eingegeben*, wobei wir uns auf die für die Mathematik (Ingenieurmathematik) wichtigen *ein-* und *zweidimensionalen Listen* beschränken:

* *Listen* werden mittels *geschweifter Klammern* gebildet.

* *Eindimensionale Listen* (z.B. mit Listenname **a**) werden in der Form

    In[1]:= **a** = {a1, a2 ,..., an}

    Out[1]= {a1, a2 ,..., an}

    mittels **In** im Notebook ein- und mittels **Out** von MATHEMATICA im Notebook ausgegeben. Sie sind folgendermaßen *charakterisiert:*

    – Die n Elemente einer Liste (*Listenelemente*) sind durch *Komma* zu *trennen*.

    – *Eindimensionale Listen* werden in der Mathematik für *Vektoren* benötigt.

* *Zweidimensionale Listen* (z.B. mit Listenname **A**) teilen sich in *Zeilen* und *Spalten* auf, d.h. sie besitzen *Matrixstruktur* (siehe Kap.15 und 16). Sie lassen sich bei m Zeilen (m eindimensionale Zeilenlisten mit n Elementen) und n Spalten in der Form

    In[1]:= **A** = {{a11, a12 ,..., a1n}, {a21, a22 ,..., a2n},..., {am1, am2 ,..., amn}}

    Out[1]= {{a11, a12 ,..., a1n}, {a21, a22 ,..., a2n},..., {am1, am2 ,..., amn}}

    mittels **In** im Notebook ein- und mittels **Out** von MATHEMATICA im Notebook ausgeben. Sie sind folgendermaßen *charakterisiert:*

- Sie bilden eine *Schachtelung* zweier *eindimensionaler Listen* auf zwei Ebenen, wobei die Listen der ersten Ebene m Elemente und die der zweiten Ebene n Elemente besitzt.
- Bei n Spalten müssen in jeder Zeilenliste genau n Elemente stehen.
- *Zweidimensionale Listen* werden in der Mathematik für *Matrizen* benötigt.
- *Eindimensionale Listen* mit m Elementen sind offensichtlich ein *Spezialfall* zweidimensionaler Listen mit 1 Zeile und m Spalten.

Verschachtelungstiefe und *Länge* einer Liste **A** lassen sich mittels MATHEMATICA-Kommandos folgendermaßen im Notebook anzeigen:

Depth[A]:
Bestimmt die *Verschachtelungstiefe*. Bei Listen ist das Ergebnis um 1 größer, das bedeutet, dass eine eindimensionale Liste die Verschachtelungstiefe 2 hat, wie Beisp.8.2 illustriert.

Length[A]:
Berechnet die *Länge* (Anzahl der Elemente) einer *Liste* **A**. Bei einer auftretenden Verschachtelung wird die Anzahl der Listenelemente der ersten Ebene angegeben. **Length** kann aber auch auf Listen der zweiten Ebene angewandt werden, wie Beisp.8.2 illustriert.

♦

Beispiel 8.2:
Anwendung der Kommandos **Depth** (Verschachtelungstiefe) und **Length** (Länge) auf die Listen der Beisp.8.1a-c:

In[1]:= Depth[a]	**Out[1]= 2**
In[2]:= Length[a]	**Out[2]= 8**
In[3]:= Depth[A]	**Out[3]= 3**
In[4]:= Length[A]	**Out[4]= 2**
In[5]:= Length[A[[2]]]	**Out[5]= 6**
In[6]:= Depth[b]	**Out[6]= 3**
In[7]:= Length[b]	**Out[7]= 2**
In[8]:= Length[b[[1]]]	**Out[8]= 5**

♦

8.4 Zugriff auf Listenelemente

Der *Zugriff* auf einzelne *Listenelemente* geschieht in MATHEMATICA durch Angabe des Index (Zählung beginnt bei 1), der nach dem Listennamen (z.B. **a** bzw. **A**) in zweifache eckige Klammern einzuschließen ist. Bei zweidimensionalen Listen sind beide Indizes durch Kommas zu trennen (siehe Beisp.8.3).
Konkret ist auf

- eindimensionale Listen **a**	mittels **a[[i]]**	(i - Zeilenindex)
- zweidimensionale Listen **A**	mittels **A[[i,k]]**	(i - Zeilenindex , k - Spaltenindex)

zuzugreifen.

Beispiel 8.3:

Im Folgenden sind Zugriffe auf Elemente der Listen aus Beisp.8.1 zu sehen:

In[1]:= **a**[[4]] **Out**[1]= 4

In[2]:= **A**[[2,3]] **Out**[2]= 5

In[3]:= **b**[[2]] **Out**[3]= {6, 7}

In[4]:= **c**[[2]] **Out**[4]= otto

♦

8.5 Rechenoperationen mit Listen

Für Listen sind in MATHEMATICA *arithmetische Rechenoperationen* definiert, so u.a. *Addition, Subtraktion, Multiplikation, Division* und *Potenzierung*.

Eine weitere Form von Rechenoperationen für ein- und zweidimensionale Listen wird im Rahmen der *Matrizenrechnung* im Kap.15 und 16 erläutert.

♦

Im Folgenden werden *elementweise arithmetische Rechenoperationen* für ein- und zweidimensionale *Zahlenlisten* anhand von Addition und Subtraktion (+ , -), Multiplikation und Division (∗ , /) und Potenzierung (^) im Beisp.8.4 illustriert:

– Diese Rechenoperationen werden zwischen entsprechenden Elementen der ersten und zweiten Liste gleicher Länge durchgeführt.

– Für *Listen unterschiedlicher Länge* gibt MATHEMATICA eine *Fehlermeldung* aus, während Rechenoperationen zwischen einer Liste und einer Zahl möglich sind.

Neben arithmetischen Rechenoperationen sind noch weitere *Operationen* für *Listen* in MATHEMATICA möglich, so z.B. *Durchschnitt* mittels **Intersection** (∩) und *Vereinigung* mittels **Union** (∪). Für nähere Informationen wird auf die Hilfe von MATHEMATICA verwiesen.

♦

Beispiel 8.4:

a) Für in ein Notebook eingegebene eindimensionale Zahlenlisten **a** und **b**

In[1]:= **a** = {1, 2, 3, 4} ; **b** = {3, 2, 5, 7} ;

mit gleicher Anzahl von Elementen lassen sich folgende *elementweise Rechenoperationen* durchführen:

– *Elementweise Addition* und *Subtraktion:*

In[2]:= **c** = **a**+**b**

Out[2]= {4, 4, 8, 11}

In[3]:= **c** = **a**-**b**

Out[3]= {-2, 0, -2, -3}

– *Elementweise Multiplikation* und *Division:*

In[4]:= **c = a∗b**

Out[4]= {3, 4, 15, 28}

In[5]:= **c = a/b**

Out[5]= $\left\{\dfrac{1}{3}, 1, \dfrac{3}{5}, \dfrac{4}{7}\right\}$

– *Elementweise Potenzierung:*

In[6]:= **c = a^b**

Out[6]= {1, 4, 243, 16384}

In[7]:= **c = a^2**

Out[7]= {1, 4, 9, 16}

b) Für folgende zwei in ein Notebook eingegebene zweidimensionale Zahlenlisten

In[1]:= **A = {{1, 2}, {3, 4}} ; B = {{5, 6}}, {7, 8}} ;**

mit gleicher Anzahl 2 von Zeilen und Spalten lassen sich z.B. folgende *elementweise Rechenoperationen* durchführen:

– *Elementweise Addition* und *Subtraktion:*

In[2]:= **C = A+B**

Out[2]= {{6, 8}, {10, 12}}

In[3]:= **C = A-B**

Out[3]= {{-4, -4}, {-4, -4}}

– *Elementweise Multiplikation* und *Division:*

In[4]:= **C = A∗B//MatrixForm**

Out[4]//MatrixForm =

$$\begin{pmatrix} 5 & 12 \\ 21 & 32 \end{pmatrix}$$

In[5]:= **C = A/B//MatrixForm**

Out[5]//MatrixForm =

$$\begin{pmatrix} \dfrac{1}{5} & \dfrac{1}{3} \\ \dfrac{3}{7} & \dfrac{1}{2} \end{pmatrix}$$

Bei der *elementweisen Multiplikation/Division* multipliziert/dividiert MATHEMATICA die Elemente der Liste **A** mit den entsprechenden Elementen der Liste **B**.

Die *elementweise Multiplikation* bildet einen wesentlichen *Unterschied* zur im Abschn.16.1.3 behandelten *Matrizenmultiplikation*, die folgendes Produkt für die beiden Listen **A** und **B** liefert:

In[6]:= A.B//MatrixForm

Out[6]//MatrixForm=

$$\begin{pmatrix} 19 & 22 \\ 43 & 50 \end{pmatrix}$$

♦

c) Betrachtung *elementweiser Rechenoperationen* zwischen einer eindimensionalen Zahlenliste **a** und einer *Zahl:*
   - *Addition:*
     In[1]:= a = {1, 2, 3, 4} ; b = a+1
     Out[1]= {2, 3, 4, 5}
   - *Multiplikation:*
     In[2]:= b = a∗2
     Out[2]= {2, 4, 6, 8}

d) Betrachtung *elementweiser Rechenoperationen* zwischen einer zweidimensionalen Zahlenliste **A** und einer Zahl:
   - *Addition:*
     In[1]:= A = {{1, 2}, {3, 4}} ; B = A+2
     Out[1]= {{3, 4}, {5, 6}}
   - *Multiplikation:*
     In[2]:= B = A∗3
     Out[2]= {{3, 6}, {9, 12}}
   - *Potenzierung:*
     In[3]:= B = A^2
     Out[3]= {{1, 4}, {9, 16}}

♦

8.6 Eingabe und Ausgabe (Import und Export) von Listen (Dateien)

Eingabe (Import) und *Ausgabe* (Export) von Listen/Dateien von bzw. auf Datenträgern (Festplatten/Speichersticks) ist für die Arbeit mit MATHEMATICA wichtig, da für Berechnungen häufig Eingabewerte (z.B. *Messwerte*) erforderlich und berechnete Ergebnisse auszugeben sind.

MATHEMATICA besitzt mehrere Kommandos zur Ein- und Ausgabe, von denen wir im Folgenden wichtige vorstellen.

> **Bemerkung**

Welche *Dateiformate* in MATHEMATICA eingegeben/eingelesen (importiert) bzw. ausgegeben (exportiert) werden können, lässt sich im Notebook mittels folgender *Kommandos* anzeigen:

$ImportFormats für Eingabeformate,

$ExportFormats für Ausgabeformate.

♦

Eingabe und *Ausgabe* von *Zahlen* und allgemein *Zahlenlisten* von bzw. auf Datenträgern geschehen in MATHEMATICA auf der Basis von *Dateien* (Zahlendateien):

- Eingabe und Ausgabe von Listen/*Dateien* ist möglich, wenn diese im *ASCII-Format* vorliegen.

- Wir benötigen nur Listen/Dateien, die *Zahlen* enthalten (d.h. Zahlenlisten/Zahlendateien) und in Tabellenform (d.h. mit Zeilen und Spalten) vorliegen.

- MATHEMATICA stellt für *Eingabe* (Einlesen) von *Zahlendateien* DATEN.dat vom Datenträger G die Kommandos **ReadList** und **Import** zur Verfügung, mit deren Hilfe sich Listen in einem Notebook erzeugen lassen:
  - Diese sind in folgender Form anzuwenden

    ReadList["G:\DATEN.dat", Number] bzw. **Import["G:\DATEN.dat"]**
  - Beide Kommandos benötigen als *Argument* den *Pfad* der betreffenden einzulesenden *Datei*.
  - Für Eingabe (Einlesen) müssen *Zahlendateien* in Form von *Zeilen* und *Spalten* (d.h. Tabellenform) auf Datenträger G vorliegen. Dies geschieht mittels *Trennzeichen*, von denen MATHEMATICA *Leerzeichen* und *Zeilenumbrüche* akzeptiert:
    Leerzeichen dienen zur Trennung von *Zeilenelementen*.
    Das *Zeilenende* ist durch *Zeilenumbruch* zu kennzeichnen.
  - Bei *zweidimensionalen Dateien* ist **ReadList** mit folgendem zusätzlichen Argument einzusetzen:

    ReadList["G:\DATEN.dat", Number, **RecordLists->True]**
  - Im Beisp.8.5a und b wird die Anwendung von **ReadList** und **Import** illustriert. Es empfiehlt sich, anhand dieser Beispiele mit den Eingabekommandos zu experimentieren und die MATHEMATICA-Hilfe zu konsultieren, um Erfahrungen zu sammeln.

- MATHEMATICA stellt für die *Ausgabe* von im Notebook befindlichen *Zahlenlisten* AUSDRUCK in Zahlendateien DATEN.dat auf Datenträger G die Kommandos **OpenWrite** und **Export** zur Verfügung, von denen wir nur **Export** verwenden:
  - Es ist in folgender Form anzuwenden

    Export["G:\DATEN.dat", AUSDRUCK]
  - Das Kommando benötigt als Argument den *Pfad* der betreffenden Ausgabedatei und den Namen der auszugebenden Liste AUSDRUCK.

- Im Beisp.8.5c-e wird die Anwendung von **Export** illustriert. Es empfiehlt sich, anhand dieser Beispiele mit den Ausgabekommandos zu experimentieren und die MATHEMATICA-Hilfe zu konsultieren, um Erfahrungen zu sammeln.

• Mittels der Menüfolge

File ⇒ Open...

lässt sich ein gespeichertes *Notebook* von einen ausgewählten Datenträger *einlesen* (eingeben).

• Mittels der Menüfolge

File ⇒ Save As...

wird das gesamte aktuelle *Notebook* auf einen ausgewählten Datenträger als *Wolfram Notebook* mit *Dateiendung* **.nb** *gespeichert.*

Im Beisp.8.5 wird die Anwendung der Ein- und Ausgabekommandos illustriert. Es empfiehlt sich, anhand dieser Beispiele unter Verwendung der Hilfe von MATHEMATICA zu experimentieren, um Erfahrungen zu sammeln.

Es lassen sich neben ASCII-Dateien auch Bild- und Grafikdateien eingeben (einlesen) bzw. ausgeben. Hierzu wird auf die Hilfe von MATHEMATICA verwiesen.

♦

Beispiel 8.5:

Illustration zur Anwendung der Kommandos **ReadList**, **Import** und **Export**:

a) Für die auf Festplatte G befindliche Zahlendatei (in Textform) DATEN**.dat** der Form

1 2 3 4 5

liefert die *Eingabe* (Einlesen) in ein Notebook mittels der Kommandos

- **ReadList**

In[1]:= **a = ReadList["G:\DATEN.dat", Number]**

Out[1]= {1, 2, 3, 4, 5}

- **Import**

In[2]:= **a = Import["G:\DATEN.dat"]**

Out[2]= {{1 2 3 4 5}}

das *Ergebnis*, dass der eindimensionalen Zahlenliste **a** im Notebook von MATHEMATICA die Datei DATEN**.dat** zugewiesen wird, wie zu sehen ist.

b) Für die auf Festplatte G befindliche Zahlendatei (in Textform) DATEN**.dat** der Form

1 2 3 4

5 6 7 8

liefert die *Eingabe* (Einlesen) in ein Notebook mittels der Kommandos

- **ReadList**

In[1]:= **A = ReadList["G:\DATEN.dat", Number, RecordLists->True]**

Out[1]= {{1, 2, 3, 4},{5, 6, 7, 8}}

– **Import**

  In[2]:= **A** = **Import**["G:\DATEN.**dat**"]

  Out[2]= {{1, 2, 3, 4},{5, 6, 7, 8}}

das *Ergebnis*, dass der zweidimensionalen Zahlenliste **A** die Datei DATEN.**dat** zugewiesen wird, wie zu sehen ist.

c) Die im Notebook befindliche eindimensionale Zahlenliste **a**

  In[1]:= **a** = {1, 2, 3, 4, 5}

  Out[1]= {1, 2, 3, 4, 5}

  wird mittels des Kommandos **Export**:

  In[2]:= **Export**["G:\DATEN.**dat**", **a**]

  als Datei DATEN.**dat** auf Datenträger G ausgegeben.

  Wird diese gespeicherte Datei später wieder benötigt, kann sie mittels

  Import["G:\DATEN.**dat**"]

  wieder in das Notebook eingelesen werden.

d) Die im Notebook befindliche zweidimensionale Zahlenliste **A**

  In[1]:= **A** = {{1, 2, 3, 4}, {5, 6, 7, 8}}

  Out[1]= {{1, 2, 3, 4}, {5, 6, 7, 8}}

  wird mittels des Kommandos **Export**:

  In[2]:= **Export**["G:\DATEN.**dat**", **A**]

  als Datei DATEN.**dat** auf Datenträger G ausgegeben.

  Wird diese gespeicherte Datei später wieder benötigt, kann sie mittels

  In[3]:= **Import**["G:\DATEN.**dat**"]

  wieder in das Notebook eingelesen werden.

e) Ist ein Ergebnis auszugeben, das nur in Form einer einzigen Zahl vorliegt, so ist analog
   wie im Beisp.c vorzugehen, wie das folgende Beispiel für die *Berechnung* des *Funktionswertes* der *Sinusfunktion* für $\pi/3$ illustriert:

  In[1]:= **Export**["G:\DATEN.**dat**", **Sin**[**Pi**/3]]

  Out[1]= G:\DATEN.**dat**

  liefert auf dem Datenträger G in der Datei DATEN.**dat** den exakten Funktionswert in
  der Form

  Sqrt[3]/2   (**Sqrt** - MATHEMATICA-Funktion zur Berechnung der Quadratwurzel)
  ◆

9 Funktionen, Kommandos und Anweisungen (Befehle) in MATHEMATICA

9.1 Einführung

Eine Reihe von Namen (in englischer Sprache) sind in MATHEMATICA für die Bezeichnung von *Funktionen*, *Kommandos* und *Anweisungen* (*Befehlen*) reserviert und sollten nicht anderweitig verwendet werden:

- MATHEMATICA unterscheidet nicht zwischen Funktionen, Kommandos und Befehlen. Sie werden alle als *Built-In Functions* bzw. *Built-In Symbols* bezeichnet und integriert (vordefiniert) genannt.

- Im Buch werden *Funktionen*, *Kommandos* und *Anweisungen* (*Befehle*) von MATHEMATICA folgendermaßen unterschieden:
  - MATHEMATICA-Funktionen (siehe Abschn.9.2) benötigen nach dem Funktionsnamen in *eckige Klammern* einzuschließende *Argumente*, die durch Kommas zu trennen sind. Sie liefern i.a. Zahlenwerte als Ergebnis.
  - MATHEMATICA-Kommandos (siehe Abschn.9.3) benötigen nicht immer Argumente nach dem Kommandonamen. Sind Argumente erforderlich, so sind sie wie bei MATHEMATICA-Funktionen anzufügen.
  - Die *Schlüsselwörter* der in MATHEMATICA integrierten *Programmiersprache* werden als MATHEMATICA-Befehle bezeichnet (siehe Abschn.9.4 und Kap.10). Sie treten in *Anweisungen* der Programmiersprache auf, wie im Abschn.10.3 beschrieben wird.

Funktionen, *Kommandos* und *Anweisungen* (*Befehle*) spielen eine Hauptrolle bei der Arbeit mit MATHEMATICA, da die meisten Anwendungen auf ihrem Einsatz beruhen.
Ihre *Gesamtheit* von über 4000 lässt sich mittels der Menüfolge

Help⇒ Wolfram Documentation

im *Dokumentationszentrum* (engl.: *Documentation Center*) durch Eingabe von *Functions* und Anklicken von *Alphabetical Listing* in alphabetischer Reihenfolge *anzeigen*.
♦

9.2 MATHEMATICA-Funktionen

MATHEMATICA-Funktionen teilen wir in zwei Gruppen auf:
- *Funktionen* der *Mathematik* (*mathematische Funktionen* - siehe Abschn.9.2.1)
- *Funktionen* zur *Berechnung mathematischer Probleme* (siehe Abschn.9.2.2).

Zahlreiche dieser MATHEMATICA-Funktionen werden im Buch angewandt bzw. vorgestellt.

Zwischen *mathematischen Funktionen* und *Funktionen* zur *Berechnung mathematischer Probleme* besteht in MATHEMATICA ein wesentlicher Unterschied, da letztere keine Funktionen im Sinne der Mathematik sind. Sie dienen zur Berechnung (Lösung) mathematischer Probleme (siehe Abschn.9.2.2) und beinhalten entsprechende Algorithmen (Berechnungs- bzw. Lösungsalgorithmen). Beisp.9.1 gibt hierfür eine erste Illustration.

◆

Beispiel 9.1:
Betrachten wir je ein Beispiel für mathematische Funktionen und Funktionen zur Berechnung mathematischer Probleme in MATHEMATICA:

a) MATHEMATICA kennt alle *elementaren mathematischen Funktionen* (siehe auch Abschn.11.2.1) in ihrer bekannten Schreibweise, wobei allerdings der erste Buchstabe des Funktionsnamens groß zu schreiben und das Argument in eckige Klammern einzuschließen ist. So wird z.B. die folgende Funktionswertberechnung für sin(x) mit x=π/3 geliefert:

In[1]:= **Sin[Pi/3]**

Out[1]= $\dfrac{\sqrt{3}}{2}$

b) MATHEMATICA kennt die meisten *höheren mathematischen Funktionen*, die hier ähnliche Bezeichnungen wie in der Mathematik besitzen. So wird z.B. die folgende numerische Funktionswertberechnung für die *Besselfunktionen erster Art* geliefert:

In[1]:= **BesselJZero[0,1]//N**

Out[1]= 2.40483

c) Eine typische *Funktion* zur *Berechnung mathematischer Probleme* in MATHEMATICA ist die Funktion **Solve** zur exakten *Lösung* von *Gleichungen*, die Kap.17 ausführlich behandelt. Im Folgenden wird eine erste Anwendung zur *Lösungsberechnung* für *quadratische Gleichungen* illustriert:

Die *quadratische Gleichung* $x^2 + 4x + 3 = 0$ besitzt die beiden *reellen Lösungen*

$x_1 = $ -1 und $x_2 = $ -3

MATHEMATICA berechnet die *Lösungen* dieser Gleichung exakt mittels **Solve**:

In[1]:= **Solve[x^2+4*x+3=0 , x]**

Out[1]= {{x→ -3} , {x→ -1}}

Man sieht, dass **Solve** keine *Funktion* der Mathematik (mathematische Funktion) mit Funktionswerten ist, sondern einen mathematischen Lösungsalgorithmus beinhaltet, der die exakt *berechneten Lösungen* als *Liste* ausgibt.

◆

9.2.1 Funktionen der Mathematik (mathematische Funktionen)

Funktionen der Mathematik (mathematische Funktionen) teilen sich in *elementare* und *höhere mathematische Funktionen* auf, von denen in MATHEMATICA die meisten integriert (vordefiniert) sind (siehe auch Beisp.9.1a und b).

Da diese in der Mathematik eine Hauptrolle spielen, werden sie im Kap.11 vorgestellt, in den entsprechenden Kapiteln ausführlicher erklärt und an Beispielen illustriert.

9.2.2 Funktionen zur Berechnung mathematischer Probleme

Integrierte (vordefinierte) Funktionen zur Berechnung mathematischer Probleme bezeichnet MATHEMATICA ebenfalls als *mathematische Funktionen*. Diese Funktionen bilden die Grundlage zur Berechnung von Problemen der Mathematik (Ingenieurmathematik) und teilen sich u.a. in folgende Klassen auf:

– *Rundungsfunktionen* für eine reelle Zahl x:

    Ceiling[x] :   *rundet* zur nächstgelegenen ganzen Zahl *auf*, d.h. liefert die kleinste ganze Zahl $\geq x$.

    Floor[x] :   *rundet* zur nächstgelegenen ganzen Zahl *ab*, d.h. liefert die größte ganze Zahl $\leq x$.

    Round[x] :   *rundet* zur nächstgelegenen ganzen Zahl.

– *Matrixfunktionen* zur Durchführung von Rechenoperationen mit Matrizen. Sie werden im Kap.15 und 16 vorgestellt.

– *Lösungsfunktionen* für Gleichungen. Sie werden im Kap.17 und 22 vorgestellt.

– *Funktionen* zur *Berechnung* von *Ableitungen* und *Integralen*. Sie werden im Kap.18 bzw. 19 vorgestellt.

– *Optimierungsfunktionen* zur Berechnung von Minima und Maxima. Sie werden im Kap. 24 vorgestellt.

– *Statistikfunktionen* zur Berechnung zahlreicher Probleme aus Wahrscheinlichkeitsrechnung und Statistik. Sie werden im Kap.25 bzw. 26 vorgestellt.

9.3 MATHEMATICA-Kommandos

Als *Kommandos* bezeichnen wir in MATHEMATICA solche Funktionen (Built-In Funktionen), die keinen mathematischen Charakter wie die Funktionen aus Abschn.9.2 haben. Falls Kommandos auch Argumente erfordern, so sind diese wie bei Funktionen durch Komma getrennt in eckigen Klammern an den Kommandonamen anzufügen.

9.4 MATHEMATICA-Anweisungen (MATHEMATICA-Befehle)

Außer Funktionen und Kommandos unterscheiden wir noch *Befehle*, die MATHEMATICA auch als *Built-In Wolfram Language Symbols* bezeichnet. Diese Befehle treten in *Anweisungen* der integrierten Programmiersprache auf, die im Abschn.10.3 beschrieben werden.

Diese Befehle werden durch *Schlüsselwörter* beschrieben, die Sprachelemente der Programmiersprache von MATHEMATICA bezeichnen und im Kap.10 im Rahmen der prozeduralen Programmierung behandelt werden.

Einige Befehle haben die Struktur von Funktionen oder Kommandos und sind nur an den Schlüsselworten zu erkennen.

♦

10 Programmierung mit MATHEMATICA

10.1 Einführung

MATHEMATICA wird nicht zu Unrecht als *Programmiersprache* bezeichnet, die ohne Weiteres mit modernen (höheren) Programmiersprachen wie BASIC, C, FORTRAN, PASCAL,... konkurrieren kann:

- Wenn für ein zu berechnendes Problem keine entsprechenden MATHEMATICA-Funktionen existieren, können Programme mittels der in MATHEMATICA integrierten Programmiersprache (MATHEMATICA-Programmiersprache) erstellt werden.
- Die MATHEMATICA-Programmiersprache ist an die Sprache C angelehnt, so dass ihre Anwendung keine größeren Schwierigkeiten bereitet.
- Die MATHEMATICA-Programmiersprache besitzt zusätzlich *Vorteile* gegenüber höheren Programmiersprachen wie BASIC, C, PASCAL usw., da sich die gesamte Palette der MATHEMATICA-Funktionen und -Kommandos bei der Programmierung verwenden lässt. Dies erleichtert die Programmierung wesentlich.

Das Buch kann die Programmierung mit MATHEMATICA nicht umfassend behandeln:

- Im Folgenden wird nur eine kurze Einführung in die *prozedurale* (strukturierte, imperative) *Programmierung* gegeben, die zur Programmierung von Algorithmen der Mathematik (Ingenieurmathematik) ausreicht.
- Die mit der *prozeduralen Programmierung* in MATHEMATICA erstellten Programme sind nicht die effektivsten und schnellsten. Sie reichen aber aus, um damit zahlreiche anfallende mathematische Probleme der Praxis berechnen zu können.
- MATHEMATICA bietet weitergehendere Programmiermöglichkeiten wie *funktionale*, *objektorientierte* und *regelbasierte Programmierung*, die das Erstellen effektiver und schneller Programme gestatten. Dies sind jedoch Aufgaben für fortgeschrittene Programmierer, die ausführliche Informationen in der MATHEMATICA-Literatur [95-100] finden.

♦

10.2 Operatoren der prozeduralen Programmierung in MATHEMATICA

Im Folgenden werden die für die prozedurale Programmierung erforderlichen Operatoren vorgestellt, ihre Anwendung erklärt und an Beispielen illustriert.

10.2.1 Arithmetische Operatoren

Die für die Programmierung benötigten *arithmetischen Operatoren* +, -, *, / und ^ haben die gleiche Bedeutung und Schreibweise wie die im Abschn.5.2.3 beschriebenen Rechenoperatoren (Operationszeichen, Rechenzeichen).

10.2.2   Vergleichsoperatoren und Vergleichsausdrücke

MATHEMATICA kennt folgende *Vergleichsoperatoren*, die auch *Boolesche Operatoren* heißen:

Kleiner	<	*Kleiner-Operator*
Größer	>	*Größer-Operator*
Kleiner oder Gleich	<=	*Kleiner-Gleich-Operator*
Größer oder Gleich	>=	*Größer-Gleich-Operator*
Gleich (zwei Gleichheitszeichen)	==	*Gleichheitsoperator*
Nicht Gleich (Ungleich)	!=	*Ungleichheitsoperator*

Mit Vergleichsoperatoren gebildete Ausdrücke werden als *Vergleichsausdrücke* bezeichnet.
♦

10.2.3   Logische Operatoren und logische Ausdrücke

MATHEMATICA stellt die *logischen Operatoren*

– UND-Operator   **&&**
– ODER-Operator   **||**
– NICHT   **!**

bereit, die zusammen mit *Vergleichsoperatoren* zur Bildung logischer Ausdrücke dienen:
– *Vergleichsausdrücke* sind Spezialfälle *logischer Ausdrücke*.
– Im Unterschied zu algebraischen und transzendenten Ausdrücken (siehe Abschn.13.2) können *logische Ausdrücke* nur die beiden Werte **False** (*falsch*) oder **True** (*wahr*) annehmen.
– *Logische Ausdrücke* werden u.a. bei *Verzweigungen* und *Schleifen* benötigt (siehe Abschn.10.3.2 bzw. 10.3.3).

Beispiel 10.1:
Illustration von logischen Ausdrücken und speziell Vergleichsausdrücken:
a)   Folgende Ausdrücke sind Beispiele für *Vergleichsausdrücke* und werden mittels MATHEMATICA auf **False** (*falsch*) oder **True** (*wahr*) untersucht:

   – MATHEMATICA zeigt durch Ausgabe von **True** an, dass folgender *Vergleichsausdruck* wahr ist:

   In[1]:= 1 <= 2

   Out[1]= **True**

   – MATHEMATICA zeigt durch Ausgabe von **True** an, dass folgender *Vergleichsausdruck* wahr ist:

   In[2]:= (**Sqrt**[2] + **Exp**[1])/(5 + **Log**[3]) >= **Sin**[3]

   Out[2]= **True**

- MATHEMATICA zeigt durch Ausgabe von **False** an, dass folgender *Vergleichsausdruck* falsch ist:

  In[3]:= 2^3 + 1/3 < 6 + 1/7

  Out[3]= **False**

- Anwendung des *Gleichheitsoperators* == von MATHEMATICA:
  Bei Anwendung auf Variablen, wie z.B.

  In[4]:= v=1 ; w=2 ; v==w

  Out[4]= **False**

  gibt MATHEMATICA **False** (falsch) aus, wenn beide Variablen verschieden sind.

b) Folgende Ausdrücke sind Beispiele für *logische Ausdrücke*, für die MATHEMATICA **True** oder **False** ausgibt, wenn der gebildete Ausdruck *wahr* bzw. *falsch* ist:

- Verknüpfung zweier Vergleichsausdrücke mit logischem UND

  In[1]:= (2<3) **&&** (4<1)

  Out[1]= **False**

- Verknüpfung zweier Vergleichsausdrücke mit logischem ODER

  In[2]:= (2<3) || (4<1)

  Out[2]= **True**

- Negation eines Vergleichsausdrucks mit logischem NICHT

  In[3]:= ! (2<3)

  Out[3]= **False**

  ◆

10.3 Anweisungen (Befehle) der prozeduralen Programmierung in MATHEMATICA

Folgende *Anweisungen* (Befehle) bilden die Hauptwerkzeuge (Grundbausteine) der *prozeduralen Programmierung:*

- *Zuweisungen* (Zuweisungsanweisungen, Zuweisungsbefehle - siehe Abschn.10.3.1),
- *Verzweigungen* (Verzweigungsanweisungen, Verzweigungsbefehle - siehe Abschn. 10.3.2),
- *Schleifen* (Laufanweisungen, Laufbefehle - siehe Abschn.10.3.3).

Sie werden in den folgenden Abschnitten beschrieben.

10.3.1 Zuweisungen (Zuweisungsanweisungen)

Zuweisungen von Zahlen, Konstanten oder allgemein Ausdrücken A an *Variablen* v werden häufig für Berechnungen benötigt. Sie sind in MATHEMATICA und auch in der integrierten Programmiersprache folgendermaßen charakterisiert:

- MATHEMATICA verwendet für die *Zuweisung* eines Ausdrucks A an eine Variable v (Zuweisungsanweisung, Zuweisungsbefehl) zwei *Zuweisungsoperatoren*, d.h.

v = A

bzw.

v := A

Diese *Zuweisungsoperatoren* sind folgendermaßen *charakterisiert:*

- *Gleichheitszeichen =*
  Hierdurch geschieht die direkte Zuweisung an die Variable v des Ausdrucks A, der vorher ausgewertet wird.

- *Doppelpunkt* und *Gleichheitszeichen* :=
  Hier findet eine verzögerte Zuweisung an die Variable v statt, d.h. der Ausdruck A wird erst ausgewertet, wenn die Variable v verwendet wird.

- Diese Zuweisungsoperatoren finden in MATHEMATICA auch Anwendung bei der *Definition* von *Funktionen* (siehe Abschn.10.4.2 und 11.3.2).

Zuweisungsanweisungen sind immer von rechts nach links zu lesen und nicht mit mathematischen Gleichungen zu verwechseln.

◆

Beispiel 10.2:
Illustration für Zuweisungen an eine Variable v:

- *Zuweisung* einer *Dezimalzahl*
  In[1]:= v = 7.2
  Out[1]= 7.2

- *Zuweisung* der *Konstanten* π
  In[2]:= v = **Pi**
  Out[2]= π
  In[3]:= v//N
  Out[3]= 3.14159

- *Zuweisung* eines *Zahlenausdrucks*
  In[4]:= v = **Sqrt**[2] + **Exp**[3]
  Out[4]= $\sqrt{2} + e^3$
  In[5]:= v//N
  Out[5]= 21.4998

- *Zuweisung* eines *logischen Ausdrucks*
  In[6]:= v = (3<5) **&&** (2<4) || (6<1)
  Out[6]= **True**

- *Zuweisung* eines *symbolischen Ausdrucks*
  In[7]:= v = (**Sqrt**[a] + b) / (d^2 + **Sin**[c])

$$Out[7] = \frac{\sqrt{a} + b}{d^2 + Sin[c]}$$

◆

10.3.2 Verzweigungen (Verzweigungsanweisungen)

Verzweigungen (Verzweigungsanweisungen, Verzweigungsbefehle) liefern in *Abhängigkeit* von *Bedingungen* (logischen Ausdrücken) unterschiedliche Resultate, da eine Folge von Funktionen, Kommandos und Anweisungen nur ausgeführt wird, wenn ein auszuwertender *logischer Ausdruck* (siehe Abschn.10.2.3) *wahr* ist.

Zur Programmierung von *Verzweigungen* (Verzweigungsanweisungen) stellt MATHEMATICA die *Verzweigungsbefehle* (Schlüsselwörter) **If** und **Which** bereit, die folgendermaßen anzuwenden sind:

– **If** [*Bedingung* , *Anweisungen_1* , *Anweisungen_2*]

   Die *Anweisungen_1* werden ausgeführt, wenn die *Bedingung* wahr ist, ansonsten die *Anweisungen_2*.

– **Which** [*Bedingung_1* , *Anweisungen_1* , *Bedingung_2* , *Anweisungen_2* , ...]

   Die *Bedingungen_i* (*i=1, 2, ...*) werden der Reihe nach überprüft, bis eine *Bedingung_k* wahr ist. Anschließend werden die hierauf folgenden *Anweisungen_k* ausgeführt.

Mehrere Bedingungen oder *Anweisungen* in den Argumenten der Verzweigungsbefehle (Schlüsselwörter) sind als *Liste* einzugeben, d.h. durch Komma zu trennen und in geschweifte Klammern{} einzuschließen.
Verzweigungsbefehle können auch *geschachtelt* werden, wie die Beisp.10.3a und b illustrieren.

◆

Beispiel 10.3:
Betrachten wir zwei Beispiele für Funktionsdefinitionen in MATHEMATICA, die Verzweigungsbefehle einsetzen:

a) Die Funktion **Maxi** zur Berechnung des *Maximums* von *drei Zahlen* a, b und c kann mit dem **If**- oder **Which**-Verzweigungsbefehl folgendermaßen *definiert* werden (siehe auch Abschn.11.3.2):

   In[1]:= **Maxi**[a_ , b_ , c_] := **If**[a>=b , **If**[a>=c , a , c] , **If**[b>=c , b , c]]

   bzw.

   In[1]:= **Maxi**[a_ , b_ , c_]:= **Which**[a>=b&&a>=c,a,b>=a&&b>=c,b, c>=a&&c>=b,c]

   Der Aufruf der Funktion **Maxi**[a, b, c] berechnet das *Maximum* von a, b und c, so z.B.

   In[2]:= **Maxi**[3, 5, 3]

   Out[2]= 5

Die Funktion **Maxi** wurde nur zu Übungszwecken programmiert (definiert), da MA-THEMATICA das *Maximum* von n Zahlen oder Listen mittels der integrierten (vordefinierten) Funktion **Max** berechnet (siehe Abschn.24.4.1).

♦

b) Verwendung von Verzweigungen zum Erstellen eines einfachen *rekursiven Programms* mit dem **If-** oder **Which**-Verzweigungsbefehl zur Berechnung der *Fakultät* positiver ganzer Zahl n, d.h. von

$$n! = n \cdot (n-1) \cdot (n-2) \cdot ... \cdot 1$$

Die hiermit programmierte (definierte) Funktion **Fak** (siehe auch Abschn.11.3.2) soll die Meldung *Fehler n<0* (als Zeichenkette) ausgeben, falls für das Argument n versehentlich eine negative ganze Zahl eingegeben wurde:

In[1]:= **Fak**[n_] := **If**[n>0 , n∗**Fak**[n-1] , **If**[n==0 ,1 , "*Fehler n<0*"]]

oder

In[1]:= **Fak**[n_] := **Which**[n==0 , 1 , n>0 , n∗**Fak**[n-1] , n<0 , "*Fehler n<0*"]

Der Aufruf der Funktion **Fak**[n] berechnet die Fakultät von n, so z.B.:

In[2]:= **Fak**[5]

Out[2]= 120

In[3]:= **Fak**[0]

Out[3]= 1

In[4]:= **Fak**[-1]

Out[4]= *Fehler n<0*

Die Funktion **Fak** wurde nur zu Übungszwecken definiert, da MATHEMATICA die *Fakultät* von n mit folgenden zwei Funktionen berechnen kann:

n!   bzw.   **Product**[i, {i, 1, n}]

♦

10.3.3   Schleifen (Laufanweisungen)

Schleifen dienen zur *Wiederholung* einer *Folge* von Funktionen, Kommandos und Anweisungen, d.h. diese werden mehrfach durchlaufen. Deshalb heißen Schleifen auch *Laufanweisungen* (Laufbefehle) .

Zur Programmierung von Schleifen stellt MATHEMATICA die *Schleifenbefehle* (Schlüsselwörter) **Do**, **For** und **While** bereit. Die hiermit gebildeten Schleifen werden als **Do**-, **For**- bzw. **While**-Schleifen bezeichnet:

* **Do**-Schleifen:

  – **Do**[*Anweisungen*, {*Index*, *Startwert*, *Endwert*, *Schrittweite*}]

Die *Anweisungen* werden hier solange ausgeführt, bis der *Index* (Laufindex, Schleifenindex) den *Endwert* mittels *Schrittweite* erreicht hat. Falls keine Schrittweite angegeben ist, wird 1 verwendet.

- Der *Schleifenbefehl* **Do** eignet sich zur Programmierung von Schleifen mit bekannter (vorgegebener) Anzahl von Durchläufen (siehe Beisp.10.4a-c).

- Der Schleifenbefehl **Do** hat Analogien zum Kommando

  Table[*Ausdr*, {*Index*, *Startwert*, *Endwert*, *Schrittweite*}]

  der im Abschn.8.3 zur Erzeugung von Listen vorgestellt wird, wobei *Ausdr* i.Allg. vom *Index* abhängt.

- **For**-Schleifen:

  - **For**[*Startanweisungen*, *Bedingung*, *Schrittweitenanweisung*, *Anweisungen*]

    Zuerst werden hier die *Startanweisungen* (für Laufindex, Schleifenindex) ausgeführt. Anschließend werden die *Anweisungen* solange ausgeführt, bis die *Bedingung* nicht mehr wahr ist, wobei bei jedem Durchlauf die *Schrittweitenanweisung* für den Schleifenindex wirksam wird.

  - Der *Schleifenbefehl* **For** eignet sich zur Programmierung von Schleifen mit bekannter (vorgegebener) Anzahl von Durchläufen (siehe Beisp.10.4a-c).

- **While**-Schleifen:

  - **While**[*Bedingung*, *Anweisungen*]

    Die *Anweisungen* werden hier ausgeführt, solange die *Bedingung* wahr ist. Es können hier auch Schrittweiten auftreten, wie im Beisp.10.4a illustriert ist.

  - Der *Schleifenbefehl* **While** eignet sich zur Programmierung von Schleifen mit unbekannter Anzahl von Durchläufen, die bei *Iterationsalgorithmen* der Numerischen Mathematik auftreten (siehe Beisp.10.4d).

- Für *Schrittweitenanweisungen* gibt es folgende Möglichkeiten zur *Schrittweitenwahl* für einen Schleifenindex k:

  k++   falls die *Schrittweite* 1 ist,

  k+ = dk   falls die *Schrittweite* dk ist.

- *Mehrere Bedingungen* und *Anweisungen* in den Argumenten der Schleifenbefehle (Schlüsselwörter) sind als *Liste* einzugeben, d.h. durch Komma zu trennen und in geschweifte Klammern{} einzuschließen.

- *Schleifen* können auch *geschachtelt* werden.

- *Schleifen* lassen sich mittels des Befehls (Schlüsselworts) **Break** vorzeitig *abbrechen*.

Der *Unterschied* zwischen den Schleifenbefehlen **Do**, **For** und **While** bei der Bildung von Schleifen ist unmittelbar klar:

- In **Do**- oder **For**-Schleifen wird die Anzahl der Wiederholungen einer Liste von Anweisungen zu Beginn vorgegeben. Deshalb heißen sie auch *Zählschleifen* (siehe Beisp. 10.4a-c).

– In **While**-Schleifen lässt sich eine Gruppe von Anweisungen in Abhängigkeit von einem logischen Ausdruck (Abbruchkriterium) wiederholen, d.h. die Anzahl der Wiederholungen muss zu Beginn nicht bekannt sein wie z.B. bei Iterationsalgorithmen. Sie werden deshalb auch als *Iterationsschleifen* (bedingte Schleifen) bezeichnet (siehe Beisp.10.4d).

Sie lassen sich allerdings auch für *Zählschleifen* heranziehen, wie Beisp10.4a zeigt.

♦

Beispiel 10.4:

Betrachtung von Beispielen zur Anwendung von Zähl- und Iterationsschleifen bei der prozeduralen Programmierung mit MATHEMATICA.

Die Beispiele dienen nur zu Übungszwecken, da Funktionen in MATHEMATICA zur Berechnung der vorgestellten Probleme integriert (vordefiniert) sind:

a) Ein typisches Beispiel für die Programmierung von *Schleifen* mit *bekannter* (vorgegebener) *Anzahl* von *Durchläufen* (Zählschleifen) liefert die Berechnung *endlicher Summen/ Reihen.*

Zur Illustration dieser Schleifenbildung wird mit MATHEMATICA die einfache Summe

$$S = \sum_{k=1}^{10} \frac{1}{k} = \frac{7381}{2520} \approx 2.928968$$

berechnet, wofür offensichtlich 10 Schleifendurchläufe erforderlich sind.

Zur Berechnung kann eine **Do-** oder **For**-Schleife in folgender Form mit Laufindex (Schleifenindex) k herangezogen werden:

In[1]:= S = 0 ; **Do**[S = S + 1/k , {k , 1 , 10}] ; S

bzw.

In[1]:= **For**[{S = 0 , k = 1} , k <= 10 , k++ , S = S + 1/k] ; S

die das folgende exakte Ergebnis liefern:

Out[1]= $\dfrac{7381}{2520}$

Die Berechnung dieser endlichen Summe mittels einer **Do-** oder **For**-Schleife dient nur zu Übungszwecken, da in MATHEMATICA hierfür die Funktion **Sum** integriert (vordefiniert) ist (siehe Abschn.20.2), die das exakte Ergebnis unmittelbar liefert:

In[2]:= **Sum**[1/k , {k , 1 , 10}]

Out[2]= $\dfrac{7381}{2520}$

Bemerkung

Die obige *Summe* kann auch mittels **While**-Schleife folgendermaßen *berechnet werden:*

In[3]:= S = 0 ; k = 1 ; **While**[k <= 10 , {S = S + 1/k , k++}] ; S

Out[3]= $\dfrac{7381}{2520}$

♦

b) Gleichzeitige Berechnung der beiden Summen

$$S1 = \sum_{k=1}^{10} \frac{1}{k} \quad , \quad S2 = \sum_{k=1}^{10} \frac{1}{k^2}$$

mittels **Do**- oder **For**-Schleife in der Form (*Zählschleifen*):

In[1]:= S1 = 0 ; S2 = 0 ; **Do**[{S1 = S1 + 1/k , S2 = S2 + 1/k^2}, {k, 1, 10}] ; {S1, S2}

bzw.

In[1]:= **For**[{S1=0, S2=0, k=1}, k<=10, k++,{S1 = S1+1/k, S2=S2+1/k^2}]; {S1, S2}

die das exakte Ergebnis als Liste liefern:

$$\textbf{Out}[1]= \left\{ \frac{7381}{2520} , \frac{1968329}{1270080} \right\}$$

c) Betrachtung einer *Zählschleife*, bei der der Laufindex eine von 1 verschiedene Schrittweite hat. Hier werden die geraden Zahlen von 2 bis 100 addiert:

In[1]:= S = 0 ; **Do**[S = S + k , {k , 2 , 100 , 2}] ; S

Out[1]= 2550

d) Typische Beispiele für die Programmierung von *Schleifen* mit *unbekannter Anzahl* von *Durchläufen* (Iterationsschleifen) bilden Iterationsalgorithmen der Numerischen Mathematik:

Als Illustration für diese Schleifenart wird der bekannte *Iterationsalgorithmus*

$$x_{k+1} = \frac{1}{2} \cdot \left(x_k + \frac{a}{x_k} \right) \qquad (k=1, 2,... \ ; \ x_1 \text{ - vorgegebener Startwert})$$

zur Berechnung der Quadratwurzel $\sqrt{a}$ (a>0) *programmiert:*

– Dieser *Algorithmus konvergiert*, wenn man einen *Startwert* x_1 wählt, der größer als a/3 ist. Wir wählen a als Startwert.

– Der Abbruch der Iteration mit der *Genauigkeitsschranke* EPS gestaltet sich hier einfach mittels

$$\left| x_{k+1}^2 - a \right| < EPS$$

Im Folgenden ist eine *Programmvariante* (mit Startwert x=a) zu sehen:

In[1]:= (* Wurzelberechnung für die konkreten Werte EPS=0.000001 und a=2 *)

In[2]:= a= 2 ; EPS= 0.000001 ; x= a ; **While**[**Abs**[x^2-a]>EPS , x= (x+a/x)/2] ; x//**N**

Out[2]= 1.41421

♦

10.4 Prozedurale Programme mit MATHEMATICA

Im Buch wird nur die *prozedurale Programmierung* (strukturierte Programmierung) mit MATHEMATICA betrachtet, wie bereits zu Beginn erwähnt ist.

Wir können selbst die prozedurale Programmierung nicht ausführlich behandeln. Wir geben nur *einige Informationen* und verweisen Interessenten auf die Literatur [95-100]:

- Die in den vorangehenden Abschn.10.2 und 10.3 behandelten Operatoren und Anweisungen bilden Grundbausteine der *prozeduralen Programmierung.* Damit lassen sich mit MATHEMATICA eine Reihe von Programmen zur Berechnung komplexer Probleme der Mathematik schreiben.

- Häufig werden von Anwendern prozedurale Programme in Form von Funktionsdefinitionen benötigt, die wir im Abschn.10.4.1 und 11.3.2 vorstellen.

- *Erstellte Programme* lassen sich als *Notebooks* mit Endung **.n** oder *Packages* (Erweiterungspakete) mit Endung **.m** auf Datenträgern speichern und bei Bedarf wieder einlesen.

10.4.1 Programmstruktur

Prozedurale Programme haben folgende *allgemeine Struktur* (siehe auch Beisp.10.4d und 10.5):

- *Programmkopf:*
  Hier können (**Textzeilen**) mit *Erläuterungen* zur Handhabung des Programms und *Hilfen* zu den programmierten Algorithmen stehen.

- *Programmrumpf:*
  Hier befindet sich der eigentliche Programmteil, d.h. eine Folge von Anweisungen, die mit Schlüsselwörtern und Funktionen von MATHEMATICA gebildet und nacheinander ausgeführt werden.
  Zum besseren Verständnis können hier auch (**Textzeilen**) eingefügt werden, wie im Beisp.10.4d und 10.5 zu sehen ist.

- *Programmende:*
  Hierfür wird kein Befehl (Schlüsselwort) benötigt.

Prozedurale Programme lassen sich in MATHEMATICA auch mittels des Kommandos **Module** schreiben (siehe Beisp.10.5):

- Es hat folgende Form:

  Module[{*Var*}, *Anw*]

- Im Argument stehen *Var* für lokale Variablen und *Anw* für durchzuführende Anweisungen (Funktionen, Kommandos). Hier können auch an jeder Stelle (**Textzeilen**) eingefügt werden.

- **Module** dient dazu, eine Reihe von Programmanweisungen in einem Modul zu vereinigen.
  ♦

10.4.2 Funktionsprogramme (Funktionsdefinitionen)

Funktionsprogramme dienen zur Definition von Funktionen und haben folgende *Struktur:*

- Sie lassen sich in der Form

f[x_]:= Ausdruck

schreiben, wie im Abschn.11.3.2 für mathematische Funktionen illustriert ist.

- Zusätzlich lässt sich das Kommando **Module** bei *Funktionsdefinitionen* einsetzen, wenn z.B. die zu definierende Funktion f kompliziert ist.

- Wir stellen das Kommando **Module** im Beisp.10.5 vor, das den ebenfalls integrierten (vordefinierten) Kommandos **Block** und **With** vorgezogen wird.

Die *Definition* von *Funktionen* ist folgendermaßen *charakterisiert:*

- Es lässt sich statt **:=** auch das Gleichheitszeichen **=** verwenden (siehe auch Abschn. 10.3.1).

- Es ist zu beachten, dass die Variablen im Argument der zu definierenden Funktion mit einem Unterstrich zu versehen sind, wie folgendes Beisp.10.5 illustriert.

- Es lassen sich auch Kommentare mittels (*Kommentare*) einfügen, wie im Beisp.10.5 zu sehen ist.

 ◆

Beispiel 10.5:
Illustration von Funktionsdefinitionen in MATHEMATICA mittels **Module**:

a) Definition einer Funktion f(x,n), die die Summe der Potenzen von x von 1 bis n mittels der MATHEMATICA-Funktion Sum berechnet:

In[1]:= f[x_,n_]:= **Module**[(*Anwendung der Funktion Sum*){i}, **Sum**[x^i, {i, 1, n}]]

In[2]:= f[2,5]

Out[2]= 62

b) Berechnung der Fläche eines Kreises mit Radius r mittels der Funktion KREISFLAECHE(r):

In[1]:= KREISFLAECHE[r_]:=**Module**[(*Berechnung der Kreisfläche mit Radius r*)
                               {}, **Pi*r^2**]

In[2]:= KREISFLAECHE[2]

Out[2]= 4 π

In[3]:= KREISFLAECHE[2]//**N**

Out[3]= 12.5664
 ◆

10.4.3 Programmierfehler

Fehler spielen bei der Programmierung (*Programmierfehler*) eine wesentliche Rolle, wobei syntaktische Fehler und logische Fehler auftreten können:

- *Syntaktische Fehler* (in der Syntax der Programmiersprache) werden in den meisten Fällen von MATHEMATICA erkannt.

- Das Auffinden *logischer Fehler* (im verwandten Algorithmus) ist eine schwierige Angelegenheit:
  - Logische Fehler betreffen weniger kleine Programme von der Gestalt der im Buch vorgestellten, sondern umfangreiche Programme für komplexe Algorithmen mit vielen Programmzeilen.
  - MATHEMATICA stellt zur Suche logischer Fehler gewisse Hilfsmittel bereit (z.B. den Debugger), auf die wir im Buch nicht eingehen können und auf die Literatur verweisen.

11 Mathematische Funktionen

11.1 Einführung

In MATHEMATICA integrierte (vordefinierte) Funktionen (MATHEMATICA-Funktionen) wurden bereits im Abschn.9.2 vorgestellt und im Beisp.9.1 illustriert.

Dieses Kapitel beschäftigt sich ausführlicher mit der Gruppe der *mathematischen Funktionen*, die bei mathematischen Berechnungen eine wichtige Rolle spielen.

Mathematische Funktionen teilen sich auf in *elementare mathematische Funktionen* und *höhere mathematische Funktionen*, die im Abschn.11.2 kurz theoretisch beschrieben und im Abschn.11.3 für MATHEMATICA vorgestellt werden.

♦

11.2 Funktionen in der Mathematik

In MATHEMATICA ist die Bezeichnung *mathematische Funktion* nicht mit dem in der Mathematik streng definierten *Funktionsbegriff* zu verwechseln (siehe Abschn.9.2).

Wir geben keine exakte Definition mathematischer Funktionen, da die folgende *anschauliche Charakterisierung* als eindeutige Abbildung zwischen gewissen Zahlenmengen für die Arbeit mit MATHEMATICA ausreicht.

In der Ingenieurmathematik werden von mathematischen Funktionen vor allem reelle Funktionen benötigt, die folgendermaßen charakterisiert sind:

- Eine *Vorschrift*
  die jedem *n-Tupel reeller Zahlen*
  aus dem Definitionsbereich von f *genau eine reelle Zahl* z
  zuordnet, heißt *reelle Funktion* von *n reellen Variablen*.

$$f$$
$$(x_1, x_2, \dots, x_n)$$
$$z = f(x_1, x_2, \dots, x_n)$$

- *Reelle Funktionen* werden im Buch folgendermaßen *bezeichnet:*
  Funktionen einer reellen Variablen mittels $\quad y = f(x)$
  Funktionen von zwei reellen Variablen mittels $\quad z = f(x,y)$
  Funktionen von n reellen Variablen mittels $\quad z = f(x_1, x_2, \dots, x_n)$
  und in MATHEMATICA mittels $\quad z = f(x1,x2,...,xn)$

- Im Buch schließen wir uns der mathematisch unexakten Schreibweise an und bezeichnen die *Funktionswerte*
  $$f(x_1, x_2, \dots, x_n)$$
  anstelle von f als *Funktion*, da dies auch von MATHEMATICA so praktiziert wird.

In den folgenden beiden Abschnitten werden zwei Klassen reeller Funktionen (elementare und höhere mathematische Funktionen) vorgestellt, die hauptsächlich in praktischen Anwendungen auftreten.

♦

11.2.1 Elementare mathematische Funktionen

Elementare mathematische Funktionen bilden eine Klasse reeller Funktionen, die sich folgendermaßen aufteilen:

– *Potenzfunktionen* und deren Umkehrfunktionen (*Wurzelfunktionen*),
– *Exponentialfunktionen* und deren Umkehrfunktionen (*Logarithmusfunktionen*),
– *Trigonometrische Funktionen* und deren Umkehrfunktionen (*Arkusfunktionen*),
– *Hyperbolische Funktionen* und deren Umkehrfunktionen (*Areafunktionen*).

In mathematischen Modellen praktischer Probleme sind häufig Funktionen anzutreffen, die sich aus elementaren mathematischen Funktionen zusammensetzen. Für diese Funktionen ist in MATHEMATICA eine *Funktionsdefinition* möglich, die im Abschn. 11.3.2 vorgestellt wird. Man unterscheidet hier je nach Art der Zusammensetzung u.a. zwischen:

- *Algebraischen Funktionen*
  – *Ganzrationalen Funktionen* (Polynomen),
  – *Gebrochenrationalen Funktionen* (Quotient von zwei Polynomen),
  – *Nichtrationalen algebraischen Funktionen* (enthalten Wurzelfunktionen),
- *Transzendenten Funktionen* (enthalten trigonometrische, hyperbolische Funktionen, Exponentialfunktionen und deren Umkehrfunktionen).

  ♦

11.2.2 Höhere mathematische Funktionen

Höhere mathematische Funktionen werden auch spezielle mathematische Funktionen genannt:

- Unter dieser Bezeichnung wird eine Reihe von Funktionen zusammengefasst, zu denen u.a. *Gamma-, Beta-, Zeta-, Hankel-, Bessel-, Kugelfunktionen* und *Legendresche Polynome* gehören, die sich nicht mehr durch einen Funktionsausdruck sondern z.B. durch Funktionenreihen (siehe Abschn. 20.4) darstellen.
- *Höhere mathematische Funktionen* treten bei zahlreichen Problemen in Technik und Naturwissenschaften auf, so z.B. bei der Lösung von Differentialgleichungen:
  – *Besselfunktionen* (Zylinderfunktionen) bei der Lösung *Besselscher Differentialgleichungen* n-ter Ordnung

  $$x^2 \cdot y'' + x \cdot y' + (x^2 - n^2) \cdot y = 0$$

  – *Legendresche Polynome* bei der Lösung *Legendrescher Differentialgleichungen*

  $$(1-x^2) \cdot y'' - 2 \cdot x \cdot y' + n \cdot (n+1) \cdot y = 0$$

11.3 Mathematische Funktionen in MATHEMATICA

In Berechnungen mit MATHEMATICA treten neben elementaren und höheren mathematischen Funktionen öfters noch folgende Klassen *mathematischer Funktionen* auf:

- Sie sind nicht unmittelbar in MATHEMATICA integriert (vordefiniert), setzen sich aber aus integrierten (vordefinierten) zusammen. Die Definition derartiger Funktionen ist in MATHEMATICA einfach durchführbar, wie Abschn.11.3.2 illustriert.

- Ihre Funktionsgleichung ist nicht bekannt, sondern nur eine Wertetabelle, d.h. diese Funktionen liegen nur in *Tabellenform* vor.

  Für derart gegebene Funktionen lassen sich näherungsweise Darstellungen (Approximationen) berechnen, von denen Abschn.11.4 zwei wichtige vorstellt. Der Abschn.11.5 behandelt hierfür die Anwendung von MATHEMATICA.

11.3.1 Integrierte (vordefinierte) Funktionen

In MATHEMATICA sind viele mathematische Funktionen integriert (vordefiniert):

- *Alle elementaren mathematischen Funktionen* (siehe auch Abschn.11.2.1),

- *Höhere mathematische Funktionen* (siehe auch Abschn.11.2.2), so u.a. die Folgenden (x,y - reelle Zahlen):

  - *Besselfunktionen:*
    Alle in MATHEMATICA integrierten (vordefinierten) Besselfunktionen werden in der Hilfe durch Eingabe von *Bessel* erklärt.

  - *Betafunktion* B(x,y):
    Beta[x,y]
    berechnet sich aus $\int\limits_{0}^{1} t^{x-1} \cdot (1-t)^{y-1}\, dt$

  - *Fehlerfunktion:*
    Erf[x]
    berechnet sich aus $\dfrac{2}{\sqrt{\pi}} \cdot \int\limits_{0}^{x} e^{-t^2}\, dt$ $\hspace{4em}$ (x≥0)

  - *Legendresche Polynome* $P_n(x)$ vom Grad n:
    Legendre[n,x]

  - *Gammafunktion* Γ(x):
    Gamma[x]
    Für ganzzahlige Argumente n der Gammafunktion gilt
    Gamma[n+1] = n!
    d.h. es wird die *Fakultät* berechnet. Das gleiche Ergebnis liefern folgende MATHEMATICA-Funktionen:
    n! $\hspace{4em}$ bzw. $\hspace{4em}$ **Product**[i,{i,1,n}]

Bemerkung

Bei auftretenden Unklarheiten und Fragen zu *mathematischen Funktionen* liefert MATHEMATICA folgende *Hilfen:*

– Mittels der Menüfolge

Help⇒Wolfram Documentation

erscheint das Fenster des Dokumentationszentrums. Nach Eingabe von

Elementary Functions

bzw.

Special Functions

werden ausführliche Informationen zu den Funktionen angezeigt.

– Durch Eingabe des *Funktionsnamen* mit vorangestelltem *Fragezeichen* **?** in das Notebook erscheinen ebenfalls Informationen zu den entsprechenden Funktionen.

    ◆

11.3.2 Definition mathematischer Funktionen

Bei jeder *Definition mathematischer Funktionen* (Funktionsdefinition - siehe Abschn. 10.4.2) im Notebook von MATHEMATICA ist Folgendes zu beachten:

– Es muss ein Name für die Funktion festgelegt werden.

– Namen von MATHEMATICA-Funktionen sollten nicht als Namen für zu definierende Funktionen verwendet werden, da diese dann nicht mehr zur Verfügung stehen.

– Im Folgenden werden Beispiele vorgestellt, die als Vorlagen dienen können, so dass die Definition mathematischer Funktionen in MATHEMATICA problemlos erfolgen kann.

Die *Definition mathematischer Funktionen* ist folgendermaßen *charakterisiert:*

– Es lässt sich statt **:=** auch das Gleichheitszeichen **=** verwenden (siehe Abschn. 10.3.1).

– Die Argumente sind in eckige Klammern einzuschließen, wie dies bei allen Funktionen in MATHEMATICA erforderlich ist

– Die Variablen im Argument der zu definierenden Funktion sind mit einem Unterstrich zu versehen, wie folgendes Beisp.11.1 illustriert.

– Es lassen sich auch Kommentare mittels (∗*Kommentare*∗) einfügen, wie im Beisp.11.1a zu sehen ist.

    ◆

Beispiel 11.1:

Illustrationen zu Funktionsdefinitionen in MATHEMATICA:

a) Die aus elementaren mathematischen Funktionen zusammengesetzte Funktion einer Variablen x

$$f(x) = \frac{x^2 + e^x - \sin(x)}{x - 1}$$

lässt sich im Notebook von MATHEMATICA folgendermaßen *definieren:*

– In *linearer Schreibweise*:

   In[1]:= f[x_]:= (∗Funktionsdefinition∗)(x^2 + **Exp**[x] - **Sin**[x])/(x-1)

– In *mathematischer Standardnotation* unter Verwendung des Menüs **Palettes**:

$$\mathbf{In}[1] := f[x\_] := (*\text{Funktionsdefinition}*) \; \frac{x^2 + e^x - \mathbf{Sin}[x]}{x-1}$$

b) Es lassen sich auch *Funktionen mehrerer Variablen* im Notebook von MATHEMATI-CA *definieren*, wie am Beispiel der Funktion

$$F(x_1, x_2, x_3) = \frac{\sqrt{x_1 + x_2 - x_3}}{\sin(x_1^2 \cdot x_2^2 + x_3)}$$

von drei Variablen zu sehen ist:

– In *linearer Schreibweise*:

$$\mathbf{In}[1] := F[x1\_, x2\_, x3\_] := \mathbf{Sqrt}[x1+x2-x3] / \mathbf{Sin}[x1^2 * x2^2 + x3]$$

– In *mathematischer Standardnotation* unter Verwendung des Menüs **Palettes**:

$$\mathbf{In}[1] := F[x1\_, x2\_, x3\_] := \frac{\sqrt{x1 + x2 - x3}}{\mathbf{Sin}[x1^2 * x2^2 + x3]}$$

c) *Definition* einer stetigen aus mehreren Ausdrücken *zusammengesetzten Funktion* F(x,y)

$$z = F(x, y) = \begin{cases} x^2 + y^2 & \text{wenn} & x^2 + y^2 \le 1 \\ 1 & \text{wenn} & 1 < x^2 + y^2 \le 4 \\ \sqrt{x^2 + y^2} - 1 & \text{wenn} & 4 < x^2 + y^2 \end{cases}$$

zweier Variablen im Notebook von MATHEMATICA:

– durch Schachtelung des Verzweigungsbefehls **If** (siehe Abschn.10.3.2):

$$\mathbf{In}[1] := F[x\_, y\_] := \mathbf{If}[x^2+y^2<=1, x^2+y^2, \mathbf{If}[1<x^2+y^2<=4, 1, \mathbf{Sqrt}[x^2+y^2]-1]]$$

– mittels Menüfolge **Palettes⇒Basic Math Assistant**:

$$\mathbf{In}[1] := F[x\_, y\_] := \begin{cases} x^2+y^2 & x^2+y^2 <= 1 \\ 1 & 1 < x^2+y^2 <= 4 \\ \mathbf{Sqrt}[x^2+y^2]-1 & 4 < x^2+y^2 \end{cases}$$

♦

11.4 Approximation mathematischer Funktionen

11.4.1 Einführung

Wir betrachten die Problematik der Approximation nur für Funktionen y=f(x) einer Variablen, d.h. nur für Probleme in der Ebene. Bzgl. der Approximation von Funktionen mehrerer Variablen verweisen wir auf die Literatur.

Bei einer Reihe praktischer Probleme treten *Funktionen* y=f(x) auf, deren *analytischer Ausdruck* f(x) für den funktionalen Zusammenhang *nicht bekannt* oder sehr *kompliziert* ist:

- Es kommt öfters vor, dass der *analytische Ausdruck* f(x) für den *funktionalen Zusammenhang* nur in n *Funktionswerten*

  $$y_i = f(x_i) \qquad\qquad (i=1,...,n)$$

  für n *x-Werte*

  $$x_i$$

  gegeben ist, die meistens durch Messungen gewonnen wurden:

  – Derartige Funktionen liegen in sogenannter *Tabellenform* mit n Zahlenpaaren (Punkten)

  $$(x_1,y_1),(x_2,y_2),...,(x_n,y_n)$$

  vor.

  – Diese Tabellenform ist für praktische Anwendungen von Funktionen wenig geeignet, so dass *näherungsweise* ein analytischer Ausdruck (Funktionsausdruck) gesucht ist, um beliebige Funktionswerte berechnen zu können.

  Die Numerische Mathematik (Approximationstheorie) bietet verschiedene Methoden an, um eine durch n Zahlenpaare (Punkte)

  $$(x_1,y_1),(x_2,y_2),...,(x_n,y_n)$$

  in Tabellenform gegebene Funktion y=f(x) durch *analytisch gegebene Funktion* (z.B. Polynomfunktionen) *anzunähern* (zu approximieren).

  Zu bekannten Methoden (Approximationsmethoden) dieser Art zählen

  – *Interpolationsmethoden*,

  – *Quadratmittelapproximation* (Methode der kleinsten Quadrate),

  die wir in den folgenden Abschn.11.4.2 und 11.4.3 kurz vorstellen:

  – Welche Methode günstiger ist, muss der Anwender entscheiden. Dies hängt u.a. von den gegebenen Problemen ab.

  – Liegen viele Funktionswerte vor und möchte man diese durch eine einfache Funktion approximieren, so ist die *Quadratmittelapproximation* vorzuziehen.

- Funktionen haben gelegentlich eine sehr *komplizierte Funktionsgleichung*, die sich wenig für praktische Berechnungen eignet.

  Derartige Funktionen lassen sich durch Funktionen mit einfacherer Funktionsgleichung annähern (approximieren), wie z.B. durch endliche Taylor- bzw. Fourierreihen, die die Abschn.18.3 und 20.4 vorstellen.

Die eben geschilderte Problematik wird in der *Approximationstheorie* für reelle *Funktionen* untersucht, das ein Teilgebiet des umfangreichen Gebiets der mathematischen Approximation ist.

♦

11.4.2   Interpolation

Bei Interpolationen in der Ebene lautet das *Interpolationsprinzip*, eine *Näherungsfunktion* (Interpolationsfunktion) P(x) für eine in *Tabellenform* vorliegende Funktion f(x) so zu bestimmen, dass die für y=f(x) vorliegenden n Zahlenpaare (Punkte)

$$(x_1, y_1), (x_2, y_2), ..., (x_n, y_n)$$

auf der Funktionskurve der *Interpolationsfunktion* P(x) liegen, d.h. das

$$y_i = f(x_i) = P(x_i) \qquad \text{für} \qquad i=1, 2, ..., n$$

gilt:

- Die so bestimmte Interpolationsfunktion P(x) ist damit eine *Näherungsfunktion* für die durch n Punkte in Tabellenform gegebene Funktion f(x).

- Die einzelnen *Interpolationsarten* unterscheiden sich durch die Wahl der konkreten *Interpolationsfunktion*.
  Betreffs der Theorie des modernen Gebiets der *Spline-Interpolation* wird auf Literatur zur Numerischen Mathematik verwiesen. Die in MATHEMATICA hierfür integrierten (vordefinierten) Funktionen findet man im Erweiterungspaket (Package) *Splines*.

- Am bekanntesten ist die Interpolation durch Polynome, die *Polynominterpolation* heißt:
  - Hier sind bei n vorliegenden Zahlenpaaren (Punkten)
    $$(x_1, y_1), (x_2, y_2), ..., (x_n, y_n)$$
    mindestens Polynomfunktionen (n-1)-ten Grades
    $$y = P_{n-1}(x) = a_0 + a_1 \cdot x + ... + a_{n-1} \cdot x^{n-1} \qquad (Interpolationspolynom)$$
    zu verwenden, um das Interpolationsprinzip erfüllen zu können.
  - Die n unbekannten Koeffizienten a_k (k=0,1,2,...,n-1) des Interpolationspolynoms bestimmen sich aus der Forderung, dass die n vorliegenden Punkte der Polynomfunktion $P_{n-1}(x)$ genügen, d.h. es muss
    $$y_i = P_{n-1}(x_i)$$
    gelten.
    Dies liefert ein lineares Gleichungssystem mit n Gleichungen zur Bestimmung der n Koeffizienten a_k. Damit ergibt sich eine erste Methode zur Bestimmung des Interpolationspolynoms.
    Die Numerische Mathematik bietet effektivere Methoden zur Berechnung von Interpolationspolynomen, die in den entsprechenden MATHEMATICA-Funktionen integriert sind.

11.4.3   Quadratmittelapproximation (Methode der kleinsten Quadrate)

Im *Unterschied* zur *Interpolation* brauchen bei der *Quadratmittelapproximation* (Methode der kleinsten Quadrate) die n vorliegenden Zahlenpaare (Punkte)

$$(x_1, y_1), (x_2, y_2), ..., (x_n, y_n)$$

einer Funktion y=f(x) nicht die Näherungsfunktion P(x) zu erfüllen. Das Prinzip besteht hier darin, die Näherungsfunktion P(x) so zu konstruieren, dass die *Summe* der *Abweichungsquadrate* zwischen P(x) und den n Punkten *minimal* wird:

- Als *einfachste Näherungsfunktion* mit zwei frei wählbaren Parametern a_0 , a_1 wird

$$P_1(x;a_0,a_1) = a_0 + a_1 \cdot x$$

verwendet, die *Ausgleichsgerade* heißt:

  − Die *Quadratmittelapproximation* liefert hierfür folgende Minimierungsaufgabe:

$$\sum_{k=1}^{n}(y_k - P_1(x_k;a_0,a_1))^2 = \sum_{k=1}^{n}(y_k - a_0 - a_1 \cdot x_k)^2 \rightarrow \underset{(a_0,a_1)}{\text{Minimum}}$$

  − Diese Minimierung bestimmt die *Parameter* a_0, a_1 derart, dass die Summe der Quadrate der Abweichungen der einzelnen Zahlenpaare (Punkte) von der Ausgleichsgeraden minimal wird.

- Allgemeiner werden *Näherungsfunktionen* (Ausgleichsfunktionen) der Gestalt

$$P(x;a_0,a_1,...,a_m) = \sum_{k=0}^{m}a_k \cdot p_k(x) = a_0 \cdot p_0(x) + a_1 \cdot p_1(x) + ... + a_m \cdot p_m(x)$$

eingesetzt, in denen die Funktionen

$$p_0(x),p_1(x),...,p_m(x)$$

vorgegeben und die *Parameter*

$$a_0,a_1,...,a_m$$

frei wählbar sind:

  − Die *Parameter* bestimmen sich mittels *Quadratmittelapproximation* analog zur Ausgleichsgeraden. Es ist in der Minimierungsaufgabe nur die Gleichung der Ausgleichsgeraden durch die Gleichung der betrachteten *Ausgleichsfunktion* zu ersetzen.

  − Häufig werden Polynome als Ausgleichsfunktionen verwendet, die *Ausgleichspolynome* heißen und folgende Form haben

$$P_m(x;a_0,a_1,...,a_m) = a_0 + a_1 \cdot x + ... + a_m \cdot x^m,$$

  d.h. es gilt

$$p_k(x) = x^k$$

  − Offensichtlich bilden *Ausgleichsgeraden* einen Spezialfall von Ausgleichspolynomen. Sie ergeben sich, wenn

  m = 1, $p_0(x)=1$ und $p_1(x)=x$

  gesetzt, d.h.

$$P_1(x;a_0,a_1) = a_0 + a_1 \cdot x$$

  als Ausgleichspolynom verwendet wird.

11.5   Approximation mathematischer Funktionen mit MATHEMATICA

11.5.1   Interpolation mit MATHEMATICA

In MATHEMATICA sind eine Reihe von Funktionen zur Interpolation integriert (vordefiniert), über die die Hilfe ausführliche Informationen liefert, wenn man *Interpolation* eingibt.

Wir betrachten im Folgenden nur die *Polynominterpolation* mittels der MATHEMATICA-Funktion **InterpolatingPolynomial** für eine Funktion y=f(x) mit n vorliegenden Zahlenpaaren (Punkten)

$$(x_1, y_1), (x_2, y_2), \ldots, (x_n, y_n)$$

wofür folgende *Vorgehensweise* erforderlich ist:

- Zuerst sind die x- und y-Koordinaten der Punkte im Notebook von MATHEMATICA einer zweidimensionalen Liste **XY** mit n Zeilen und zwei Spalten zuzuweisen:

  In[1]:= XY= {{x1,y1},{x2,y2},...,{xn,yn}};

- Danach ist die MATHEMATICA-Funktion folgendermaßen im Notebook anzuwenden:

  In[2]:= P[x_] = InterpolatingPolynomial[XY,x]//Expand

Hiermit wird das *Interpolationspolynom* (n-1)-ten Grades P(x) für die n vorliegenden Punkte berechnet, wobei **Expand** das Interpolationspolynom nach aufsteigenden Potenzen von x ordnet.

Beispiel 11.2:

Betrachtung eines Beispiels zur Polynominterpolation mit der MATHEMATICA-Funktion **InterpolatingPolynomial** für eine Funktion y=f(x) mit vorliegenden 5 Zahlenpaaren (Punkten):

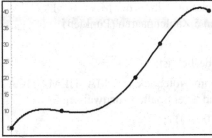

Abb.11.1: Grafikfenster von MATHEMATICA mit Interpolationspolynom und Punkten aus Beisp.11.2

In[1]:= XY= {{20,5},{40,10},{70,20},{80,30},{100,40}};

In[2]:= P[x_] = InterpolatingPolynomial[XY,x]//Expand

MATHEMATICA berechnet das Interpolationspolynom

$$\mathbf{Out[2]=} \; -\frac{520}{9} + \frac{719\,x}{120} - \frac{2677\,x^2}{14400} + \frac{227\,x^3}{96000} - \frac{29\,x^4}{2880000}$$

und stellt das Ergebnis mittels

In[3]:= Show[Plot[P[x], {x,20,100}], ListPlot[XY, PlotStyle->PointSize[0.02]]]

grafisch dar (siehe Abb.11.1).

◆

11.5.2 Quadratmittelapproximation mit MATHEMATICA

In MATHEMATICA sind Funktionen zur *Quadratmittelapproximation* (Methode der kleinsten Quadrate) integriert (vordefiniert), über die die Hilfe ausführliche Informationen liefert, wenn man *CurveFitting* eingibt.

Wir betrachten im Folgenden nur die häufig angewandte MATHEMATICA-Funktion **Fit** für eine Funktion y=f(x) mit n vorliegenden Zahlenpaaren (Punkten)

$$(x_1, y_1), (x_2, y_2), ..., (x_n, y_n)$$

wofür folgende *Vorgehensweise* erforderlich ist:

- Zuerst sind die x- und y-Koordinaten der Punkte im Notebook von MATHEMATICA einer zweidimensionalen Liste **XY** mit n Zeilen und zwei Spalten zuzuweisen:

   In[1]:= XY= {{x1,y1},{x2,y2},...,{xn,yn}};

- Danach ist die MATHEMATICA-Funktion **Fit** folgendermaßen im Notebook anzuwenden:

   In[2]:= P[x_] = Fit[XY,{p0(x), p1(x) ,..., pm(x)}, x]

   wobei die Funktionen p der Ausgleichsfunktion

   $$P(x; a_0, a_1, ..., a_m) = \sum_{k=0}^{m} a_k \cdot p_k(x) = a_0 \cdot p_0(x) + a_1 \cdot p_1(x) + ... + a_m \cdot p_m(x)$$

   im Argument stehen müssen (siehe Beisp.11.3).

Beispiel 11.3:

Betrachtung eines Beispiels zur Quadratmittelapproximation mittels der MATHEMATICA-Funktion **Fit** für eine Funktion y=f(x) mit vorliegenden 5 Zahlenpaaren (Punkten)

(20,5), (40,10), (70,20), (80,30), (100,40)

aus Beisp.11.2, wofür folgende Vorgehensweise erforderlich ist:

- Zuerst sind die x- und y-Koordinaten der Punkte im Notebook von MATHEMATICA einer zweidimensionalen Liste **XY** mit 5 Zeilen und zwei Spalten zuzuweisen:

   In[1]:= XY= {{20,5},{40,10},{70,20},{80,30},{100,40}};

- Danach berechnet MATHEMATICA mittels

   a) **In[2]:= P[x_] = Fit[XY, {1, x}, x]**

       die *Ausgleichsgerade* (siehe Abb.11.2)

       P[x]= -6.20098+0.438752·x

   b) **In[3]:= P[x_] = Fit[XY, {1, x, x^2}, x]**

       die *Ausgleichsparabel* (siehe Abb.11.3)

       P[x]= 2.88265+0.0365646·x+0.00340136· x^2

c) **In**[4]:= P[x_] = **Fit[XY,** {1, x, x^2, x^3, x^4}, x]

das gleiche Polynom wie bei der Interpolation aus Beisp.11.2 (siehe Abb.11.1).
Dies ist dadurch begründet, dass die fünf vorliegenden Punkte genau ein Polynom
(Ausgleichspolynom) vierten Grades bestimmen.

MATHEMATICA zeichnet mittels

In[5]:= **Show[Plot[P[x],** {x,10,110}], **ListPlot[XY,** PlotStyle->{Black, PointSize[0.02]}]]

die berechneten Ausgleichskurven P[x] (siehe Abb.11.2 und 11.3).

◆

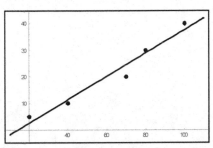

Abb.11.2: Grafikfenster von MATHEMATICA mit Ausgleichsgeraden und Punkten aus Beisp.11.3a

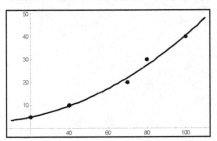

Abb.11.3: Grafikfenster von MATHEMATICA mit Ausgleichsparabel und Punkten aus Beisp.11.3b

12 Punkte, Kurven und Flächen und ihre grafischen Darstellungen

12.1 Einführung

In diesem Kapitel betrachten wir Punkte und Kurven im zweidimensionalen Raum (Ebene) R^2 und dreidimensionalen Raum R^3 und Flächen im dreidimensionalen Raum R^3, deren analytische und grafische Darstellung in den folgenden Abschnitten beschrieben werden.

Wir können nur auf diese für die Mathematik (Ingenieurmathematik) wichtigen Darstellungen eingehen. Eine ausführliche Behandlung der umfangreichen grafischen Darstellungsmöglichkeiten von MATHEMATICA ist nur in gesonderten Büchern möglich (siehe [47-51]).

12.2 Anwendung von MATHEMATICA

MATHEMATICA stellt eine Reihe von Möglichkeiten zur Verfügung, um Punkte und Kurven im zweidimensionalen Raum (Ebene) R^2 und dreidimensionalen Raum R^3 und Flächen im dreidimensionalen Raum R^3 zu zeichnen (grafisch darzustellen).

Hier ist natürlich zu beachten, dass auf unseren zweidimensionalen Bildschirmen dreidimensionale Koordinatensysteme nur in angepasster Form darstellbar sind, wie im Folgenden illustriert ist.

♦

Mittels integrierter (vordefinierter) *Grafikfunktionen* lassen sich folgende Zeichnungen (grafische Darstellungen) mit MATHEMATICA erstellen:

– *Punkte* im zweidimensionalen Raum R^2 (Ebene) und dreidimensionalen Raum R^3, die *Punktgrafiken* heißen,
– *Kurven* im zweidimensionalen Raum R^2 (Ebene), die *ebene Kurven* heißen,
– *Kurven* im dreidimensionalen Raum R^3, die *Raumkurven* heißen,
– *Flächen* im dreidimensionalen Raum R^3,

d.h. MATHEMATICA kann damit *grafische Darstellungen* für reelle Funktionen mit einer oder zwei Variablen in zweidimensionalen bzw. dreidimensionalen Koordinatensystemen erstellen.

Wir können allerdings nur einen *Einblick* in für die Mathematik (Ingenieurmathematik) wichtige Grafikfunktionen von MATHEMATICA geben. Für ausführlichere Informationen müssen wir auf gesonderte Bücher verweisen (siehe [47-51]).

Zusätzlich empfehlen wir die Hilfen von MATHEMATICA, in denen man zahlreiche illustrative Beispiele findet. Diese Hilfe kann man u.a. durch Eingabe von

Function Visualization

aufrufen.

♦

Grafische Darstellungen mit MATHEMATICA sind folgendermaßen *charakterisiert:*

- Bei Anwendung einer Grafikfunktion öffnet MATHEMATICA ein *Grafikfenster*, in dem die zu zeichnende *Grafik* zu sehen ist. Diese Grafikfenster besitzen am unteren Rand eine *Menüleiste*.
  Mit dieser Menüleiste lassen sich zu zeichnende Grafiken auf verschiedene Art gestalten. Wir gehen nicht näher hierauf ein und empfehlen Anwendern, mittels dieser Menüleiste zu experimentieren, um erzeugte Grafiken den Wünschen entsprechend zu gestalten.

- Ohne weitere Vorkehrungen öffnet MATHEMATICA bei jeder Anwendung einer Grafikfunktion ein neues Grafikfenster.

- MATHEMATICA bietet auch die Möglichkeit, *mehrere Grafiken* in ein *Grafikfenster* zu zeichnen. Dies kann durch Angabe der die Grafiken beschreibenden Funktionen im Argument der entsprechenden Grafikfunktion oder mittels **Show** geschehen. Wir illustrieren dies im Beisp.12.2c und 12.4b.

12.3 Punkte

12.3.1 Punkte im zweidimensionalen und dreidimensionalen Raum

Wir betrachten Punkte P in rechtwinkligen Koordinatensystemen im

- zweidimensionalen Raum (Ebene) R^2, d.h die Punkte $P=P(x,y)$ besitzen zwei Koordinaten x und y,

- dreidimensionalen Raum R^3, d.h die Punkte $P=P(x,y,z)$ besitzen drei Koordinaten x, y und z.

Grafische Darstellungen von n Punkten (i=1,...,n)

$P_i = (x_i, y_i)$ im zweidimensionalen Raum (Ebene) R^2,

$P_i = (x_i, y_i, z_i)$ im dreidimensionalen Raum R^3,

in Koordinatensystemen heißen *ebene* bzw. *räumliche Punktgrafiken* (Punktwolken), die MATHEMATICA erstellen kann, wie im Abschn.12.3.2 illustriert ist.
◆

12.3.2 Grafische Darstellungen mit MATHEMATICA

MATHEMATICA kann Grafiken von n Punkten (Punktgrafiken) in den Räumen R^2 (Ebenen) und R^3 erstellen, wofür folgende *Grafikfunktionen* integriert (vordefiniert) sind:

- Für *ebene Punktgrafiken* ist die Grafikfunktion **ListPlot** anzuwenden:
  - Zuerst sind die x- und y-Koordinaten der Punkte einer zweidimensionalen Liste **XY** mit n Zeilen und zwei Spalten zuzuweisen:
    In[1]:= **XY**= {{x1,y1},{x2,y2},...,{xn,yn}} ;
  - Danach zeichnet die Grafikfunktion mittels
    In[2]:= **ListPlot**[**XY**, *Optionen*]

die Punkte als *Punktwolke* in ein ebenes Kartesisches Koordinatensystem.

- Für *räumliche Punktgrafiken* ist die Grafikfunktion **ListPointPlot3D** anzuwenden:
  - Zuerst sind die x-, y- und z-Koordinaten der Punkte einer zweidimensionalen Liste **XY** mit n Zeilen und drei Spalten zuzuweisen:

    In[3]:= **XY**= {{x1,y1,z1},{x2,y2,z2},...,{xn,yn,zn}} ;
  - Danach zeichnet die Grafikfunktion mittels

    In[4]:= **ListPointPlot3D**[**XY**, *Optionen*]

    die Punkte als Punktwolke in ein räumliches Kartesisches Koordinatensystem.

Die von MATHEMATICA im Grafikfenster gezeichneten *Punktgrafiken* lassen sich mittels *Optionen* im Argument der Grafikfunktionen auf verschiedene Art *gestalten*. Dies kann auch unter Anwendung der Menüleiste unterhalb des Grafikfensters geschehen (siehe auch Hilfe von MATHEMATICA).
Im folgenden Beisp.12.1 verwenden wir Optionen zur Festlegung der *Zeichenfarbe* und *Punktgröße*.

Beispiel 12.1:
Illustration der Zeichnung von Punktgrafiken mittels MATHEMATICA:
a) Die grafische Darstellung der 5 Punkte

(1,2), (3,6), (2,4), (5,1), (6,3)

als *Punktwolke* im zweidimensionalen Raum (Ebene) geschieht mittels **ListPlot** folgendermaßen (siehe Abb.12.1):

In[1]:= **XY**= {{1,2},{3,6},{2,4},{5,1},{6,3}} ;

In[2]:= **ListPlot**[**XY**, PlotStyle->{Black, PointSize[0.03]}]

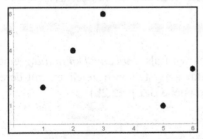

Abb.12.1: Grafikfenster von MATHEMATICA mit *Punktwolke* aus Beisp.12.1a

b) Die grafische Darstellung der 5 Punkte

(1,2,3), (3,6,5), (2,4,7), (5,1,4), (6,3,8)

als *Punktwolke* im dreidimensionalen Raum geschieht mittels **ListPointPlot3D** folgendermaßen (siehe Abb.12.2):

In[1]:= **XY**= {{1,2,3},{3,6,5},{2,4,7},{5,1,4},{6,3,8}} ;

In[2].- **ListPointPlot3D**[**XY**, PlotStyle-> {Black, PointSize[0.03]}]

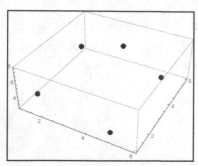

Abb.12.2: Grafikfenster von MATHEMATICA mit *Punktwolke* aus Beisp.12.1b

12.4 Ebene Kurven

12.4.1 Analytische Darstellungen

Ebene Kurven lassen sich in einer der folgenden Formen *beschreiben:*

- Durch Funktionen

  $y = f(x)$

  einer reellen Variablen x, die Werte aus einem Definitionsbereich D(f) von f(x) annehmen können, wobei für D(f) meistens ein Intervall [a,b] auftritt:

  – Dies wird als *explizite Darstellung* einer Kurve in zweidimensionalen Kartesischen Koordinatensystemen bezeichnet (siehe Beisp.12.2a).

  – Eine derartige Kurve heißt *Funktionskurve* oder *Graph* einer Funktion f(x).

  – Mittels Funktionen f(x) sind nicht alle möglichen ebenen Kurven beschreibbar. Dies liegt daran, dass f(x) als eindeutige Abbildung definiert sind (siehe Kap.11), so dass hiermit geschlossene Kurven wie z.B. Kreise, Ellipsen usw. nicht beschreibbar sind.

- Durch Gleichungen

  $F(x,y) = 0$

  mit einer Funktion F(x,y) zweier Variablen. Dies wird als *implizite Darstellung* einer Kurve in zweidimensionalen Kartesischen Koordinatensystemen bezeichnet, mit deren Hilfe auch geschlossene Kurven beschreibbar sind (siehe Beisp.12.2b).

- Durch *Parameterfunktionen*

  $x = x(t)$, $y = y(t)$

  die x- und y-Koordinaten der Kurvenpunkte als Funktionen des Parameters t sind, der Werte aus einem Intervall [a,b] annehmen kann.
  Dies wird als *Parameterdarstellung* einer Kurve in zweidimensionalen Kartesischen Koordinatensystemen bezeichnet, mit deren Hilfe auch geschlossene Kurven beschreibbar sind (siehe Beisp.12.2b).

- Durch *Polarkoordinaten*
  $r = r(\varphi)$

in denen der *Radius* r eine Funktion des *Winkels* φ ist, der Werte aus einem Intervall [a,b] annehmen kann (siehe Beisp.12.2b). Dies wird als *Polarkoordinatendarstellung* einer Kurve bezeichnet, mit deren Hilfe auch geschlossene Kurven beschreibbar sind (siehe Beisp.12.2b).

12.4.2 Grafische Darstellungen mit MATHEMATICA

MATHEMATICA kann *ebene Kurven* mit folgenden integrierten (vordefinierten) Grafikfunktionen zeichnen:

- Für Kurven in *expliziter Darstellung*

  y = f(x)

  zeichnet MATHEMATICA mittels

  In[1]:= **Plot**[f[x],{x,a,b}, *Optionen*]

  die Funktionskurve für x ∈ [a,b].

- Für Kurven in *impliziter Darstellung*

  F(x,y) = 0

  zeichnet MATHEMATICA mittels

  In[2]:= **ContourPlot**[F[x,y]==0,{x,a,b},{y,c,d}, *Optionen*]

  die Kurve für x ∈ [a,b] , y ∈ [c,d]. Bis zur Version 5 wurde die Funktion **ImplicitPlot** eingesetzt.

- Für Kurven in *Parameterdarstellung*

  x = x(t) , y = y(t)

  zeichnet MATHEMATICA mittels

  In[3]:= **ParametricPlot**[{x[t],y[t]},{t,a,b}, *Optionen*]

  die Kurve für t ∈ [a,b].

- Für Kurven in *Polarkoordinaten*

  r = r(φ)

  zeichnet MATHEMATICA mittels

  In[4]:= **PolarPlot**[r[φ],{φ,a,b}, *Optionen*]

  die Kurve für φ ∈ [a,b].

Die von MATHEMATICA im Grafikfenster gezeichneten *ebenen Kurven* lassen sich mittels *Optionen* im Argument der Grafikfunktionen auf vielfältige Art *gestalten*. Dies kann auch unter Anwendung der Menüleiste unterhalb des Grafikfensters geschehen (siehe auch Hilfe von MATHEMATICA).

♦

Beispiel 12.2:

Illustration der grafischen Darstellung ebener Kurven mittels Grafikfunktionen von MA-THEMATICA:

a) Die Funktion

$$y = f(x) = \frac{x^2 - 1}{x^2 + 1}$$

ist gebrochenrational mit Definitionsbereich $x \in (-\infty, \infty)$.

Ihre *Funktionskurve* lässt sich mittels der Grafikfunktion **Plot** grafisch darstellen (siehe Abb.12.3), z.B. im Intervall [-4,4]:

In[1]:= **Plot**[(x^2-1)/(x^2+1),{x,-4,4}]

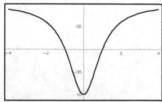

Abb.12.3: Grafikfenster mit der Funktionskurve aus Beisp.12.2a mittels **Plot**

b) Eine *Kardioide* lässt sich folgendermaßen beschreiben (a>0):

 – In *impliziter Darstellung* durch

$$F(x,y) = (x^2 + y^2) \cdot (x^2 + y^2 - 2 \cdot a \cdot x) - a^2 \cdot y^2 = 0$$

 – In *Parameterdarstellung* durch

   $x(t) = a \cdot \cos t \cdot (1 + \cos t)$, $y(t) = a \cdot \sin t \cdot (1 + \cos t)$ 　　　　　mit $0 \leq t < 2\pi$

 – In *Polarkoordinaten* durch

   $r(\varphi) = a \cdot (1 + \cos \varphi)$ 　　　　　　　　　　　　mit $0 \leq \varphi < 2\pi$

Die *grafische Darstellung* der Kardioide (für a=1) lässt sich mit MATHEMATICA folgendermaßen erhalten (siehe Abb.12.4):

 – Die MATHEMATICA-Grafikfunktion **ContourPlot** für implizite Darstellung von Kurven zeichnet die Kurve mittels

   In[2]:= **ContourPlot**[(x^2+y^2)*(x^2+y^2-2*x)-y^2==0,{x,-1,3},{y,-2,2}]

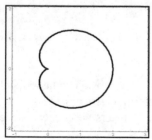

Abb.12.4: Grafikfenster der *Kardioide* aus Beisp.12.2b mittels **ContourPlot**

- Die MATHEMATICA-Grafikfunktion **ParametricPlot** zeichnet die Kurve für die gegebene Parameterdarstellung im Intervall $[0,2\pi]$ mittels

    In[3]:= ParametricPlot[{Cos[t]*(1+Cos[t]), Sin[t]*(1+Cos[t])},{t,0,2*Pi}]

- Die MATHEMATICA-Grafikfunktion **PolarPlot** zeichnet die Kurve für die gegebenen Polarkoordinaten im Intervall $[0,2\pi]$ mittels

    In[4]:= PolarPlot[1+Cos[φ],{φ,0,2*Pi}]

c) Zeichnung von *zwei Kurven* (Gerade y=x+1 und Parabel $y=x^2$) im Intervall [-2,2] in ein gemeinsames Kartesisches Koordinatensystem (Grafikfenster) mittels **Plot** (siehe Abb. 12.5):

In[5]:= Plot[{x+1,x^2},{x,-2,2}]

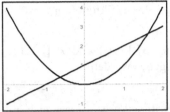

Abb.12.5: Grafikfenster mit *Gerade* und *Parabel* aus Beisp.13.2c

12.5 Kurvendiskussion mit MATHEMATICA

Als *Kurvendiskussion* wird die Aufgabe bezeichnet, Eigenschaften (Nullstellen, Polstellen, Minima und Maxima,...) und grafische Darstellung von Funktionen

y = f(x)

zu ermitteln.

Ohne Computer ist diese Problematik häufig nicht einfach zu behandeln.

Kurvendiskussionen bereiten beim Einsatz von MATHEMATICA keine Schwierigkeiten:

- MATHEMATICA zeichnet mit seinen Grafikfunktionen die Funktionskurve.

- Man darf Zeichnungen von MATHEMATICA allerdings nicht blindlings vertrauen, da Kurven durch Verbindung berechneter Punkte gezeichnet und deshalb nicht immer exakt wiedergegeben werden.

- Es sollten zusätzlich mittels MATHEMATICA-Funktionen zur Gleichungslösung und Differentialrechnung wichtige Eigenschaften wie Nullstellen, Minima und Maxima der Funktion f(x) untersucht und mit der von MATHEMATICA gezeichneten Kurve verglichen werden.

♦

12.6 Raumkurven

12.6.1 Analytische Darstellungen

Kurven im dreidimensionalen Raum R^3 werden als *Raumkurven* bezeichnet. Sie lassen sich meistens durch *Parameterdarstellungen* mit drei Funktionen (Parameterfunktionen) der Form

$x = x(t)$, $y = y(t)$, $z = z(t)$

beschreiben, wobei der Parameter t Werte aus einem Intervall [a,b] annehmen kann.

12.6.2 Grafische Darstellungen mit MATHEMATICA

MATHEMATICA kann *Raumkurven* zeichnen, wofür folgende Grafikfunktion

In[1]:= ParametricPlot3D[{x[t],y[t],z[t]},{t,a,b}, *Optionen*]

integriert (vordefiniert) ist, wenn die Parameterfunktionen x[t], y[t] und z[t] vorher im Notebook definiert sind oder direkt in das Argument eingegeben werden..

Die von MATHEMATICA im Grafikfenster gezeichneten Raumkurven lassen sich mittels *Optionen* im Argument der Grafikfunktionen auf vielfältige Art gestalten. Dies kann auch unter Anwendung der Menüleiste unterhalb des Grafikfensters geschehen (siehe Hilfe von MATHEMATICA).

◆

Beispiel 12.3:

Zeichnung der *räumlichen Spirale* (Abb.12.6)

$x(t) = \cos(2t)$, $y(t) = \sin(2t)$, $z(t) = 0.2t$

für Parameterwerte $0 \le t \le 10$ mittels MATHEMATICA-Grafikfunktion:

In[1]:= ParametricPlot3D[{Cos[2t], Sin[2t], 0.2t}, {t, 0, 10}]

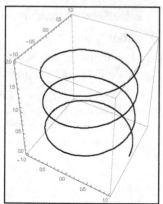

Abb.12.6: Grafikfenster von MATHEMATICA mit der *räumlichen Spirale* aus Beisp.12.3.

12.7 Flächen

12.7.1 Analytische Darstellungen im dreidimensionalen Raum

Flächen im dreidimensionalen Raum R^3 lassen sich durch Funktionen in einer der folgenden Formen beschreiben (man vergleiche die Analogie zu ebenen Kurven):

- Durch Funktionen

  $z = f(x,y)$

  zweier reellen Variablen x und y mit $(x,y) \in D(f)$ (Definitionsbereich der Funktion f(x,y)):

  - Dies wird als *explizite Darstellung* einer *Fläche* in dreidimensionalen Kartesischen Koordinatensystemen bezeichnet (siehe Beisp.12.4a).

  - Mittels Funktionen f(x,y) sind nicht alle möglichen Flächen beschreibbar. Dies liegt daran, dass f(x,y) als eindeutige Abbildung definiert ist (siehe Kap.11), so dass hiermit geschlossene Flächen wie z.B. Kugeln, Ellipsoide usw. nicht beschreibbar sind.

- Durch Gleichungen

  $F(x,y,z) = 0$

  mit einer Funktion F(x,y,z) dreier Variablen mit $(x,y) \in D$ (*Definitionsbereich*). Dies wird als *implizite Darstellung* einer *Fläche* in dreidimensionalen Kartesischen Koordinatensystemen bezeichnet, mit deren Hilfe auch geschlossene Flächen beschreibbar sind (siehe Beisp.12.4b).

- Durch Parameterfunktionen

  $x = x(u,v)$, $y = y(u,v)$, $z = z(u,v)$

  die x-, y- und z-Koordinaten der Flächenpunkte als Funktionen der Parameter u und v mit $a \leq u \leq b$, $c \leq v \leq d$ darstellen. Dies wird als *Parameterdarstellung* einer Fläche in dreidimensionalen Kartesischen Koordinatensystemen bezeichnet, mit deren Hilfe auch geschlossene Flächen beschreibbar sind (siehe Beisp.12.4c).

12.7.2 Grafische Darstellungen mit MATHEMATICA

MATHEMATICA kann *Flächen* des dreidimensionalen Raumes R^3 grafisch darstellen, wobei dies natürlich nur in zweidimensionaler Form möglich ist. Hierfür sind folgende *Grafikfunktionen* integriert (vordefiniert):

- Für Flächen in *expliziter Darstellung*

  $z = f(x,y)$

  zeichnet MATHEMATICA mittels

  In[1]:= Plot3D[f[x,y], {x, a, b}, {y, c, d}, *Optionen*]

  die Fläche über dem Rechteck $a \leq x \leq b$, $c \leq y \leq d$.

- Für Flächen in *impliziter Darstellung*

  $F(x,y,z) = 0$

zeichnet MATHEMATICA mittels

In[2]:= **ContourPlot3D**[F[x,y,z]==0,{x,x1,x2},{y,y1,y2},{z,z1,z2}, *Optionen*]

die Fläche für x∈[x1,x2], y∈[y1,y2] und z∈[z1,z2].

- Für Flächen in *Parameterdarstellung*

  x = x(u,v) , y = y(u,v) , z = z(u,v)

  zeichnet MATHEMATICA mittels

  In[3]:= **ParametricPlot3D**[{x[u,v],y[u,v],z[u,v]},{u,a,b},{v,c,d}, *Optionen*]

  die Fläche für u∈[a,b] und v∈[c,d] .

Die von MATHEMATICA im Grafikfenster gezeichneten Flächen lassen sich mittels *Optionen* im Argument der Grafikfunktionen auf vielfältige Art gestalten. Dies kann auch unter Anwendung der Menüleiste unterhalb des Grafikfensters geschehen (siehe Hilfe von MATHEMATICA).

Zusätzlich lassen sich gezeichnete *Flächen* mittels gedrückter Maustaste *drehen*.
♦

Zur weiteren Veranschaulichung von Flächen gestattet MATHEMATICA noch die Zeichnung von *Höhenlinien*(Niveaulinien):

- Diese Linien entstehen, wenn eine Fläche mit Ebenen geschnitten wird, die parallel zur xy-Ebene verlaufen.

- Ihre grafische Darstellung geschieht mittels der Grafikfunktion **ContourPlot** in analoger Weise wie bei grafischer Darstellung von Flächen:

  Für Flächen in *explizite Darstellung* z=f(x,y) zeichnet

  In[4]:= **ContourPlot**[f[x,y], {x, a, b}, {y, c, d}]

  die Höhenlinien.

Beispiel 12.4:

Illustration grafischer Darstellungen von Flächen mittels MATHEMATICA:

a) Grafische Darstellung eines *Rotationsparaboloiden:*

- Er kann mathematisch folgendermaßen beschrieben werden:

  - In expliziter Darstellung durch

    $$z = x^2 + y^2$$

  - In Parameterdarstellung durch

    x(u,v)=v·cos u , y(u,v)=v·sin u , z(u,v)= v^2

- Grafische Darstellung mittels der MATHEMATICA-Grafikfunktion **Plot3D** (siehe Abb.12.7):

  In[1]:= **Plot3D**[x^2+y^2, {x,-5,5}, {y,-5,5}]

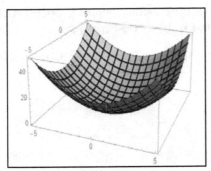

Abb.12.7: Grafikfenster von MATHEMATICA mit dem *Rotationsparaboloiden* aus Beisp.12.4a

- Zusätzliche Zeichnung von *Höhenlinien/Niveaulinien* mittels der MATHEMATICA-Grafikfunktion **ContourPlot**:

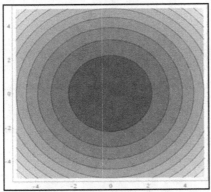

Abb.12.8: Grafikfenster von MATHEMATICA mit Höhenlinien aus Beisp.12.4a

b) *Grafische Darstellung* der *Durchdringung* der

- *Kugelfläche* (mit Radius 2)

$$x^2 + y^2 + z^2 = 4$$

und

in Kugelkoordinaten: $x(u,v)=2 \cdot \cos(u) \cdot \sin(v)$, $y(u,v)=2 \cdot \sin(u) \cdot \sin(v)$, $z(u,v)=2 \cdot \cos(v)$

mit der

- *Zylinderfläche* (mit Radius 1)

$$x^2 + y^2 = 1$$

und

in Zylinderkoordinaten: $x(u,v) = \cos(u)$, $y(u,v) = \sin(u)$, $z(u,v) = v$

unter Verwendung der MATHEMATICA-Grafikfunktionen **Show** und **ParametricPlot3D**, indem die *Parameterdarstellungen* in Kugel- bzw. Zylinderkoordinaten verwendet werden (siehe Abb.12.9):

In[1]:= p1= **ParametricPlot3D**[{2∗**Cos**[u]∗**Sin**[v], 2∗**Sin**[u]∗**Sin**[v], 2∗**Cos**[v]},{u, 0, 2∗**Pi**},{v, 0, **Pi**}, PlotStyle->Gray] ;

In[2]:= p2= **ParametricPlot3D**[{**Cos**[u], **Sin**[u], v}, {u, 0, 2∗**Pi**},{v, -3, 3}, PlotStyle-> Gray] ;

In[3]:= **Show**[p1,p2]

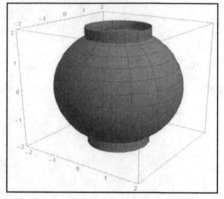

Abb.12.9: Grafikfenster von MATHEMATICA mit Durchdringung von Kugel und Zylinder aus Beisp.12.4b

13 Umformung und Berechnung mathematischer Ausdrücke

13.1 Einführung

Umformung und *Berechnung mathematischer Ausdrücke* werden bei zahlreichen praktischen Problemen benötigt:

- *Umformung (Manipulation)* und *exakte (symbolische) Berechnung* mathematischer Ausdrücke sind mit MATHEMATICA im Rahmen der Computeralgebra möglich (siehe auch Abschn.1.1.1 und 4.3.1).
- *Numerische (näherungsweise) Berechnung* mathematischer Ausdrücke ist mit MATHEMATICA im Rahmen der integrierten numerischen Algorithmen (siehe auch Abschn.1.1.2 und 4.3.2) möglich.

Im Folgenden wird die *Arbeit* mit *mathematischen Ausdrücken* besprochen:

- Abschn.13.2 gibt eine anschauliche Beschreibung mathematischer Ausdrücke.
- In den folgenden Abschn.13.3 und 13.4 werden verschiedene mathematische Ausdrücke vorgestellt und wichtige Umformungen mit MATHEMATICA durchgeführt.
- Im abschließenden Abschn.13.5 wird der Unterschied zwischen exakter und numerischer Berechnung mathematischer Ausdrücke mit MATHEMATICA illustriert.

◆

13.2 Mathematische Ausdrücke

Wir geben keine abstrakte Definition *mathematischer Ausdrücke*, sondern nur eine anschauliche Darstellung:

Ein mathematischer Ausdruck (Funktionsausdruck) kann neben Zahlen noch Konstanten, Variablen und Funktionen enthalten, die durch *Rechenoperatoren* (Operationszeichen, Rechenzeichen) miteinander verbunden sind.

Wenn ein mathematischer Ausdruck nur Zahlen enthält, so wird er als *Zahlenausdruck* bezeichnet.

Mathematische Ausdrücke unterteilen sich in *algebraische* und *transzendente Ausdrücke:*

- *Algebraische Ausdrücke* enthalten Zahlen, Konstanten und Variablen, die durch *Rechenoperationen* verbunden sein können:
  - Folgende *Rechenoperationen* sind möglich:

    Addition + , *Subtraktion* - , *Multiplikation* ∗ , *Division* / und *Potenzierung* ^ ,

    wobei die *Rechenoperatoren* (Operationszeichen, Rechenzeichen) in der für MATHEMATICA erforderlichen Form angegeben sind (siehe auch Abschn.5.2.3).
  - Gewisse *algebraische Ausdrücke* lassen sich *vereinfachen* (siehe Abschn.13.4.1), *multiplizieren* und *potenzieren* (siehe Abschn.13.4.2), *faktorisieren* (siehe Abschn. 13.4.3) und in *Partialbrüche* zerlegen (siehe Abschn.13.4.4).

- *Transzendente Ausdrücke* werden wie algebraische Ausdrücke gebildet:
  - Hier können zusätzlich *Exponentialfunktionen, trigonometrische* und *hyperbolische Funktionen* und deren *Umkehrfunktionen* auftreten. Sobald eine dieser Funktionen in einem Ausdruck erscheint, heißt der Ausdruck *transzendent.*
  - Wichtige Spezialfälle transzendenter Ausdrücke sind *trigonometrische Ausdrücke*, deren Umformung im Abschn.13.4.5 betrachtet wird.

Für die *Durchführung* von *Rechenoperationen* in mathematischen Ausdrücken gelten die üblichen *Prioritäten* auch in MATHEMATICA:

- *Zuerst* wird *potenziert, dann multipliziert (dividiert)* und *zuletzt addiert (subtrahiert).*
- Bestehen Zweifel über die *Reihenfolge* von *Rechenoperationen*, empfiehlt sich das Setzen *zusätzlicher Klammern.*
♦

13.3 Mathematische Ausdrücke in MATHEMATICA

Die im Abschn.13.2 vorgestellten mathematischen Ausdrücke (Funktionsausdrücke) lassen sich in Notebooks von MATHEMATICA auf zwei Arten eingeben:

- In *linearer Schreibweise* mit den im Abschn.13.2 gegebenen Rechenoperatoren.
- In *mathematischer Standardnotation* unter Verwendung des Menüs **Palettes**.

Das folgende Beisp.13.1 illustriert diesen Sachverhalt und kann als *Vorlage* für Eingaben von Ausdrücken dienen.

Weitere Informationen zu Eingaben in MATHEMATICA-Notebooks findet man in den Abschn.3.3.2 und 4.3.3.
♦

Beispiel 13.1:

Der mathematische Funktionsausdruck

$$f(x) = \frac{1 + x^2 + \sin x}{(2 + x)^3 + \ln x}$$

lässt sich auf folgende zwei Arten in ein Notebook von MATHEMATICA eingeben:

- In *linearer Schreibweise:*

  In[1]:= f[x_]:= (1+x^2+**Sin**[x])/((2+x)^3+**Log**[x])

- In *mathematischer Standardnotation* unter Verwendung des Menüs **Palettes**:

  $$\mathbf{In}[1]:= f[x\_]:= \frac{1 + x^2 + \mathbf{Sin}[x]}{(2 + x)^3 + \mathbf{Log}[x]}$$

  ♦

13.4 Umformung mathematischer Ausdrücke mit MATHEMATICA

13.4.1 Vereinfachung algebraischer Ausdrücke

Kürzen, Zusammenfassen bzw. auf gemeinsamen Nenner bringen wird als *Vereinfachung* algebraischer Ausdrücke A bezeichnet und geschieht in MATHEMATICA folgendermaßen:

– Zu einer möglichen *Vereinfachung* eines Ausdrucks A ist in MATHEMATICA die Funktion **Simplify** integriert (vordefiniert), deren Einsatz in der Form

In[1]:= **Simplify**[A]

geschieht.

– Falls **Simplify** versagt, ist zusätzlich die Funktion **FullSimplify** integriert (vordefiniert).

– Weiter ist die Funktion **Together** integriert (vordefiniert), die einen gemeinsamen Nenner berechnen kann (siehe Beisp.13.2b).

Beispiel 13.2:

Vereinfachung algebraischer Ausdrücke:

a) Kürzen von

$$\frac{x^2+2\cdot x\cdot y+y^2}{x^2-y^2}=\frac{x+y}{x-y}$$

mittels **Simplify**:

In[1]:= **Simplify**[(x^2+2*x*y+y^2)/(x^2-y^2)]

Out[1]= $\dfrac{x+y}{x-y}$

b) Auf gemeinsamen Nenner bringen:

$$\frac{1}{a-1}-\frac{1}{a+1}=\frac{2}{a^2-1}$$

durch

– Anwendung von **Simplify**:

In[1]:= **Simplify**[1/(a-1)-1/(a+1)]

Out[1]= $\dfrac{2}{-1+a^2}$

– Anwendung von **Together**:

In[2]:= **Together**[1/(a-1) -1/(a+1)]

Out[2]= $\dfrac{2}{(-1+a)(1+a)}$

♦

13.4.2 Multiplizieren und Potenzieren mathematischer Ausdrücke

Multiplizieren und Potenzieren mathematischer Ausdrücke A ist folgendermaßen charakterisiert:

– Unter *Multiplizieren* wird die Berechnung von durch Multiplikationszeichen verknüpften Teilausdrücken eines Ausdrucks A verstanden.

– Unter *Potenzieren* wird die Berechnung von Potenzen in einem Ausdruck A verstanden, die auf Anwendung des *binomischen Satzes* beruht.

MATHEMATICA ist hierfür folgendermaßen anwendbar:
Zum *Potenzieren* oder *Multiplizieren* eines Ausdrucks A ist die Funktion **Expand** integriert (vordefiniert), deren Einsatz in der Form

In[1]:= Expand[A]

geschieht.

Beispiel 13.3:

a) MATHEMATICA berechnet die Potenz

$(a+b+c)^2 = a^2+b^2+c^2+2 \cdot (a \cdot b+a \cdot c+b \cdot c)$:

In[1]:= Expand[(a+b+c)^2]

Out[1]= $a^2+2ab+b^2+2ac+2bc+c^2$

b) MATHEMATICA berechnet die Multiplikation

$(x^2+x+1) \cdot (x^3-x^2+1) = 1+x+x^5$:

In[1]:= Expand[(x^2+x+1)*(x^3-x^2+1)]

Out[1]= x^5+x+1

♦

13.4.3 Faktorisierung ganzrationaler Ausdrücke

Unter *Faktorisierung* ganzrationaler Ausdrücke A wird ihre Darstellung als Produkt gewisser Faktoren verstanden:

– Wichtige ganzrationale Ausdrücke sind *Polynome*, bei denen die Faktorisierung in Linearfaktoren und quadratische Polynome möglich ist (siehe Abschn.17.3.1).

– Es wird nicht weiter auf theoretische Grundlagen eingegangen, sondern nur die Anwendung von MATHEMATICA vorgestellt und im Beisp.13.4 illustriert.

MATHEMATICA ist hierfür folgendermaßen anwendbar:
Zur *Faktorisierung* eines Ausdrucks A ist die Funktion **Factor** integriert (vordefiniert), deren Einsatz in der Form

In[1]:= Factor[A]

geschieht.

Es darf nicht erwartet werden, dass MATHEMATICA jeden Ausdruck faktorisiert:

- Die Faktorisierung eines Polynoms erfordert dessen *Nullstellenbestimmung*, wofür es ab 5.Grad keinen endlichen Lösungsalgorithmus gibt.
- MATHEMATICA kann allerdings auch gewisse Polynome höheren Grades faktorisieren, wenn z.B. ganzzahlige Nullstellen vorliegen (siehe Beisp.13.4b).
♦

Beispiel 13.4:

Folgende Ausdrücke lassen sich mit MATHEMATICA in Faktoren zerlegen:

a) Der ganzrationale Ausdruck

$$a^3 + 3 \cdot a^2 \cdot b + 3 \cdot a \cdot b^2 + b^3 = (a+b)^3$$

mittels

In[1]:= **Factor**[a^3+3*a^2*b+3*a*b^2+b^3]

Out[1]= $(a+b)^3$

b) Das Polynom

$$x^6 + x^4 - x^2 - 1 = (x-1) \cdot (x+1) \cdot (1+x^2)^2$$

mittels

In[1]:= **Factor**[x^6+x^4-x^2-1]

Out[1]= $(-1+x)(1+x)(1+x^2)^2$

Da das Polynom nur zwei reelle Nullstellen 1 und -1 hat, liefert die Faktorisierung die zu ihnen gehörenden beiden Linearfaktoren, während die restlichen vier komplexen Nullstellen den dritten Faktor liefern.

c) Das Polynom

$$x^7 + x^5 + x + 1$$

wird von MATHEMATICA *nicht faktorisiert*, obwohl es nach der Theorie eine reelle Nullstelle besitzt, die allerdings nicht ganzzahlig ist:

In[1]:= **Factor**[x^7+x^5+x+1]

Out[1]= $1 + x + x^5 + x^7$

MATHEMATICA gibt das Polynom unverändert wieder aus. Dies liegt darin begründet, dass es für Polynome ab 5.Grad keinen endlichen Lösungsalgorithmus gibt.
♦

13.4.4 Partialbruchzerlegung gebrochenrationaler Ausdrücke

Unter *Partialbruchzerlegung* wird die Zerlegung gebrochenrationaler Ausdrücke A(x) (Funktionen) in Partialbrüche verstanden:

- *Gebrochenrationale Ausdrücke* (Funktionen) A(x) als Funktionen von x sind spezielle algebraische Ausdrücke und haben die Form

$$A(x) = \frac{Z(x)}{N(x)} \qquad (Z(x) \text{ - } Z\ddot{a}hlerpolynom \text{ , } N(x) \text{ - } Nennerpolynom)$$

d.h. sie lassen sich als Quotient zweier Polynome in x darstellen.

– Die Partialbruchzerlegung wird zur Integration gebrochenrationaler Funktionen benötigt.

– Da MATHEMATICA-Funktionen zur Integration (siehe Kap.19) die Partialbruchzerlegung automatisch bei der Berechnung von Integralen durchführen, brauchen wir nicht ausführlich auf diese Problematik eingehen.

– Deshalb wird für MATHEMATICA die Partialbruchzerlegung nur kurz vorgestellt und ihre Anwendung an Beispielen illustriert.

MATHEMATICA ist für die Partialbruchzerlegung eines gebrochenrationalen Ausdrucks A(x) folgendermaßen anwendbar:

Es ist die Funktion **Apart** integriert (vordefiniert), deren Einsatz in der Form

In[1]:= **Apart**[A(x)]

geschieht.

Eine *Partialbruchzerlegung* benötigt die *Nullstellen* des *Nennerpolynoms*. Deshalb kann sie auch bei Anwendung von MATHEMATICA scheitern, da es nach mathematischer Theorie für Polynomgleichungen ab 5.Grad keine Lösungsformeln gibt. Des Weiteren treten Schwierigkeiten auf, wenn das Nennerpolynom komplexe Nullstellen besitzt.

♦

Beispiel 13.5:

a) MATHEMATICA berechnet die Partialbruchzerlegung

$$\frac{2 \cdot x}{x^2-1}=\frac{1}{x+1}+\frac{1}{x-1}$$

mittels

In[1]:= **Apart**[2*x/(x^2-1)]

Out[1]= $\dfrac{1}{-1+x}+\dfrac{1}{1+x}$

b) MATHEMATICA berechnet die Partialbruchzerlegung

$$\frac{x+2}{x^6+x^4-x^2-1}=\frac{3}{8}\frac{1}{x-1}-\frac{1}{8}\frac{1}{x+1}-\frac{1}{2}\frac{x+2}{(x^2+1)^2}-\frac{1}{4}\frac{x+2}{x^2+1}$$

mittels

In[1]:= **Apart**[(x+2)/(x^6+x^4-x^2-1)]

Out[1]= $\dfrac{3}{8(-1+x)}-\dfrac{1}{8(1+x)}+\dfrac{-2-x}{2(1+x^2)^2}+\dfrac{-2-x}{4(1+x^2)}$

c) MATHEMATICA berechnet keine Partialbruchzerlegung für den gebrochenrationalen Ausdruck

$$\frac{x+1}{x^3-x^2+2x+1}$$

dessen *Nennerpolynom* eine reelle nichtganzahlige und zwei komplexe Nullstellen besitzt.

MATHEMATICA gibt den bei **Apart** eingegebenen Ausdruck unverändert zurück.

◆

13.4.5 Umformung trigonometrischer Ausdrücke

Es werden *Umformungen trigonometrischer Ausdrücke* betrachtet, die einen Spezialfall transzendenter Ausdrücke darstellen. Dies betrifft vor allem Umformung *trigonometrischer Funktionen*, die z.B. aus *Additionstheoremen* bekannt sind.

MATHEMATICA ist für *Umformungen* eines *trigonometrischen* Ausdrucks A folgendermaßen anwendbar:

- MATHEMATICA kann sie mittels integrierter (vordefinierter) Funktion **Expand** durchführen, die bereits im Abschn.13.4.2 angewandt wurde. Gegebenenfalls ist das zusätzliche Argument **Trig->True** einzusetzen, wobei der Pfeil mittels - (Minuszeichen) und > (Größerzeichen) zu bilden ist (siehe Beisp.13.6).

- MATHEMATICA kann jedoch mit **Expand** nicht alle trigonometrischen Ausdrücke umformen. Es wird deshalb empfohlen, beim *Versagen* von **Expand** die Anwendung der integrierten (vordefinierten) Funktionen **TrigExpand**, **Simplify** oder **FullSimplify** zu versuchen.

Beispiel 13.6:

Betrachtung einiger Umformungen trigonometrischer Ausdrücke:

a) MATHEMATICA berechnet mit **TrigExpand** das *Additionstheorem*
   $\sin(x+y) = \sin x \cdot \cos y + \cos x \cdot \sin y$:

   In[1]:= TrigExpand[Sin[x+y]]

   Out[1]= Cos[y] Sin[x] + Cos[x] Sin[y]

b) MATHEMATICA berechnet mit **Expand** die Beziehung $\cos(\pi-x) = -\cos x$:

   In[2]:= Expand[Cos[Pi-x]]

   Out[2]= -Cos[x]

c) Die Beziehung $\cos^2(x)+\sin^2(x)=1$ wird von MATHEMATICA mit **Expand** nur berechnet, wenn das zusätzliche Argument **Trig->True** verwendet wird:

   In[1]:= Expand[Cos[x]^2+Sin[x]^2 , Trig->True]

   Out[1]= 1

   Die Berechnung gelingt auch mit **Simplify**:

   In[2]:= Simplify[Cos[x]^2+Sin[x]^2]

   Out[2]= 1

   und **TrigExpand**:

   In[3]:= TrigExpand[Cos[x]^2+Sin[x]^2]

   Out[3]= 1

   ◆

13.4.6 Weitere Umformungen

Es lassen sich mit MATHEMATICA weitere Umformungen als bisher besprochen durchführen, da noch zusätzlich folgende *Funktionen* zur Umformung von Ausdrücken A integriert (vordefiniert) sind:

– **Collect**[A, x]

Falls A ein *Polynom* in x ist, wird es nach Potenzen von x geordnet (siehe Beisp.13.7a).

– **HornerForm**[A]

Falls A ein *Polynom* in x ist, wird es in der Form des *Hornerschemas* geordnet (siehe Beisp.13.7b).

Beispiel 13.7:

a) **Collect** *ordnet* das *Polynom* auf der linken Seite von

$$x \cdot (x\text{-}1) \cdot x^2 \cdot (x\text{-}2)^3 + 1 + x^5 = x^7 - 7 \cdot x^6 + 19 \cdot x^5 - 20 \cdot x^4 + 8 \cdot x^3 + 1$$

nach *Potenzen* von x:

In[1]:= **Collect**[x∗(x-1)∗x^2∗(x-2)^3+1+x^5 , x]

Out[1]= $1 + 8\ x^3 - 20\ x^4 + 19\ x^5 - 7\ x^6 + x^7$

b) Anwendung von **HornerForm** auf die zwei im Beisp.a betrachteten Formen eines Polynoms:

In[1]:= **HornerForm**[x∗(x-1)∗x^2∗(x-2)^3+1+x^5]

Out[1]= $1 + x^3 (8 + x (\text{-}20 + x (19 + (\text{-}7 + x) x)))$

bzw.

In[2]:= **HornerForm**[x^7-7∗x^6+19∗x^5-20∗x^4+8∗x^3+1]

Out[2]= $1 + x^3 (8 + x (\text{-}20 + x (19 + (\text{-}7 + x) x)))$

♦

13.5 Berechnung mathematischer Ausdrücke mit MATHEMATICA

Die *Berechnung* mathematischer *Ausdrücke* mittels MATHEMATICA geschieht folgendermaßen:

– Eine *exakte* (symbolische) *Berechnung* von Ausdrücken im Notebook wird durch Drücken der Tastenkombination ⬆ ⏎ für SHIFT+ENTER ausgelöst. Dies muss aber nicht immer gelingen, da zahlreiche Ausdrücke nicht exakt berechenbar sind.

– Eine *numerische* (näherungsweise) *Berechnung* ist nur für Zahlenausdrücke möglich und wird durch Drücken der Tastenkombination ⬆ ⏎ für SHIFT+ENTER ausgelöst, wenn die Numerikfunktion **N** Anwendung findet (siehe Beisp.4.1a und 13.8 und Kap. 4.3).

▶ Bemerkung

Wir haben die Problematik der Berechnungen mit MATHEMATICA bereits im Abschn.4.3 kennengelernt und im Beisp.4.1 illustriert. Im folgenden Beisp.13.8 sind weitere Berechnungen für konkrete Ausdrücke zu finden.

Beide Beispiele können für Anwender als Vorlagen dienen.

♦

Beispiel 13.8:

Illustration des Unterschieds zwischen exakter und numerischer Berechnung von Zahlenausdrücken:

a) Berechnung des algebraischen Ausdrucks

$$\frac{1}{2} - \frac{2}{3} + 5 \cdot 2^7$$

– *exakt* mittels

In[1]:= 1/2-2/3+5*2^7

Out[1]= $\dfrac{3839}{6}$

– *numerisch* unter Anwendung der Numerikfunktion **N** mittels

In[2]:= 1/2-2/3+5*2^7//N

Out[2]= 639.833

Hier wird für 3839/6 der auf 3 Dezimalstellen gerundete Näherungswert ausgegeben.

o d e r

In[3]:= N[1/2-2/3+5*2^7, 10]

Out[3]= 639.8333333

Hier wird für 3839/6 der gerundete Näherungswert mit 10 Ziffern ausgegeben.

b) Berechnung des transzendenten Ausdrucks

$$\frac{\sqrt{64} + \sin(\pi/6) + 5^2}{\cos(\pi/3) + \sqrt[3]{27}} :$$

– *exakt* mittels

In[1]:= (**Sqrt**[64]+**Sin**[Pi/6]+5^2)/(**Cos**[Pi/3]+27^(1/3))

Out[1]= $\dfrac{67}{7}$

Hier berechnet MATHEMATICA alle auftretenden Größen exakt:

$$\frac{8 + \frac{1}{2} + 25}{\frac{1}{2} + 3} = \frac{\frac{67}{2}}{\frac{7}{2}} = \frac{67}{7}$$

– *numerisch* unter Anwendung der Numerikfunktion **N** mittels

In[2]:= (**Sqrt**[64]+**Sin**[Pi/6]+5^2)/(**Cos**[Pi/3]+27^(1/3))//N

Out[2]= 9.57143

♦

14 Kombinatorik

14.1 Einführung

Die *Kombinatorik* befasst sich u.a. damit, auf welche Art eine vorgegebene Anzahl von *Elementen angeordnet* werden kann bzw. wie aus einer vorgegebenen Anzahl von Elementen *Gruppen von Elementen ausgewählt* werden können:

- Sie besitzt zahlreiche Anwendungen und wird u.a. zur Berechnung klassischer *Wahrscheinlichkeiten* benötigt (siehe Abschn.25.3).
- Die Formeln der Kombinatorik benötigen *Fakultät* und *Binomialkoeffizient*, die mittels MATHEMATICA im folgenden Abschn.14.2 berechnet werden.

14.2 Fakultät und Binomialkoeffizient in MATHEMATICA

Zur Berechnung der *Formeln* der *Kombinatorik* wird Folgendes benötigt:

- *Fakultät* einer positiven ganzen (natürlichen) Zahl k:

  $k! = 1 \cdot 2 \cdot 3 \cdot \ldots \cdot k$

- *Binomialkoeffizient:*

  $$\binom{a}{k} = \frac{a \cdot (a-1) \cdots (a-k+1)}{k!}$$

  - a ist eine reelle und k eine positive, ganze (natürliche) Zahl oder 0.
  - Wenn a=n ebenfalls eine *natürliche Zahl* ist, lässt sich die Formel für den Binomialkoeffizienten in folgender Form schreiben:

  $$\binom{n}{k} = \frac{n!}{k! \cdot (n-k)!}$$

MATHEMATICA berechnet *Fakultät* und *Binomialkoeffizient:*

- Berechnung der *Fakultät* n! geschieht mittels folgender vordefinierter Funktionen:

  In[1]:= n!

  o d e r

  In[1]:= **Gamma**[n+1]

  o d e r

  In[1]:= **Product** [i, {i, 1, n}]

- Berechnung des *Binomialkoeffizienten* geschieht mittels folgender integrierter (vordefinierter) Funktion **Binomial**:

  In[2]:= **Binomial**[a, k]

Beispiel 14.1:

Illustration der Berechnung von Fakultät und Binomialkoeffizienten mittels MATHEMATICA:

a) Berechnung der Fakultät 5!=120:

In[1]:= 5!

Out[1]= 120

o d e r

In[2]:= **Gamma**[6]

Out[2]= 120

o d e r

In[3]:= **Product** [i, {i, 1, 5}]

Out[3]= 120

b) Die Festlegung 0!=1 für Null-Fakultät wird von **!** , **Gamma** und **Product** geliefert:

In[1]:= 0!

Out[1]= 1

o d e r

In[2]:= **Gamma**[1]

Out[2]= 1

o d e r

In[3]:= **Product** [i, {i, 1, 0}]

Out[3]= 1

c) Berechnung von *Binomialkoeffizienten:*

– $\binom{10}{4}$ mittels

   In[1]:= **Binomial**[10, 4]

   Out[1]= 210

– $\binom{10.5}{4}$ mittels

   In[2]:= **Binomial**[10.5, 4]

   Out[2]= 264.961
   ♦

14.3 Permutationen, Variationen und Kombinationen mit MATHEMATICA

Die bekannten *Formeln* der *Kombinatorik* berechnet MATHEMATICA folgendermaßen:

– *Permutationen:*
   Die Anzahl der Anordnungen von n verschiedenen Elementen mit Berücksichtigung der Reihenfolge ergibt sich aus n! .
   Berechnung mit MATHEMATICA:

In[1]:= n!

– *Variationen*
Auswahl von k (<n) Elementen aus n gegebenen Elementen mit Berücksichtigung der Reihenfolge.
Berechnung mit MATHEMATICA:

$$\frac{n!}{(n-k)!}$$ ohne Wiederholung

In[1]:= n!/(n-k)!

n^k mit Wiederholung

In[2]:= n^k

– *Kombinationen*
Auswahl von k (<n) Elementen aus n gegebenen Elementen ohne Berücksichtigung der Reihenfolge.
Berechnung mit MATHEMATICA:

$$\binom{n}{k}$$ ohne Wiederholung

In[1]:= **Binomial**[n, k]

$$\binom{n+k-1}{k}$$ mit Wiederholung

In[2]:= **Binomial**[n+k-1, k]

15 Matrizen, Vektoren und Determinanten

Matrizen gehören zu Grundbausteinen der linearen Algebra und spielen in der Mathematik (Ingenieurmathematik) eine wichtige Rolle. Sie sind u.a. in folgenden Anwendungen zu finden:

– Zur Darstellung von Verbindungen z.B. in elektrischen Netzwerken, Straßennetzen und Produktionsprozessen.
– In linearen Gleichungssystemen (siehe Abschn.17.2), die in zahlreichen praktischen Problemen auftreten.

15.1 Matrizen

Matrizen lassen sich folgendermaßen *charakterisieren:*

Eine *Matrix* **A** ist als *rechteckiges Schema* von *Elementen*

$$a_{ik} \qquad\qquad (i=1,2,...,m \; ; \; k=1,2,...,n)$$

definiert, das durch runde Klammern eingeschlossen und in der Form

$$\mathbf{A} = \begin{pmatrix} a_{11} & a_{12} & \cdots & a_{1n} \\ a_{21} & a_{22} & \cdots & a_{2n} \\ \vdots & \vdots & \cdots & \vdots \\ a_{m1} & a_{m2} & \cdots & a_{mn} \end{pmatrix} = (a_{ik})$$

geschrieben wird:

– In diesem Schema sind die als *Matrixelemente* bezeichneten Elemente a_{ik} mit Doppelindex i und k versehen, wobei i den *Zeilenindex* und k den *Spaltenindex* darstellt.
– Die angegebene Matrix besitzt m *Zeilen* und n *Spalten* und wird als Matrix vom *Typ* (m,n) oder m×n-Matrix bezeichnet. Da Zeilen und Spalten einer Matrix als Vektoren interpretierbar sind, werden sie auch als *Zeilen-* bzw. *Spaltenvektoren* bezeichnet.
– In Anwendungen sind Matrixelemente oft Zahlen, so dass von Zahlenmatrizen gesprochen wird.
– Matrizen mit gleicher Anzahl von Zeilen und Spalten (d.h. m=n) heißen n-reihige *quadratische Matrizen* bei denen die Elemente a_{11} a_{22} ... a_{nn} die *Hauptdiagonale* bilden.

Matrizen werden i.Allg. mit Großbuchstaben in Fettdruck **A**, **B**, **C**,... bezeichnet und ihre Elemente mit doppelindizierten entsprechenden Kleinbuchstaben a_{ik}, b_{ik}, c_{ik},...

In MATHEMATICA schreiben wir Matrixelemente in der Form aik , bik , cik ,...

♦

15.2 Vektoren

Vektoren (n-dimensionale) als wichtige *Spezialfälle* von Matrizen treten in zwei Formen auf:

– *Zeilenvektoren* $\qquad$ **a**$= (a_1,...,a_n)$ $\qquad\qquad$ (Matrix vom Typ (1,n))

$$- \textit{Spaltenvektoren} \quad \mathbf{b} = \begin{pmatrix} b_1 \\ \vdots \\ b_n \end{pmatrix} \qquad \text{(Matrix vom Typ (n,1))}$$

Vektoren werden i.Allg. mit Kleinbuchstaben in Fettdruck $\mathbf{a}$, $\mathbf{b}$, $\mathbf{c}$,... und ihre entsprechenden Elemente (Komponenten, Vektorkomponenten) mit einfachindizierten Kleinbuchstaben a_i, b_i, c_i,... bezeichnet.

In MATHEMATICA schreiben wir *Vektorkomponenten* in der Form ai , bi , ci ,...
♦

15.3 Matrizen und Vektoren in MATHEMATICA

Um mit Matrizen und Vektoren rechnen zu können, müssen sie im Notebook *eingegeben*, *erzeugt* oder *eingelesen* werden. Die dafür von MATHEMATICA zur Verfügung gestellten Möglichkeiten werden im Folgenden vorgestellt.

Weitere *Informationen* zur Problematik von Matrizen und Vektoren liefert die Hilfe von MATHEMATICA durch Anklicken von

Help⇒Wolfram Documentation

und Eingabe von *Matrix* in das erscheinende Fenster des *Dokumentationszentrums*.
♦

15.3.1 Eingabe von Matrizen und Vektoren

Elemente und Komponenten von Matrizen bzw. Vektoren lassen sich in ein Notebook in symbolischer Form (symbolische Matrizen bzw. Vektoren), als Funktionsausdrücke (Funktionsmatrizen bzw. Funktionsvektoren) oder in Zahlenform (Zahlenmatrizen bzw. Zahlenvektoren) eingeben.

Wir stellen im Folgenden zwei *Eingabemöglichkeiten* für *Matrizen* und *Vektoren* in ein Notebook von MATHEMATICA vor und illustrieren sie im Beisp.15.1:

* Die Eingabe kann mittels *Listen* (d.h. in *Listenform*) geschehen (siehe Kap.8):
  - Matrizen $\mathbf{A}$ (siehe Abschn.15.1) vom Typ (m,n)

    lassen sich als *geschachtelte Listen* in folgender Form eingeben (Listendarstellung):

    In[1]:= $\mathbf{A}$= {{a11, a12,..., a1n}, {a21, a22,..., a2n},..., {am1, am2,..., amn}}
  - *Zeilenvektoren* $\mathbf{a}$ bzw. *Spaltenvektoren* $\mathbf{b}$ mit n Komponenten

    als Spezialfälle von Matrizen (siehe Abschn.15.2) lassen sich als *Listen* in folgender Form eingeben (Listendarstellung):

    In[1]:= $\mathbf{a}$= {a1, a2 ,..., an}   (für Zeilenvektoren)
    bzw.

    In[2]:= $\mathbf{b}$= {{b1}, {b2},..., {bn}}   (für Spaltenvektoren)

- Die Eingabe kann mittels der Menüfolge

  Palettes⇒Basic Math Assistant (oder **Classroom Assistant**)

  bei *Typesetting* in *mathematischer Standardnotation* mittels folgender Symbole geschehen (siehe Beisp.15.1a):

$$\begin{pmatrix} \square & \square \\ \square & \square \end{pmatrix}$$ für Matrizen

$$(\square \quad \square)$$ für Zeilenvektoren

$$\begin{pmatrix} \square \\ \square \end{pmatrix}$$ für Spaltenvektoren

  wobei die Anzahl der Spalten bzw. Zeilen durch die von MATHEMATICA angezeigten Tastenkombinationen veränderbar ist.

Beispiel 15.1:

Illustration der Eingabe von Matrizen in ein Notebook von MATHEMATICA:

a) Die Eingabe der Zahlenmatrix

$$A = \begin{pmatrix} 1 & 2 & 3 \\ 4 & 5 & 6 \end{pmatrix}$$

kann auf folgende zwei Arten geschehen:

- Mittels *Liste:*

  In[1]:= **A**= {{1, 2, 3}, {4, 5, 6}}
  Out[1]= {{1, 2, 3}, {4, 5, 6}}
- Mittels der Menüfolge

  Palettes⇒Basic Math Assistant (oder **Classroom Assistant**)

  in *mathematischer Standardnotation:*

  In[2]:= **A**= $\begin{pmatrix} 1 & 2 & 3 \\ 4 & 5 & 6 \end{pmatrix}$

  Out[2]= {{1, 2, 3}, {4, 5, 6}}

b) Die Eingabe einer Matrix **A** mit *symbolischen Elementen*

- mittels *Liste:*

  In[1]:= **A**= {{a, b, c}, {d, e, f}, {g, h, i}}

  MATHEMATICA zeigt diese Matrix in folgender Form an, d.h. in Listenform:

  Out[1]= {{a, b, c}, {d, e, f}, {g, h, i}}

- mittels *Liste* und **MatrixForm**

  In[2]:= **A**= {{a, b, c}, {d, e, f}, {g, h, i}}//**MatrixForm**

$$\mathbf{Out}[2]=\begin{pmatrix} a & b & c \\ d & e & f \\ g & h & i \end{pmatrix}$$

c) Eingabe einer Matrix **A** in Listenform, deren Elemente *Funktionsausdrücke* in der Variablen x sind:

In[1]:= **A**= {{x, **Sin**[x], x^2}, {**Exp**[x], **Cos**[x], x}, {**Log**[x], x^3, 1/x}}

Out[1]= {{x, **Sin**[x], x^2 }, {**Exp**[x], **Cos**[x], x}, {**Log**[x], x^3, $\dfrac{1}{x}$ }}

Auf diese Matrix **A** können MATHEMATICA-Funktionen angewandt werden, so z.B. die Differentiation **D** (siehe Abschn.18.2) mittels

In[2]:= **D**[**A**, x]

wodurch die Matrix **A** *elementweise differenziert* wird:

Out[2]= {{1, **Cos**[x], 2x}, {**Exp**[x], -**Sin**[x], 1}, { $\dfrac{1}{x}$, $3\,x^2$, -$\dfrac{1}{x^2}$ }}

◆

15.3.2 Erzeugung von Matrizen

MATHEMATICA bietet Möglichkeiten zur *Erzeugung* spezieller *Matrizen* im Notebook, für die u.a. folgende Funktionen (Matrixfunktionen) integriert (vordefiniert) sind, die Beisp. 15.2 illustriert:

– **In**[1]:= **Table**[f[i, k], {i, m},{k, n}]

erzeugt eine Matrix vom Typ (m,n), deren Elemente von der Funktion f(i,k) berechnet werden.

– **In**[2]:= **IdentityMatrix**[n]

erzeugt eine n-reihige *Einheitsmatrix*, d.h. eine quadratische Matrix, bei der die Elemente der Hauptdiagonalen gleich 1 und alle anderen Elemente gleich 0 sind.

– **In**[3]:= **MatrixPower**[**A**, n]

berechnet die *n-te Potenz* der quadratischen Matrix **A**. Mittels **A**^n wird nicht die n-Potenz der Matrix **A** sondern nur die n-te Potenz der einzelnen Matrixelemente berechnet.

– **In**[4]:= **DiagonalMatrix**[v]

berechnet für den n-dimensionalen Vektor **v** eine n-reihige quadratische Matrix mit der *Diagonalen* **v**, deren restliche Elemente gleich Null sind (*Diagonalmatrix*).

– **In**[5]:= **ConstantArray**[c, {m, n}]

erzeugt eine Matrix vom Typ (m,n), deren *Elemente* alle den Wert c haben.

Beispiel 15.2:

Illustration der Anwendung von MATHEMATICA-Funktionen zur Erzeugung spezieller Matrizen:

– Erzeugung einer Matrix **A** vom Typ (2,3) mittels **Table**, deren *Elemente* von der *Funktion* f(i,k)=i+k berechnet werden:

In[1]:= f[i_, k_]=i+k ; **A**= **Table**[f[i,k], {i, 2}, {k, 3}]

Out[1]= {{2, 3, 4},{3, 4, 5}}

– Erzeugung einer Matrix (*Nullmatrix*) **O** vom Typ (2,3) mittels **ConstantArray**, deren Elemente 0 sind:

In[2]:=**O**= **ConstantArray**[0, {2, 3}]

Out[2]= {{0, 0, 0}, {0, 0, 0}}

– Erzeugung einer Matrix **A** vom Typ (3,2) mittels **ConstantArray**, deren Elemente 1 sind:

In[3]:= **A**= **ConstantArray**[1, {3, 2}]

Out[3]= {{1, 1}, {1, 1}, {1, 1}}

– Erzeugung einer vierreihigen *Einheitsmatrix* **E** mittels **IdentityMatrix**:

In[4]:= **E** = **IdentityMatrix**[4]

Out[4]= {{1, 0, 0, 0}, {0, 1, 0, 0}, {0, 0, 1, 0}}, {0, 0, 0, 1}}

– Erzeugung einer *Diagonalmatrix* **A** mittels eines Vektors **v**:

In[5]:= **v**={1, 2, 3} ; **A**= **DiagonalMatrix**[v]

Out[5]= {{1, 0, 0},{0, 2, 0},{0, 0, 3}}
♦

15.3.3 Zugriff auf Matrixelemente und Vektorkomponenten

Zugriffe auf Matrixelemente und Vektorkomponenten geschehen in MATHEMATICA wie auf Listenelemente, die im Abschn.8.4 behandelt wurden:

– Auf das *Element* der i-ten Zeile und k-ten Spalte (d.h. auf a_{ik}) einer im Notebook befindlichen Matrix **A** wird mittels

In[1]:= **A**[[i,k]]

zugegriffen (siehe Beisp.15.3c).

– Auf die i-te *Komponente* eines im Notebook befindlichen Vektors (Zeilen- oder Spaltenvektor) **b** wird mittels

In[1]:= **b**[[i]]

zugegriffen (siehe Beisp.15.3a und b).

Beispiel 15.3:

Illustration von *Eingabe* und *Zugriff* auf Komponenten und Elemente von Vektoren bzw. Matrizen in MATHEMATICA:

a) Der Zeilenvektor

a= (1, 2, 3)

kann auf folgende zwei Arten in ein Notebook *eingegeben* werden, wobei wir im Weiteren die zuerst angegebene Form verwenden:

In[1]:= **a**= {1, 2, 3};

o d e r

mittels der Menüfolge

Palettes⇒Basic Math Assistant (oder **Classroom Assistant**):

In[2]:= **a**= (1 2 3) ;

MATHEMATICA gibt für diese Eingabeformen beim Aufruf von **a** Folgendes aus:

Out[1]={1, 2, 3}   o d e r   **Out**[2]={{1, 2, 3}}

Der *Zugriff* auf die i-te Komponente von **a** erfolgt mittels **a**[[i]], so z.B. auf die 2-te Komponente:

In[3]:= **a**[[2]]

Out[3]= 2

b) Der Spaltenvektor

$$b = \begin{pmatrix} 1 \\ 2 \\ 3 \end{pmatrix}$$

kann auf folgende Art eingegeben werden:

In[1]:= **b**= {{1}, {2}, {3}};

Die mögliche Eingabe mittels der Menüfolge

Palettes⇒Basic Math Assistant (oder **Classroom Assistant**)

wie im Beisp.a überlassen wir den Anwendern.

Der *Zugriff* auf die i-te Komponente von **b** kann mittels **b**[[i]] erfolgen, so z.B. auf die 3-te Komponente:

In[2]:= **b**[[3]]

Out[2]= {3}

c) Die Matrix

$$A = \begin{pmatrix} 1 & 2 & 3 \\ 4 & 5 & 6 \end{pmatrix}$$

kann auf folgende zwei Arten in ein Notebook *eingegeben* werden, wobei wir im Weiteren die zuerst angegebene Form verwenden:

–   **In**[1]:= **A**= {{1, 2, 3}, {4, 5, 6}};

–   Die mögliche Eingabe mittels der Menüfolge

    Palettes⇒Basic Math Assistant (oder **Classroom Assistant**)

    wie im Beisp.a überlassen wir den Anwendern.

MATHEMATICA gibt für die verwendete Eingabeform beim Aufruf von **A** Folgendes aus:

–   **Out**[1]= {{1, 2, 3}, {4, 5, 6}}

– Der *Zugriff* auf das Element der i-ten Zeile und k-ten Spalte von **A** erfolgt durch Eingabe von **A[[i,k]]**, so bestimmt z.B.

In[2]:= A[[2,3]]

Out[2]= 6

das Element der zweiten Zeile und dritten Spalte.

♦

15.3.4   Einlesen und Ausgabe von Matrizen und Vektoren

Einlesen in Notebooks und Ausgabe von Matrizen und Vektoren auf Datenträger geschehen in MATHEMATICA analog wie bei Listen, so dass hierfür auf Abschn.8.6 verwiesen wird.

15.4   MATHEMATICA- Matrixfunktionen

In MATHEMATICA sind *Matrixfunktionen* integriert (vordefiniert), mit denen für eine Matrix **A** zahlreiche Berechnungen durchführbar sind (siehe Beisp.15.4):

*   Es sind u.a. folgende Matrixfunktionen integriert (vordefiniert), wobei auch die Funktionen aus Abschn.15.3.2 hinzugezählt werden können:

    – **In[1]:= Diagonal[A, k]**

       berechnet die *k-Diagonale* von **A**.

    – **In[2]:= MatrixRank[A]**

       berechnet den *Rang* von **A**.

    – **In[3]:= MatrixForm[A]**   o d e r   **In[3]:= A//MatrixForm**

       gibt **A** in *mathematischer Standardnotation* aus.

    – **In[4]:= Tr[A]**

       berechnet die *Spur* der quadratischen Matrix **A**, d.h. die Summe der Elemente der Hauptdiagonalen. Für nichtquadratische Matrizen wird die Summe der Elemente der ersten Diagonalen berechnet.

    – **In[5]:= Max[A]**

       berechnet das *maximale Element* von **A**.

    – **In[6]:= Min[A]**

       berechnet das *minimale Element* von **A**.

Eine Beschreibung aller MATHEMATICA-Matrixfunktionen findet man in der *Hilfe*, die folgendermaßen konsultiert werden kann:

Durch Anklicken von

Help⇒Wolfram Documentation

und Eingabe von *Matrix* in das erscheinende Fenster des Dokumentationszentrums.

♦

Beispiel 15.4:

Illustration des Einsatzes von MATHEMATICA-Matrixfunktionen:

a) Für die im Notebook befindliche Matrix **A** vom Typ (3,4)

   In[1]:= **A**= {{1, 2, 3, 4}, {3, 5, 7, 0}, {2, 6, 4, 9}};

   wird Folgendes berechnet:

   – *Mathematische Standardnotation* von **A**:

   In[2]:= **MatrixForm[A]**   o d e r   **In**[2]:= **A//MatrixForm**

   $$\textbf{Out}[2]=\begin{pmatrix} 1 & 2 & 3 & 4 \\ 3 & 5 & 7 & 0 \\ 2 & 6 & 4 & 9 \end{pmatrix}$$

   – *Maximales Element* von **A**:

   In[3]:= **Max[A]**

   Out[3]= 9

   – *Minimales Element* von **A**:

   In[4]:= **Min[A]**

   Out[4]= 0

   – *Rang* von **A**:

   In[5]:= **MatrixRank[A]**

   Out[5]= 3

b) Berechnung der *Spur* einer Matrix **A**:

   – Für die *quadratische Matrix* **A** vom *Typ* (3,3)

   In[1]:= **A**= {{1, 2, 3}, {4, 5, 6}, {7, 8, 9}};

   In[2]:= **Tr[A]**

   Out[2]= 15

   werden die Elemente 1+5+9 der Hauptdiagonalen addiert.

   – Für die *nichtquadratische Matrix* **A** vom *Typ* (2,3)

   In[1]:= **A**= {{1, 2, 3}, {4, 5, 6}};

   In[2]:= **Tr[A]**

   Out[2]= 6

   werden die Elemente 1+5 der ersten Diagonalen addiert.

   ◆

15.5 Determinanten in MATHEMATICA

15.5.1 Einführung

Für n-reihige quadratische Matrizen **A** sind n-reihige *Determinanten* Det(**A**) definiert, die sich in der Form

$$\text{Det}(\mathbf{A}) = \begin{vmatrix} a_{11} & a_{12} & \cdots & a_{1n} \\ a_{21} & a_{22} & \cdots & a_{2n} \\ \vdots & \vdots & \cdots & \vdots \\ a_{n1} & a_{n2} & \cdots & a_{nn} \end{vmatrix}$$

schreiben und folgendermaßen *charakterisiert* sind:

- Für reelle Zahlenelemente a_{ik} liefern *Determinanten* eine reelle Zahl. Die hierfür erforderliche Definition können Interessenten der Literatur entnehmen.
- Gilt Det(**A**)=0, so heißt die Zahlenmatrix **A** *singulär* ansonsten *regulär*.
- Es existieren endliche Algorithmen zur Berechnung von Determinanten, wie z.B. Umformung auf Dreiecksgestalt mittels Gaußschen Algorithmus oder Anwendung des Laplaceschen Entwicklungssatzes, die jedoch mit wachsendem n sehr aufwendig sind.
- MATHEMATICA berechnet Determinanten mühelos, wenn n in gewissen Grenzen bleibt.

15.5.2 Berechnung mit MATHEMATICA

MATHEMATICA berechnet die Determinante einer quadratischen Matrix **A**

- *exakt* mittels

  In[1]:= **Det**[**A**]

- *numerisch* mittels

  In[2]:= **Det**[**A**]//**N**

Falls man versehentlich die Determinante einer nichtquadratischen Matrix berechnen möchte, gibt MATHEMATICA eine *Fehlermeldung* aus.

Beispiel 15.5:

a) Berechnung von Determinanten für Zahlenmatrizen **A** und **B**:

- **In**[1]:= **A**= {{1, 2, 3}, {4, 5, 6}, {7, 8, 9}};

  In[2]:= **Det**[**A**]

  Out[2]= 0

- **In**[3]:= **B** = {{4, 3, 6}, {8, 5, 9}};

  In[3]:= **Det**[**B**]

  MATHEMATICA erkennt, dass **B** nichtquadratisch ist und gibt eine *Fehlermeldung* aus.

b) Berechnung der Determinante einer Zahlenmatrix **A**:

$\mathbf{In}[1]:= \mathbf{A} = \{\{1/2, 1\}, \{1/3, 1\}\}$;

– *exakt:*

$\mathbf{In}[2]:= \mathbf{Det}[\mathbf{A}]$

$\mathbf{Out}[2]= \dfrac{1}{6}$

– *numerisch:*

$\mathbf{In}[3]:= \mathbf{Det}[\mathbf{A}]//\mathbf{N}$

$\mathbf{Out}[3]= 0.166667$

c) Berechnung der Determinante einer Matrix **A** mit *symbolischen Elementen:*

$\mathbf{In}[1]:= \mathbf{A} = \{\{a, b, c\}, \{d, e, f\}, \{g, h, k\}\}$;

$\mathbf{In}[2]:= \mathbf{Det}[\mathbf{A}]$

$\mathbf{Out}[2]= -c\,e\,g + b\,f\,g + c\,d\,h - a\,f\,h - b\,d\,k + a\,e\,k$

♦

15.6 Eigenwertaufgaben für Matrizen

15.6.1 Aufgabenstellung

Auf die umfangreiche Theorie und Anwendungen für Eigenwertaufgaben kann nicht eingegangen werden. Interessenten werden auf die zahlreiche Literatur verwiesen.
Im Folgenden wird nur ein kurzer Einblick gegeben, um MATHEMATICA anwenden zu
können:

- Kurze Vorstellung von *Eigenwertaufgaben:*

  – Unter *Eigenwerten* einer n-reihigen quadratischen Matrix **A** werden diejenigen reellen und/oder komplexen Zahlenwerte λ_i verstanden, für die das lineare homogene
  Gleichungssystem (siehe Abschn.17.2)

  $$\mathbf{A} \cdot \mathbf{x}^i = \lambda_i \cdot \mathbf{x}^i \qquad \text{d.h.} \qquad (\mathbf{A} - \lambda_i \cdot \mathbf{E}) \cdot \mathbf{x}^i = 0 \qquad (\mathbf{E} \text{ - Einheitsmatrix})$$

  nichttriviale (d.h. von Null verschiedene) Lösungsvektoren $\mathbf{x}^i$ besitzt, die *Eigenvektoren* heißen.

  – *Eigenwertaufgaben* sind sehr rechenintensiv, da sich die Eigenwerte λ_i als Nullstellen des *charakteristischen Polynoms* vom Grade n

  $$P_n(\lambda) = \text{Det}(\mathbf{A} - \lambda \cdot \mathbf{E})$$

  der Matrix **A** ergeben und anschließend für sie zugehörige Eigenvektoren zu ermitteln sind.

- Bei *Eigenwertaufgaben* ist Folgendes zu *beachten:*

  – Die Eigenwerte für eine n-reihige quadratische Matrix **A** bestimmen sich als Nullstellen des charakteristischen Polynoms vom Grade n. Dies führt zu den im

Abschn.17.3.1 geschilderten Problemen für n≥5, die auch MATHEMATICA nicht meistern kann.

– Eigenvektoren sind nur bis auf einen Faktor bestimmt, so dass sie unterschiedliche Form haben können.
Sie werden oft normiert, so dass sie die Länge 1 besitzen.

Eigenwerte λ und zugehörige Eigenvektoren von quadratischen Matrizen **A** besitzen zahlreiche *Anwendungen* in mathematischen Problemen der Praxis, so u.a. bei der

– Analyse mechanischer Strukturen (wie Brücken, Türme, Gebäude),
– Untersuchung von Schwingungen mechanischer und elektrischer Systeme.

♦

15.6.2 Berechnung mit MATHEMATICA

In MATHEMATICA sind zur Berechnung von *Eigenwerten* und zugehörenden *Eigenvektoren* einer im Notebook befindlichen quadratischen Matrix **A** folgende Funktionen integriert (vordefiniert):

- *Exakte* (symbolische) *Berechnung* von

  – *Eigenwerten* mit der Funktion **Eigenvalues**:

    In[1]:= Eigenvalues[A]

  – zugehörenden *Eigenvektoren* mit der Funktion **Eigenvectors**:

    In[2]:= Eigenvectors[A]

  – *Eigenwerten* und zugehörenden *Eigenvektoren* mit der Funktion **Eigensystem**:

    In[3]:= Eigensystem[A]

- *Numerische* (näherungsweise) *Berechnung* von *Eigenwerten* und zugehörenden *Eigenvektoren*:
  Es ist die Numerikfunktion **N** in der Form **//N** nach den Funktionen zur exakten Berechnung zu schreiben.

Beispiel 15.6:

Berechnung von Eigenwerten und Eigenvektoren:

a) Eine *elastische Membrane* in der Ebene in Form einer Kreisfläche mit Radius 1 wird so gedehnt, dass ein Punkt $\mathbf{x}=(x_1, x_2)$ der Membrane in den Punkt $\mathbf{y}=(y_1, y_2)$ nach der Vorschrift

$$\mathbf{y} = \begin{pmatrix} y_1 \\ y_2 \end{pmatrix} = \mathbf{A} \cdot \mathbf{x} = \begin{pmatrix} 5 & 3 \\ 3 & 5 \end{pmatrix} \cdot \begin{pmatrix} x_1 \\ x_2 \end{pmatrix}$$

übergeht. Die Frage nach Hauptrichtungen dieser Dehnung, ist die Frage nach Punkten **x**, für die Punkte **y** dieselbe Richtung haben, d.h. $\mathbf{y}=\mathbf{A}\cdot\mathbf{x}=\lambda\cdot\mathbf{x}$ gilt:

Somit sind die Eigenwerte $\lambda_1 = 2$ und $\lambda_2 = 8$ der Matrix $\mathbf{A} = \begin{pmatrix} 5 & 3 \\ 3 & 5 \end{pmatrix}$ und die beiden folgenden zugehörigen normierten Eigenvektoren zu berechnen:

$$\mathbf{x}^1 = \frac{1}{\sqrt{2}} \cdot \begin{pmatrix} -1 \\ 1 \end{pmatrix} \approx \begin{pmatrix} -0.7071 \\ 0.7071 \end{pmatrix} \qquad\qquad \mathbf{x}^2 = \frac{1}{\sqrt{2}} \cdot \begin{pmatrix} 1 \\ 1 \end{pmatrix} \approx \begin{pmatrix} 0.7071 \\ 0.7071 \end{pmatrix}$$

MATHEMATICA *berechnet exakt* für diese symmetrische Matrix **A**:

In[1]:= A= {{5, 3}, {3, 5}};

– mittels

    In[2]:= Eigenvalues[A]

    Out[2]= {8, 2}

    die beiden Eigenwerte.

– mittels

    In[3]:= Eigenvectors[A]

    Out[3]= {{1, 1}, {-1, 1}}

    die beiden zugehörigen nichtnormierten *Eigenvektoren*.

– mittels

    In[4]:= Eigensystem[A]

    Out[4]= {{8, 2}, {1, 1}, {-1, 1}}

    die beiden *Eigenwerte* und zugehörigen nichtnormierten *Eigenvektoren*.

b) Die Matrix

$$\mathbf{A} = \begin{pmatrix} 3 & 1 \\ -2 & 1 \end{pmatrix} \text{ besitzt die } \textit{komplexen Eigenwerte}$$

$$\lambda_1 = 2 + i \qquad\qquad \text{und} \qquad\qquad \lambda_2 = 2 - i$$

und die zugehörigen *Eigenvektoren*

$$\mathbf{x}^1 = \begin{pmatrix} 1 \\ i - 1 \end{pmatrix} \qquad\qquad \text{und} \qquad\qquad \mathbf{x}^2 = \begin{pmatrix} -1 \\ i + 1 \end{pmatrix}$$

MATHEMATICA *berechnet exakt* für diese Matrix:

In[1]:= A= {{3, 1}, {-2, 1}} ;

mittels

In[2]:= Eigensystem[A]

Out[2]= {{2+I, 2-I}, {-1-I, 2}, {-1+I, 2}}

die beiden *Eigenwerte* und zugehörigen *Eigenvektoren*.

c) Die *Eigenwerte* und zugehörigen *Eigenvektoren* der Matrix

$$\mathbf{A} = \begin{pmatrix} 4 & 2 \\ 3 & 4 \end{pmatrix}$$

In[1]:= A= {{4, 2}, {3, 4}};

berechnet MATHEMATICA *numerisch* mittels

In[2]:= Eigensystem[A]//N

Out[2]= {{6.44949, 1.55051}, {{0.816497, 1.}, {-0.816497, 1.}}}

16 Rechenoperationen für Matrizen und Vektoren

Wir stellen Rechenoperationen für Matrizen und Vektoren vor, die zahlreiche Anwendungen in mathematischen Problemen der Praxis besitzen.

16.1 Rechenoperationen für Matrizen und Anwendung von MATHEMATICA

Wir betrachten die Rechenoperationen *Transponieren, Addition/Subtraktion, Multiplikation* und *Inversion* für Matrizen und die Anwendung von MATHEMATICA:

- Während Addition, Multiplikation und Transponieren für relativ große Matrizen durchführbar sind, stößt MATHEMATICA bei der Berechnung von Inversen einer n-reihigen quadratischen Matrix für großes n schnell an seine Grenzen, da Rechenaufwand und Speicherbedarf stark anwachsen.

- Ohne weitere Vorkehrungen führt MATHEMATICA alle Rechenoperationen exakt (symbolisch) durch.

- Falls die Durchführung der Rechenoperationen numerisch (näherungsweise) gewünscht wird, ist die Numerikfunktion **N** von MATHEMATICA einzusetzen, wie im Folgenden zu sehen ist.

16.1.1 Transponieren

Das *Transponieren* einer Matrix **A** geschieht durch Vertauschen von Zeilen und Spalten, wobei die *transponierte Matrix (Transponierte)* mit

$$\mathbf{A}^T$$

bezeichnet wird.

MATHEMATICA berechnet die Transponierte $\mathbf{A}^T$ einer Matrix **A** folgendermaßen:

- *Exakt* mittels

  In[1]:= **Transpose[A]**

- *Numerisch* mittels

  In[2]:= **Transpose[A]//N**

Die Transponierte einer Matrix lässt sich in MATHEMATICA auch mittels $\mathbf{A}^T$ berechnen, wie in der Hilfe erklärt wird.

Beispiel 16.1:

Illustration von exakter und numerischer Berechnung der Transponierten einer Zahlenmatrix **A** mittels MATHEMATICA:

In[1]:= **A**= {{1, 1/2}, {1, 1/3}} ;

- *Exakte Berechnung* der Transponierten:

  Hier werden die berechneten Elemente der transponierten Matrix exakt dargestellt:

  In[2]:= **Transpose[A]**

  Out[2]= {{1, 1}, {1/2, 1/3}}

– *Numerische Berechnung* der Transponierten:

Hier werden die berechneten Elemente der transponierten Matrix durch Dezimalzahlen dargestellt bzw. angenähert:

In[3]:= Transpose[A]//N

Out[3]= {{1., 1.}, {0.5, 0.333333}}
♦

16.1.2 Addition und Subtraktion

Bei *Addition* oder *Subtraktion* von zwei Matrizen **A** und **B** ist zu beachten, dass sie nur für Matrizen gleichen Typs möglich sind, da Addition und Subtraktion elementweise definiert sind.

MATHEMATICA berechnet *Addition* **A+B** und *Subtraktion* **A-B** zweier Matrizen **A** und **B** folgendermaßen, wenn das Ergebnis einer Matrix **C** zugewiesen wird:

– *Exakte* Berechnung: **In[1]:= C= A+B**   bzw.   **In[2]:= C= A-B**

– *Numerische* Berechnung: **In[3]:= C= A+B//N**   bzw.   **In[4]:= C= A-B//N**

Beispiel 16.2:

Addition und Subtraktion der beiden Zahlenmatrizen

$$A = \begin{pmatrix} 1 & 2 \\ 3 & 4 \end{pmatrix} \quad \text{und} \quad B = \begin{pmatrix} 5 & 6 \\ 10 & 12 \end{pmatrix}$$

die sich im Notebook von MATHEMATICA befinden, d.h.

In[1]:= A={{1, 2}, {3, 4}} ; B= {{5, 6}, {10, 12}} ;

geschieht folgendermaßen:

– **In[2]:= C = A+B**

   Out[2]= {{6, 8}, {13, 16}}

– **In[3]:= D = A-B**

   Out[3]= {{-4, -4}, {-7, -8}}
♦

16.1.3 Multiplikation

Die *Multiplikation* **A·B** zweier Matrizen **A** und **B** ist nur definiert, wenn **A** und **B** *verkettet* sind, d.h. **A** muss genauso viele Spalten r wie **B** Zeilen besitzen:

– Die Elemente c_{ik} der Ergebnismatrix **C=A·B** berechnen sich als folgende Produkte der i-ten Zeile und k-ten Spalte:

$$c_{ik} = \sum_{j=1}^{r} a_{ij} \cdot b_{jk}$$

– Die Ergebnismatrix **C** besitzt den Typ (m,n), wenn die Matrizen **A** und **B** den Typ (m,r) bzw. (r,n) besitzen.

MATHEMATICA berechnet die *Multiplikation* zweier verketteter Matrizen **A** und **B** folgendermaßen, wenn das Ergebnis einer Matrix **C** zugewiesen wird:

– *Exakte* Berechnung:

In[1]:= **C= A.B**

– *Numerische* Berechnung:

In[2]:= **C= A.B//N**

Beispiel 16.3:

Die Berechnung der Ergebnismatrix **C** für die Multiplikation der beiden verketteten Zahlenmatrizen

$$A= \begin{pmatrix} 1/2 & 2 \\ 3 & 4 \end{pmatrix} \quad \text{und} \quad B= \begin{pmatrix} 5 & 3 & 7 \\ 1 & 4/5 & 8 \end{pmatrix}$$

die sich im Notebook von MATHEMATICA befinden, d.h.

In[1]:= **A={{1/2, 2}, {3, 4}} ; B= {{5, 3, 7}, {1, 4/5, 8}} ;**

geschieht folgendermaßen:

– *exakt*

In[2]:= **C= A.B**

$$\textbf{Out}[2]= \left\{ \left\{ \frac{9}{2}, \frac{31}{10}, \frac{39}{2} \right\}, \left\{ 19, \frac{61}{5}, 53 \right\} \right\}$$

– *numerisch*

In[3]:= **C= A.B//N**

Out[3]={{4.5, 3.1, 19.5}, {19., 12.2, 53.}}

♦

16.1.4 Inversion

Eine Division ist für Matrizen **A** nicht definiert. Es existiert nur eine *Inverse* A^{-1}:

– Sie berechnet sich aus $\quad A^{-1} \cdot A = A \cdot A^{-1} = E \quad$ (**E** - Einheitsmatrix)

– Sie ist nur für quadratische Matrizen möglich, wenn zusätzlich **Det(A)**≠0 gilt, d.h. die Matrix **A** nichtsingulär ist.

MATHEMATICA berechnet die *Inverse* einer im Notebook befindlichen quadratischen Matrix **A** mittels integrierter (vordefinierter) Funktion **Inverse** folgendermaßen:

– *Exakte* Berechnung:

In[1]:= **Inverse[A]**

– *Numerische* Berechnung:

In[2]:= **Inverse[A]//N**

Bei Berechnung der *Inversen* einer Matrix ist Folgendes zu *beachten:*

- Falls die zu invertierende Matrix **A** *singulär* ist, zeigt MATHEMATICA eine *Fehlermeldung* an. Deshalb empfiehlt sich folgende Vorgehensweise:

  - Es wird zuerst die Determinante der Matrix **A** berechnet. Ist diese gleich 0, so existiert keine Inverse.

  - Für eine berechnete Inverse können zur Probe die Produkte

    $A^{-1} \cdot A$ und $A \cdot A^{-1}$

    berechnet werden, die die Einheitsmatrix **E** ergeben müssen.

- Die Inverse einer Matrix **A** ist ein Spezialfall ganzzahliger *Potenzen* n von **A**, die MATHEMATICA mittels der Funktion **MatrixPower** für quadratische Matrizen folgendermaßen berechnet:

  In[3]:= MatrixPower [A, n]

  Somit lässt sich die *Inverse* einer Matrix**A** in MATHEMATICA auch mittels

  In[4]:= MatrixPower [A, -1]

  berechnen (siehe Beisp.16.4d).

Beispiel 16.4:

Berechnung der Inversen von Matrizen **A** mittels MATHEMATICA. Diese Matrizen sind so gewählt, um auch mögliche Problemfälle zu illustrieren:

a) Inverse einer nichtsingulären Matrix **A**, wobei die Nichtsingularität durch Berechnung der Determinante überprüft wird:

  In[1]:= A= {{2, 3, 5}, {5, 7, 3}, {2, 4, 9}} ;

  In[2]:= Det[A]

  Out[2]=15

  Danach wird die Berechnung der Inversen exakt und numerisch durchgeführt:

  - *Exakte* Berechnung:

    In[3]:= Inverse[A]

    $$\textbf{Out[3]=} \left\{ \left\{ \frac{17}{5}, -\frac{7}{15}, -\frac{26}{15} \right\}, \left\{ -\frac{13}{5}, \frac{8}{15}, \frac{19}{15} \right\}, \left\{ \frac{2}{5}, -\frac{2}{15}, -\frac{1}{15} \right\} \right\}$$

  - *Numerische* Berechnung:

    In[4]:= Inverse[A]//N

    Out[4]={{3.4, -0.466667, -1.73333}, {-2.6, 0.533333, 1.26667}, {0.4, -0.133333, -0.0666667}}

b) Versuch der Berechnung der Inversen einer *singulären Matrix* **A**, wobei vorher die Singularität durch Berechnung der Determinante (=0) festgestellt wird:

  In[1]:= A= {{1, 2, 3}, {4, 5, 6}, {7, 8, 9}} ;

  In[2]:= Det[A]

  Out[2] = 0

  In[3]:= Inverse[A]

MATHEMATICA erkennt die Singularität der Matrix **A** und gibt eine *Fehlermeldung* aus.

c) Versuch der Berechnung der Inversen einer *nichtquadratischen* Matrix **A**:

In[1]:= **A**= {{1, 2, 3}, {4, 5, 6}} ;

In[2]:= **Inverse[A]**

MATHEMATICA erkennt den Fehler und gibt eine *Fehlermeldung* aus.

d) Berechnung *ganzzahliger Potenzen* für die folgende Matrix **A** mit der MATHEMATICA-Funktion **MatrixPower**:

In[1]:= **A**= {{1, 2}, {5, 4}};

– *Berechnung* des *Quadrats* der Matrix **A**

In[2]:= **MatrixPower[A, 2]**

Out[2]= {{11, 10}, {25, 26}}

– Berechnung der *Inversen* der Matrix **A** durch Eingabe der Potenz -1:

In[3]:= **MatrixPower[A, -1]**

$$\textbf{Out}[3]= \left\{\left\{-\frac{2}{3}, \frac{1}{3}\right\}, \left\{\frac{5}{6}, -\frac{1}{6}\right\}\right\}$$

◆

16.2 Produkte von Vektoren und Berechnung mit MATHEMATICA

Für Vektoren existieren Rechenoperationen in Form von Produkten, die wir im Folgenden vorstellen.

16.2.1 Produkte von Vektoren

Für beliebige n-dimensionale Vektoren

$\textbf{a}=(a_1,...,a_n)$, $\textbf{b}=(b_1,...,b_n)$, $\textbf{c}=(c_1,...,c_n)$ (Zeilenvektoren)

o d e r

$$\textbf{a}=\begin{pmatrix} a_1 \\ \vdots \\ a_n \end{pmatrix}, \quad \textbf{b}=\begin{pmatrix} b_1 \\ \vdots \\ b_n \end{pmatrix}, \quad \textbf{c}=\begin{pmatrix} c_1 \\ \vdots \\ c_n \end{pmatrix} \qquad \text{(Spaltenvektoren)}$$

sind folgende *Produkte* definiert, die zahlreiche Anwendungen in mathematischen Problemen der Praxis besitzen:

– *Skalarprodukt:* $\displaystyle \textbf{a} \cdot \textbf{b} = \sum_{i=1}^{n} a_i \cdot b_i$

– *Vektorprodukt* (für n=3): $\displaystyle \textbf{v}=\textbf{a} \times \textbf{b} = \begin{vmatrix} \textbf{i} & \textbf{j} & \textbf{k} \\ a_1 & a_2 & a_3 \\ b_1 & b_2 & b_3 \end{vmatrix} =$

$$(a_2 \cdot b_3 - a_3 \cdot b_2) \cdot \textbf{i} + (a_3 \cdot b_1 - a_1 \cdot b_3) \cdot \textbf{j} + (a_1 \cdot b_2 - a_2 \cdot b_1) \cdot \textbf{k}$$

d.h. das Ergebnis ist ein Vektor **v** (z.B. Zeilenvektor) mit drei Komponenten:

$$\mathbf{v}=(a_2 \cdot b_3 - a_3 \cdot b_2 ,\; a_3 \cdot b_1 - a_1 \cdot b_3 ,\; a_1 \cdot b_2 - a_2 \cdot b_1)$$

- *Spatprodukt* (für n=3): $(\mathbf{a} \times \mathbf{b}) \cdot \mathbf{c} = \begin{vmatrix} a_1 & a_2 & a_3 \\ b_1 & b_2 & b_3 \\ c_1 & c_2 & c_3 \end{vmatrix}$

16.2.2 Berechnung mit MATHEMATICA

Die Berechnung der im Abschn.16.2.1 vorgestellten Produkte für im Notebook befindliche (n-dimensionale) Vektoren (Zeilen- oder Spaltenvektoren) **a**, **b** und **c** geschieht in MATHE-MATICA folgendermaßen, wenn vorher das Erweiterungspaket (Package) *Vektoranalysis* mittels

In[1]:= **Needs["VectorAnalysis`"]**

geladen wurde (siehe auch Beisp.16.5):

- Berechnung des *Skalarprodukts* zwischen zwei n-dimensionalen Vektoren **a** und **b** mittels integrierter (vordefinierter) Funktion **DotProduct**:

  In[2]:= **DotProduct[a,b]**

- Berechnung des *Vektorprodukts* zwischen zwei dreidimensionalen Vektoren **a** und **b** mittels integrierter (vordefinierter) Funktion **CrossProduct**:

  In[3]:= **CrossProduct[a,b]**

- Berechnung des *Spatprodukts* zwischen drei dreidimensionalen Vektoren **a**, **b** und **c** mittels integrierter (vordefinierter) Funktion **Det** zur Berechnung von Determinanten (siehe Abschn.15.5):

  In[4]:= **Det[{{a[[1]], a[[2]], a[[3]]}, {b[[1]], b[[2]], b[[3]]}, {c[[1]], c[[2]], c[[3]]}}]**

Zur numerischen Berechnung von Vektorprodukten ist die Numerikfunktion **N** einzusetzen, wie aus Beispiel 16.5 zu ersehen ist.

♦

Beispiel 16.5:

Illustration der Berechnung von Produkten für Vektoren mittels MATHEMATICA, wofür zuerst das Erweiterungspaket (Package) *Vektoranalysis* mittels

In[1]:= **Needs["VectorAnalysis`"]**

zu laden ist:

a) Berechnungen von Skalar- und Vektorprodukt für zwei dreidimensionalen Zeilenvektoren **a** und **b**:

  In[2]:= **a**= {1, 1/3, 1/7} ; **b**= {1/3, 2, 1/9} ;

  - *Skalarprodukt* mittels **DotProduct**:

– *exakt*

In[3]:= **DotProduct[a, b]**

Out[3]= 64/63

– *numerisch*

In[4]:= **DotProduct[a, b]//N**

Out[4]= 1.01587

- *Vektorprodukt* mittels **CrossProduct**:

– *exakt*

In[5]:= **CrossProduct[a, b]**

$$\textbf{Out}[5]= \left\{ -\frac{47}{189}, -\frac{4}{63}, \frac{17}{9} \right\}$$

– *numerisch*

In[6]:= **CrossProduct[a, b]//N**

Out[6]= {-0.248677, -0.0634921, 1.88889}

b) Berechnung des *Spatprodukts* zwischen drei Vektoren **a** , **b** und **c** mittels Determinante (siehe Abschn.15.5):

In[1]:= **a= {1, 2, 3} ; b= {4, 5, 6} ; c= {-4, 2, 5} ;**

In[2]:= **Det[{{a[[1]], a[[2]], a[[3]]}, {b[[1]], b[[2]], b[[3]]}, {c[[1]], c[[2]], c[[3]]}}]**

Out[2]= 9

♦

17 Gleichungen und Ungleichungen

17.1 Einführung

In diesem Kapitel werden Gleichungen und Ungleichungen vorgestellt und die Anwendung von MATHEMATICA zu ihrer Lösung behandelt.

17.1.1 Definition von Gleichungen

In zahlreichen mathematischen Modellen praktischer Probleme treten Zusammenhänge zwischen veränderlichen Größen (Variablen) in Form von *Gleichungen* auf, so dass von Gleichungsmodellen gesprochen wird.

Wir geben im vorliegenden Buch kein exakte mathematische Definition von Gleichungen, sondern nur eine anschauliche Darstellung, die für die Anwendung von MATHEMATICA ausreicht:

– In der Mathematik drücken Relationen der Form

A=B

die Gleichheit zwischen Werten zweier mathematischer Ausdrücke A und B aus und werden als mathematische *Gleichungen* bezeichnet, wobei die Ausdrücke A und B eine oder mehrere *Variable* (Unbekannte) enthalten können.

– Werden die *Variablen* (Unbekannten) durch einen *Vektor* (Variablenvektor) **x** bezeichnet, lassen sich mathematische Gleichungen in der Form

f(**x**)=0

schreiben, wobei f für eine *mathematische Funktion* (siehe Kap.11) steht.

17.1.2 Arten von Gleichungen

Je nach Art der Variablen **x** und der Funktion f in Gleichungsdarstellungen f(**x**)=0 werden verschiedene Arten von Gleichungen unterschieden, so

– *Algebraische* und *transzendente Gleichungen:*
Hier gehören die Variablen zu endlichdimensionalen (n-dimensionalen) Räumen und werden durch Zahlen realisiert. Sie treten u.a. in statischen (zeitunabhängigen) Modellen auf und werden in diesem Kapitel betrachtet.

– *Differenzen-* und *Differentialgleichungen:*
Hier gehören die Variablen zu unendlichdimensionalen Räumen (z.B. Funktionenräumen). Sie treten u.a. in dynamischen (zeitabhängigen) Modellen auf und werden im Kap.22 behandelt.

Algebraische und *transzendente Gleichungen* werden zusammenfassend als (nichtlineare) *Gleichungen* bezeichnet und mit Variablenvektor **x** und reellwertigen Funktionen f(**x**) in der Form f(**x**)=0 geschrieben.

Wenn f eine Vektorfunktion ist, d.h. **f**(**x**)=**0**, so spricht man von einem *Gleichungssystem.*

♦

Je nach Struktur von f(**x**) wird zwischen folgenden Gleichungen unterschieden:

*   *Algebraische Gleichungen*:
    Hier treten im Funktionsausdruck f(**x**) nur algebraische Ausdrücke auf, die dadurch gekennzeichnet sind, dass mit den Variablen von **x** nur Rechenoperationen Addition, Subtraktion, Multiplikation, Division und Potenzierung vorgenommen werden. Folgende *zwei Spezialfälle* spielen in Anwendungen eine große Rolle:
    *   *Lineare Gleichungen* (siehe Abschn. 17.2)
    *   *Polynomgleichungen* (siehe Abschn. 17.3)

*   *Transzendente Gleichungen*:
    Hier treten im Funktionsausdruck f(**x**) zusätzlich transzendente (trigonometrische, logarithmische oder exponentielle) Funktionen auf.

17.1.3 Lösung von Gleichungen

Als *Lösungen* von Gleichungen f(**x**)=0 werden diejenigen reellen oder komplexen *Zahlenvektoren* $\bar{\mathbf{x}}$ bezeichnet, die die Gleichungen identisch erfüllen, d.h. wenn der Variablenvektor **x** durch den Zahlenvektor $\bar{\mathbf{x}}$ ersetzt wird, muss f($\bar{\mathbf{x}}$)≡0 gelten:

*   Die Bestimmung von Lösungen einer Gleichung der Form f(**x**)=0 ist offensichtlich äquivalent zur Bestimmung von *Nullstellen* der Funktion f(**x**).
*   Da für *Lösungen* von Gleichungen immer eine *Probe* durch Einsetzen möglich ist, wird dies auch bei der Anwendung von MATHEMATICA empfohlen.

17.2 Lineare Gleichungssysteme

Lineare Gleichungssysteme spielen bei algebraischen Gleichungen eine Sonderrolle, da für sie eine umfassende und aussagekräftige Lösungstheorie existiert und sie in vielen mathematischen Modellen in Technik, Natur- und Wirtschaftswissenschaften auftreten:

*   Lineare Gleichungssysteme besitzen von allen Gleichungen die einfachste Struktur.
*   Lineare Gleichungssysteme mit m Gleichungen und n Variablen (Unbekannten) haben die *Form*

$$a_{11} \cdot x_1 + \cdots + a_{1n} \cdot x_n = b_1$$
$$a_{21} \cdot x_1 + \cdots + a_{2n} \cdot x_n = b_2 \qquad\qquad (m \geq 1 \, , n \geq 1)$$
$$\vdots \qquad\qquad \vdots$$
$$a_{m1} \cdot x_1 + \cdots + a_{mn} \cdot x_n = b_m$$

und lauten in *Matrixschreibweise*

A·**x** = **b**

wobei

$$\mathbf{A} = \begin{pmatrix} a_{11} & a_{12} & \cdots & a_{1n} \\ a_{21} & a_{22} & \cdots & a_{2n} \\ \vdots & \vdots & \vdots & \vdots \\ a_{m1} & a_{m2} & \cdots & a_{mn} \end{pmatrix} \qquad \mathbf{x} = \begin{pmatrix} x_1 \\ x_2 \\ \vdots \\ x_n \end{pmatrix} \qquad \mathbf{b} = \begin{pmatrix} b_1 \\ b_2 \\ \vdots \\ b_m \end{pmatrix}$$

gelten und

- **A** als *Koeffizientenmatrix* mit reellen indizierten *Koeffizienten* a_{ik},
- **x** als *Variablenvektor* (Spaltenvektor) der indizierten *Variablen* (Unbekannten) $x_1, ..., x_n$,
- **b** als *Vektor* (Spaltenvektor) der reellwertigen indizierten *rechten Seiten* $b_1, ..., b_m$

bezeichnet werden.

17.2.1 Lösungstheorie

Die *Lösungstheorie* ist für lineare Gleichungssysteme *umfassend*. Sie liefert Bedingungen in Abhängigkeit von Koeffizientenmatrix **A** und Vektor **b** der rechten Seiten, wann

- *genau eine Lösung* existiert:
  Wenn die Koeffizientenmatrix **A** quadratisch und regulär (d.h. Det(**A**)≠0) ist, existiert die *eindeutige Lösung*
  $x = A^{-1} \cdot b$,
  die sich durch Auflösung des Gleichungssystems mittels *inverser Koeffizientenmatrix* A^{-1} ergibt.
- *beliebig viele Lösungen* existieren.
- *keine Lösung* existiert.

Die Lösungstheorie stellt *endliche Lösungsalgorithmen* zur Verfügung:

- Dies sind Algorithmen wie der bekannte *Gaußsche Algorithmus*, die eine existierende Lösungen in endlich vielen Schritten liefern.
- Sie fordern bei Berechnung per Hand bereits für Gleichungssysteme mit mehr als 5 Gleichungen und Unbekannten einen hohen Rechenaufwand. Da derartige Algorithmen in MATHEMATICA integriert sind (siehe Abschn.17.2.2), braucht man sie nicht im Detail zu kennen, so dass wir auf eine Behandlung verzichten.
  ◆

17.2.2 Lösungsberechnung mit MATHEMATICA

MATHEMATICA hat keine Schwierigkeiten bei der *Lösungsberechnung*, wenn die Dimension (d.h. m und n) der linearen Gleichungssysteme nicht zu groß ist.

Zur Anwendung von MATHEMATICA verwenden wir keine indizierten Bezeichnungen, sondern schreiben *lineare Gleichungssysteme* in folgender Form:

a11·x1 +...+ a1n·xn = b1
a21·x1 +...+ a2n·xn = b2
⋮   ⋮

am1·x1 +...+ amn·xn = bm
◆

MATHEMATICA bietet folgende Möglichkeiten zur *exakten* oder *numerischen Berechnung* von Lösungen **x** linearer Gleichungssysteme:

- Bei quadratischer regulärer Koeffizientenmatrix **A** kann die *inverse Koeffizientenmatrix* A^{-1} angewandt werden, wenn sich Koeffizientenmatrix **A** und Spaltenvektor **b** der rechten Seiten im Notebook befinden (siehe Beisp.17.1b):

  - *Exakte Berechnung* der Lösung:

    In[1]:= x= Inverse[A].b

  - *Numerische Berechnung* der Lösung:

    In[2]:= x= Inverse[A].b//N

Diese Berechnungsmethode ist jedoch weniger zu empfehlen, da sie nur für quadratische reguläre Koeffizientenmatrizen **A** anwendbar ist und die Berechnung der Inversen mittels der Funktion **Inverse** mehr Aufwand von MATHEMATICA erfordert als der Einsatz der integrierten (vordefinierten) Funktionen **LinearSolve** oder **Solve**.

- Die integrierte (vordefinierte) Funktion **LinearSolve** ist speziell für *lineare Gleichungen* vorgesehen und ist folgendermaßen anzuwenden, wenn sich Koeffizientenmatrix **A** und Vektor **b** der rechten Seiten im Notebook in Listenform befinden (siehe Beisp. 17.1):

  - Für berechnete *exakte Lösungen:*

    In[1]:= x= LinearSolve[A,b]

  - Für berechnete *numerische Lösungen:*

    In[2]:= x= LinearSolve[A,b]//N

    oder

    In[3]:= x= NLinearSolve[A,b]

Bei beiden Berechnungsarten wird ein berechnetes *Ergebnis* dem Vektor **x** zugewiesen.

- Die integrierte (vordefinierte) Funktion **Solve** berechnet *exakte Lösungen* und ist in der Form

  In[4]:= x= Solve[{a11*x1 +...+ a1n*xn==b1, a21*x1 +...+ a2n*xn==b2 ,..., am1*x1 +...+ amn*xn==bm}, {x1, x2 ,..., xn}]

  anzuwenden, wobei Folgendes zu beachten ist:

  - Falls **Solve** eine *Lösung* berechnet, wird sie dem Vektor **x** zugewiesen.
  - **Solve** ist auch zur Lösung nichtlinearer Gleichungen anwendbar (siehe Abschn.17.3 und 17.4).
  - Für eine *numerische Lösungsberechnung* ist

    In[5]:= x= NSolve[...]

    oder

    In[6]:= x= Solve[...]//N

    einzusetzen (siehe Beisp.17.1).

Bei *Berechnung* von Lösungen linearer Gleichungssysteme mittels MATHEMATICA ist Folgendes zu *beachten:*

- Bei *exakten Lösungsberechnungen* im Rahmen der Computeralgebra treten keine *Rundungsfehler* auf, d.h. es wird immer eine exakte Lösung geliefert:

  - *Exakte Lösungsberechnungen* mittels **LinearSolve** oder **Solve** sind vorzuziehen.

  - Falls zu lösende lineare Gleichungssysteme freiwählbare *Parameter* enthalten, bilden *exakte Lösungsberechnungen* die einzige Möglichkeit, da bei numerischer Berechnung den Parametern vorher Zahlenwerte zugewiesen werden müssen.

- Bei *numerischen Lösunsberechnungen* treten *Rundungsfehlern* auf, die besonders bei schlecht konditionierten Gleichungssystemen zu falschen Ergebnissen führen können.

- In den meisten Fällen erkennt MATHEMATICA die *Unlösbarkeit* und gibt eine entsprechende *Meldung* aus.

Beispiel 17.1:

Illustration zu Lösungsberechnungen für lineare Gleichungssysteme mittels MATHEMATICA:

a) Ein *lineares Gleichungssystem* entsteht z.B., wenn in einem *elektrischen Netzwerk* unbekannte Ströme mittels Kirchhoffscher Gesetze bestimmt werden:

- Gegeben sei ein konkretes Netzwerk mit drei unbekannten Strömen I_1, I_2, I_3, für das die Kirchhoffschen Strom- und Spannungsgesetze die vier linearen Gleichungen

  $$I_1 - I_2 + I_3 = 0 \ , \ -I_1 + I_2 - I_3 = 0 \ , \ 10 \cdot I_2 + 25 \cdot I_3 = 90 \ , \ 20 \cdot I_1 + 10 \cdot I_2 = 80$$

  liefern, die sich in Matrixschreibweise in folgender Form darstellen:

  $$\begin{pmatrix} 1 & -1 & 1 \\ -1 & 1 & -1 \\ 0 & 10 & 25 \\ 20 & 10 & 0 \end{pmatrix} \cdot \begin{pmatrix} I_1 \\ I_2 \\ I_3 \end{pmatrix} = \begin{pmatrix} 0 \\ 0 \\ 90 \\ 80 \end{pmatrix}$$

- MATHEMATICA berechnet die *exakten Lösungen*

  $$I_1 = 2 \ , \ I_2 = 4 \ , \ I_3 = 2$$

  für die drei Ströme mit **LinearSolve** folgendermaßen:

  In[1]:= A={{1,-1,1}, {-1,1,-1}, {0,10,25}, {20,10,0}} ; b= {0,0,90,80} ;

  In[2]:= x= LinearSolve[A, b]

  Out[2]= {2, 4, 2}

b) Das lineare Gleichungssystem

$$x_1 + x_2 = 10/21$$

$$x_1 - x_2 = 4/21$$

hat die *eindeutige Lösung*

$x_1 = 1/3$, $x_2 = 1/7$

MATHEMATICA berechnet diese Lösung auf eine der folgenden Arten:

- Berechnung mittels *inverser Koeffizientenmatrix:*

Da die Koeffizientenmatrix **A**

In[1]:= A= {{1, 1}, {1, -1}} ; b= {{10/21}, {4/21}} ;

wegen **Det[A]**=-2≠0 regulär ist, kann die *inverse Matrix* $\mathbf{A}^{-1}$ angewandt werden:

- *Exakte Lösungsberechnung:*

  In[2]:= x= Inverse[A].b

  Out[2]= $\left\{ \left\{ \frac{1}{3} \right\}, \left\{ \frac{1}{7} \right\} \right\}$

- *Numerische Lösungsberechnung:*

  In[3]:= x= Inverse[A].b//N

  Out[3]= {{0.333333}, {0.142857}}

- Berechnung mittels **LinearSolve**:

  In[4]:= A = {{1, 1}, {1, -1}} ; b={10/21, 4/21} ;

  - *Exakte Lösungsberechnung:*

    In[5]:= x= LinearSolve[A, b]

    Out[5]= $\left\{ \frac{1}{3}, \frac{1}{7} \right\}$

  - *Numerische Lösungsberechnung:*

    In[6]:= x= LinearSolve[A, b]//N

    Out[6]= {0.333333, 0.142857}

- Berechnung mittels **Solve**:

  - *Exakte Lösungsberechnung:*

    In[7]:= x= Solve[{x1+x2==10/21, x1-x2==4/21}, {x1, x2}]

    Out[7]= $\left\{ \left\{ x1 \to \frac{1}{3}, x2 \to \frac{1}{7} \right\} \right\}$

  - *Numerische Lösungsberechnung:*

    In[8]:= x= Solve[{x1+x2==10/21, x1-x2==4/21}, {x1, x2}]//N

    Out[8]= {{x1→0.333333, x2→0.142857}}

    Die numerische Berechnung mittels **NSolve** überlassen wir den Lesern.

c) Das lineare Gleichungssystem

$x_1 + 2 \cdot x_2 = 1$, $2 \cdot x_1 + 4 \cdot x_2 = 2$

hat beliebig viele Lösungen in den Formen

$x_1 = 1 - 2 \cdot \lambda$, $x_2 = \lambda$ o d e r $x_1 = \lambda$, $x_2 = \frac{1}{2} - \frac{\lambda}{2}$ (λ - reeller Zahlenparameter) da beide Gleichungen identisch sind. MATHEMATICA berechnet diese Lösungen nur mittels **Solve** Gleichungslösung, wie im Folgenden zu sehen ist:

– *Exakte Lösungsberechnung* mittels **LinearSolve**:

In[1]:= **A**= {{1, 2}, {2, 4}} ; **b**={1, 2} ;

In[2]:= **LinearSolve[A, b]**

Out[2]= {1, 0}

Es wird nicht die Lösungsgesamtheit, sondern nur die *spezielle Lösung* x1=1, x2=0 berechnet.

– *Exakte Lösungsberechnung* mittels **Solve**:

In[3]:= **Solve[{x1+2*x2==1, 2*x1+4*x2==2}, {x1, x2}]**

$$\text{Out}[3]=\left\{\left\{x2 \to \frac{1}{2} - \frac{x1}{2}\right\}\right\}$$

Solve berechnet die *Lösungsgesamtheit* (allgemeine Lösung), wobei x1 für λ verwendet wird.

d) Das lineare Gleichungssystem

$$x_1 + 2 \cdot x_2 = 1$$

$$2 \cdot x_1 + 4 \cdot x_2 = 3$$

ist *unlösbar*, da sich beide Gleichungen widersprechen.

MATHEMATICA gibt hier Meldungen aus:

– Anwendung von **LinearSolve**:

In[1]:= **A**= {{1, 2}, {2, 4}} ; **b**= {1, 3} ;

In[2]:= **LinearSolve[A, b]**

MATHEMATICA gibt die Eingabe unverändert wieder aus und zeigt folgende Meldung der *Unlösbarkeit* an:

Linear equation encountered that has no solution

– Anwendung von **Solve**:

In[3]:= **Solve[{x1+2*x2==1, 2*x1+4*x2==3}, {x1, x2}]**

Out[3]= { }

Es wird durch{ }angezeigt, dass die Lösungsvariablen leer sind, d.h. es existiert keine Lösung.

e) Das lineare Gleichungssystem

$$c \cdot x_1 + d \cdot x_2 = 1 \; , \; d \cdot x_1 + c \cdot x_2 = 0$$

hängt von *Parametern* c und d ab:

- Es ist nur eine *exakte Lösungsberechnung* möglich, da die Parameter c und d keine Zahlenwerte darstellen, sondern nur symbolischen Charakter besitzen.

- Die *exakte Lösungsberechnung* kann mittels MATHEMATICA folgendermaßen geschehen:

– Mittels **LinearSolve** Gleichungslösung:

$In[1]:=$ **A**= {{c, d}, {d, c}} ; **b**= {1, 0} ;

$In[2]:=$ **LinearSolve[A, b]**

$$Out[2]= \left\{ \frac{c}{c^2 - d^2}, \frac{d}{-c^2 + d^2} \right\}$$

– Mittels **Solve** Gleichungslösung:

$In[3]:=$ **Solve**[{c*x1 + d*x2==1, d*x1 + c*x2==0}, {x1, x2}]

$$Out[3]= \left\{ \left\{ x1 \to \frac{c}{c^2 - d^2}, x2 \to \frac{d}{-c^2 + d^2} \right\} \right\}$$

♦

17.3 Polynomgleichungen

Polynomgleichungen n-ten Grades bilden einen Spezialfall nichtlinearer Gleichungen (siehe Abschn.17.4)

17.3.1 Lösungstheorie

Polynomgleichungen n-ten Grades sind folgendermaßen *charakterisiert:*

– Funktionen der Form (a_0, a_1, a_2, ..., a_n - reelle Koeffizienten)

$$P_n(x) = \sum_{k=0}^{n} a_k \cdot x^k = a_0 + a_1 \cdot x + a_2 \cdot x^2 + ... + a_n \cdot x^n$$

heißen *Polynomfunktionen* (kurz *Polynome*) n-ten Grades und gehören zu den ganzrationalen Funktionen.

– Die Berechnung von Nullstellen für Polynome ist äquivalent zur Berechnung reeller bzw. komplexer *Lösungen* x_i der zugehörigen *Polynomgleichung* $P_n(x) = 0$.

– Eng mit Lösungen von Polynomgleichungen hängt die *Faktorisierung* von *Polynomen* zusammen:

Hierunter wird die Darstellung eines Polynoms als *Produkt* von *Linearfaktoren* (für reelle Nullstellen) und *Polynomen* 2-ten Grades (für komplexe Nullstellen) verstanden, d.h. (für $a_n = 1$)

$$\sum_{k=0}^{n} a_k \cdot x^k = (x - x_1) \cdot (x - x_2) \cdot ... \cdot (x - x_r) \cdot (x^2 + b_1 \cdot x + c_1) \cdot ... \cdot (x^2 + b_s \cdot x + c_s)$$

wenn das Polynom r reelle Nullstellen $x_1, ..., x_r$ besitzt, die in ihrer Vielfachheit zu zählen sind.

Polynomgleichungen stellen neben linearen Gleichungen einen *Spezialfall* nichtlinearer algebraischer Gleichungen dar, für die eine gewisse *Lösungstheorie* existiert:

- Nach dem *Fundamentalsatz* der *Algebra* hat eine Polynomgleichung n-ten Grades *n Lösungen*, die reell, komplex und mehrfach sein können. Diese Aussage liefert die Grundlage für die Faktorisierung von Polynomen.

- Zur Bestimmung der Lösungen von Polynomgleichungen existieren *Lösungsformeln* bis n=4:

  - Die bekannteste ist die für *quadratische Gleichungen* (d.h. für n=2):

$$x^2 + a_1 \cdot x + a_0 = 0 \text{ hat die zwei Lösungen } x_{1,2} = -\frac{a_1}{2} \pm \sqrt{\frac{a_1^2}{4} - a_0}$$

  - Für n=3 und 4 sind die *Lösungsformeln umfangreicher*. Ab n=5 gibt es keine Lösungsformeln mehr, da allgemeine Polynomgleichungen ab 5.Grad nicht durch Radikale lösbar sind.

  ◆

17.3.2 Lösungsberechnung mit MATHEMATICA

MATHEMATICA kann *Lösungen* von *Polynomgleichungen* (Nullstellen von Polynomfunktionen) folgendermaßen berechnen (siehe auch Beisp.17.2):

- Anwendung der integrierten (vordefinierten) Funktion **Factor** zur *Faktorisierung* von Polynomen (siehe Beisp.17.2):

  In[1]:= **Factor**[an∗x^n+...+a2∗x^2+a1∗x+a0]

  d.h. im Argument ist die Polynomfunktion einzugeben.

- Anwendung der integrierten (vordefinierten) Funktion **Roots** zur Berechnung von Lösungen in der Form

  In[2]:= **x**= **Roots**[an∗x^n+...+a2∗x^2+a1∗x+a0==0, x]

  d.h. der Einsatz geschieht folgendermaßen:

  - Im Argument sind Polynomgleichung und Variable x durch Komma getrennt einzugeben.
  - Berechnete Lösungen werden im Vektor **x** gespeichert.

- Anwendung der integrierten (vordefinierten) Funktion **Solve** aus Abschn.17.2.2 in der Form

  In[3]:= **x**= **Solve**[an∗x^n+...+a2∗x^2+a1∗x+a0==0, x]

  d.h. der Einsatz geschieht folgendermaßen:

  - Im Argument sind Polynomgleichung und Variable x durch Komma getrennt einzugeben.
  - Berechnete Lösungen werden im Vektor **x** gespeichert.

▸ **Bemerkung**

Bei der *Lösungsberechnung* für Polynomgleichungen mit MATHEMATICA ist Folgendes zu *beachten:*

- Aufgrund der Lösungstheorie für Polynomgleichungen kann nicht erwartet werden, dass MATHEMATICA für n≥5 immer exakte Lösungen berechnet.

– Bei ganzzahligen Lösungen kann MATHEMATICA auch für n≥5 erfolgreich sein, wie
  Beisp.17.2a illustriert.

   ♦

Beispiel 17.2:

a) Die 7 ganzzahligen Nullstellen

   -3 , -2 , -1 , 0 , 1 , 2 , 3

   des Polynoms 7.Grades

   $$x^7 - 14 \cdot x^5 + 49 \cdot x^3 - 36 \cdot x$$

   berechnet MATHEMATICA folgendermaßen:

   – *Exakt* mittels **Factor**:

     In[1]:= Factor[x^7-14*x^5+49*x^3-36*x]

     Out[1]= (-3+x) (-2+x) (-1+x) x (1+x) (2+x) (3+x)

     Die 7 Lösungen werden in Form von *Linearfaktoren* geliefert.

   – *Exakt* mittels **Roots**:

     In[2]:= Roots[x^7-14*x^5+49*x^3-36*x==0, x]

     Out[2]= x==0 || x==-3 || {x==-2} || x==-1 || x==1} || x==2 || x==3

   – *Exakt* mittels **Solve**:

     In[3]:= Solve[x^7-14*x^5+49*x^3-36*x==0, x]

     Out[3]= {{x→-3}, {x→-2}, {x→-1}, {x→0}, {x→1}, {x→2}, {x→3}}

b) Die Polynomgleichung 6.Grades

   $$x^6 - 6 \cdot x^5 + 24 \cdot x^4 - 40 \cdot x^3 + 49 \cdot x^2 - 34 \cdot x + 26 = 0$$

   besitzt die folgenden 6 komplexen *Lösungen:*

   -i , i , 1-i , 1+i , 2-3*i , 2+3*i

   MATHEMATICA-Funktionen lassen sich folgendermaßen zur Berechnung dieser Lösungen einsetzen:

   • Anwendung von **Factor**:

     In[1]:= Factor[x^6-6*x^5+24*x^4-40*x^3+49*x^2-34*x+26]

     Out[1]= $\left(1+x^2\right)\left(13 - 4x + x^2\right)\left(2 - 2x + x^2\right)$

     Hier lassen sich die Lösungen nicht explizit ablesen, da bei der Faktorisierung auf-
     grund ihrer komplexen Werte *quadratische Polynome* erscheinen. Durch Anwen-
     dung der Lösungsformeln kann **Solve** die Lösungen der einzelnen quadratischen
     Gleichungen berechnen und damit alle Lösungen der gegebenen Polynomgleichung
     bestimmen:

     – **In[2]:= Solve[1+x^2==0, x]**

     – **Out[2]= {{x→-i}, {x→i}}**

     – **In[3]:= Solve[13-4*x+x^2==0, x]**

- **Out**[3]= {{x→2-3 i}, {x→2+3 i}}
- **In**[4]:= **Solve**[2-2*x+x^2==0, x]
- **Out**[4]= {{x→1-i}, {x→1+i}}

• Anwendung von **Solve**:

In[5]:= **x= Solve**[x^6-6*x^5+24*x^4-40*x^3+49*x^2-34*x+26==0, x]

Solve berechnet die 6 komplexen Lösungen exakt, da sie eine einfache Struktur besitzen:

Out[5]= {{x→- i}, {x→i},{x→1-i},{x→1+i},{x→2-3 i},{x→2+3 i}}

- Anwendung von **Roots**:

In[6]:= **Roots**[x^6-6*x^5+24*x^4-40*x^3+49*x^2-34*x+26==0, x]

Out[6]= x == 1-i || x == 1+i || x == 2-3 i || x == 2+3 i || x == i || x == -i

♦

17.4 Nichtlineare Gleichungssysteme

Lineare Gleichungen und Polynomgleichungen als *Spezialfälle* nichtlinearer Gleichungen haben wir bereits im Abschn.17.2 und 17.3 kennengelernt. Im Folgenden betrachten wir kurz allgemeine nichtlineare Gleichungen, für die keine aussagekräftige Theorie existiert ("Fluch der Nichtlinearität in der Mathematik").

17.4.1 Allgemeine nichtlineare Gleichungssysteme

Nicht alle praktischen Zusammenhänge lassen sich mathematisch durch lineare Gleichungen oder Polynomgleichungen befriedigend darstellen (modellieren), so dass allgemeine *nichtlineare Gleichungssysteme* der Form

$$u_1(x_1, x_2, ..., x_n) = 0$$

$$u_2(x_1, x_2, ..., x_n) = 0$$

$$\vdots \qquad\qquad \text{(m≥1 Gleichungen mit n≥1 Variablen/Unbekannten } x_1, x_2, ..., x_n)$$

$$u_m(x_1, x_2, ..., x_n) = 0$$

mit beliebigen m Funktionen

$$u_1(x_1, x_2, ..., x_n), u_2(x_1, x_2, ..., x_n), ..., u_m(x_1, x_2, ..., x_n)$$

erforderlich sind.

Zur Anwendung von MATHEMATICA verwenden wir keine indizierten Bezeichnungen, sondern schreiben nichtlineare Gleichungssysteme in *folgender Form:*

u1(x1,x2,...,xn) = 0

u2(x1,x2,...,xn) = 0

$\vdots \qquad \vdots$

um(x1,x2,...,xn) = 0

17.4.2 Lösungsmethoden

Für allgemeine nichtlineare (d.h. algebraische und transzendente) Gleichungen existiert *keine aussagekräftige Lösungstheorie:*

- Die *Existenz* von Lösungen ist nicht immer nachweisbar.

- *Exakte Lösungen* lassen sich nur für einfachstrukturierte Gleichungen finden, für die Einsetzungs- und Eliminationsmethoden zum Ziel führen.

- Da es keinen allgemein anwendbaren endlichen Lösungsalgorithmus gibt, sind meistens *numerische Methoden* (vor allem Iterationsmethoden) einzusetzen, die folgendermaßen charakterisiert sind:

  - Sie liefern meistens nur *Näherungswerte* für die Lösungen.

  - Sie benötigen *Schätzwerte* für eine *Lösung* als *Startwerte*, die im Falle der Konvergenz verbessert werden.

  - Startwerte sind nicht immer einfach zu finden. Bei *einer Gleichung* u(x)=0 mit einer Variablen x lässt sich ihre Wahl erleichtern, indem die Funktion u(x) *grafisch dargestellt* wird und hieraus Näherungswerte für Nullstellen abgelesen werden.

  - Sie müssen *nicht konvergieren*, d.h. kein Ergebnis liefern (z.B. Methode von Newton), auch wenn *Startwerte* nahe bei einer Lösung liegen. Dies ist bei Anwendung von MATHEMATICA zu berücksichtigen.

Bei *allgemeinen nichtlinearen Gleichungen* gehen wir im Buch folgendermaßen vor:

- Im Abschn.17.3 haben wir den *Spezialfall* von *Polynomgleichungen* betrachtet, für die noch gewisse Lösungsformeln und theoretische Aussagen existieren und MATHEMATICA eine integrierte (vordefinierte) Funktion zur Lösungsberechnung anbietet.

- Im folgenden Abschn.17.4.3 diskutieren wir die Anwendung von MATHEMATICA zur Lösungsberechnung.
  ◆

17.4.3 Lösungsberechnung mit MATHEMATICA

Zur *Berechnung* von *Lösungen* nichtlinearer Gleichungssysteme sind in MATHEMATICA folgende Funktionen integriert (vordefiniert):

- Die integrierte (vordefinierte) Funktion **Solve** versucht eine *exakte Lösungsberechnung* und ist in der Form

  In[1]:= **Solve**[{u1(x1,x2,...,xn)==0 , u2(x1,x2,...,xn)==0,..., um(x1,x2,...,xn)==0},
  {x1,x2,...,xn}]

  anwendbar, wobei Folgendes zu beachten ist:

  - **Solve** wurde bereits im Abschn.17.2 und 17.3 bei linearen Gleichungen bzw. Polynomgleichungen eingesetzt. Die Anwendung auf nichtlineare Gleichungen geschieht analog.

  - Falls **Solve** keine exakten Lösungen findet, wird eine *Meldung* ausgegeben.

- Die integrierte (vordefinierte) Funktion **NSolve** versucht eine *numerische Lösungsberechnung* und ist in der Form

  In[2]:= **NSolve**[{u1(x1,x2,...,xn)==0 , u2(x1,x2,...,xn)==0,..., um(x1,x2,...,xn)==0},

    {x1,x2,...,xn}]

  anwendbar, wobei Folgendes zu beachten ist:

  - **NSolve** wurde bereits im Abschn.17.2 und 17.3 bei linearen Gleichungen bzw. Polynomgleichungen eingesetzt. Die Anwendung auf nichtlineare Gleichungen geschieht analog.
  - Falls **NSolve** keine numerischen (näherungsweisen) Lösungen findet, wird eine *Meldung* ausgegeben.

- Die integrierte (vordefinierte) Funktion **FindRoot** versucht eine *numerische Lösungsberechnung* für vorgegebene *Startwerte* und ist in der Form

  In[2]:=**FindRoot**[{u1(x1,x2,...,xn)==0, u2(x1,x2,...,xn)==0,...,um(x1,x2,...,xn)==0},

    {{x1,x10},{x2,x20},...,{xn,xn0}]

  anwendbar, wobei Folgendes zu beachten ist:

  - **FindRoot** benötigt Startwerte {x1,x10},{x2,x20},...,{xn,xn0} für die Variablen x1, x2,...,xn.
  - Falls **FindRoot** keine numerischen (näherungsweisen) Lösungen findet, wird eine *Meldung* ausgegeben.

Beispiel 17.3:

Die einzige *reelle Lösung* der Gleichung

$$x^7 + e^x + \sin x = 0$$

liegt zwischen -0.6 und -0.5, wie aus der grafischen Darstellung zu entnehmen ist.

Die Anwendung von MATHEMATICA kann folgendermaßen geschehen:

- Versuch einer *exakten Lösungsberechnung* mittels **Solve**:

  In[1]:= x= **Solve**[x^7+**Exp**[x]+**Sin**[x]==0, x]

  Es wird keine exakte Lösung gefunden und eine Meldung ausgegeben.

- Versuch einer *numerischen Lösungsberechnung* mittels **NSolve**:

  In[2]:= x= **NSolve**[x^7+**Exp**[x]+**Sin**[x]==0, x]

  Es wird keine numerische Lösung gefunden und eine Meldung ausgegeben.

- Versuch einer *numerischen Lösungsberechnung* mittels **FindRoot** und *Startwert* -1:

  In[3]:= x= **FindRoot**[x^7+**Exp**[x]+**Sin**[x]==0, {x,-1}]

  Out[3]= -0.573844

  Es wird die reelle Nullstelle näherungsweise berechnet.

♦

17.5 Ungleichungen

Falls in Gleichungen ein Gleichheitszeichen durch ein Ungleichheitszeichen zu ersetzen ist, ergeben sich *Ungleichungen*.

Ungleichungssysteme haben die Form

$$u_1(x_1, x_2, ..., x_n) \leq 0$$

$$u_2(x_1, x_2, ..., x_n) \leq 0$$

$$\vdots \qquad\qquad\qquad (m \geq 1 \text{ Ungleichungen mit } n \geq 1 \text{ Variablen/Unbekannten } x_1, x_2, ..., x_n)$$

$$u_m(x_1, x_2, ..., x_n) \leq 0$$

mit beliebigen m Funktionen

$$u_1(x_1, x_2, ..., x_n), u_2(x_1, x_2, ..., x_n), ..., u_m(x_1, x_2, ..., x_n)$$

Sie treten bei einer Reihe praktischer Probleme auf, z.B. bei Optimierungsproblemen.

In MATHEMATICA konnten *keine integrierten* (*vordefinierten*) *Funktionen* gefunden werden, um Lösungen von Ungleichungen direkt berechnen zu können:

- Einzelne Lösungen lassen sich durch Lösung von Optimierungsaufgaben berechnen (siehe Kap.24).

- Bei *einer Ungleichung*

  u(x)≤0

  mit einer Variablen x kann eine *Kurvendiskussion* durchgeführt und die Funktion u(x) *grafisch* dargestellt werden.

  ◆

18 Differentialrechnung

Die *Differentialrechnung* gehört neben der Integralrechnung zu Grundgebieten der Mathematik (Ingenieurmathematik), da beide in zahlreichen mathematischen Modellen praktischer Probleme benötigt werden:

- Die Differentialrechnung befasst sich mit lokalem Änderungsverhalten von Funktionen, das sich durch Ableitungen (Differentialquotienten) charakterisieren lässt.
- In der Physik sind Ableitungen u.a. zur Beschreibung von Bewegungen (Geschwindigkeiten, Beschleunigung) erforderlich wie z.B. beim harmonischen Oszillator (siehe Abschn.22.4) und der Newtonschen Bewegungsgleichung, die in Form von Differentialgleichungen vorliegen.
- In der Mathematik werden Ableitungen u.a. zur Untersuchung von Flächen und Kurven (Tangenten, Krümmungen, Tangentialebenen), zur Bestimmung von Extremwerten (Minima und Maxima - siehe Abschn.24.5 und 24.6) und zur Fehlerrechnung benötigt.

18.1 Einführung

Zur *Differentiation* (Berechnung von Ableitungen/Differentialquotienten) von Funktionen, die sich aus elementaren mathematischen Funktionen (siehe Abschn.11.2.1) zusammensetzen, lässt sich ein *endlicher Algorithmus* angeben und damit sind die Computeralgebra und das Computeralgebrasystem von MATHEMATICA zur exakten Berechnung anwendbar:

Dieser endliche Algorithmus beruht auf den bekannten *Ableitungen* für elementare mathematische Funktionen und folgenden *Differentiationsregeln* für Funktionen f(x) und g(x):

- *Summenregel* $\quad\quad (c \cdot f(x) \pm d \cdot g(x))' = c \cdot f'(x) \pm d \cdot g'(x)$ $\quad\quad$ (c, d -Konstanten)

- *Produktregel* $\quad\quad (f(x) \cdot g(x))' = f'(x) \cdot g(x) + f(x) \cdot g'(x)$

- *Quotientenregel* $\quad\quad (f(x)/g(x))' = (f'(x) \cdot g(x) - f(x) \cdot g'(x))/g^2(x)$

- *Kettenregel* $\quad\quad (f(g(x)))' = f'(g(x)) \cdot g'(x)$

18.2 Ableitungen

18.2.1 Ableitungen für Funktionen von n Variablen

Wir betrachten *Ableitungen*

- für reelle Funktionen f(x) einer reellen Variablen x:

  $f'(x), f''(x), ..., f^{(n)}(x), ...$

- für reelle Funktionen f(x,y) von zwei reellen Variablen x und y:

  $f_x = \dfrac{\partial f}{\partial x}$, $f_{xx} = \dfrac{\partial^2 f}{\partial x^2}$, $f_{xy} = \dfrac{\partial^2 f}{\partial x \partial y}$, ... $\quad\quad$ (partielle Ableitungen)

- für reelle Funktionen $f(x_1, x_2, ..., x_n)$ von n reellen Variablen $x_1, x_2, ..., x_n$:

$$f_{x_1} = \frac{\partial f}{\partial x_1} \,, \ f_{x_1 x_1} = \frac{\partial^2 f}{\partial x_1^2} \,, \ f_{x_1 x_2} = \frac{\partial^2 f}{\partial x_1 \partial x_2} \,,\ldots \qquad\qquad \text{(partielle Ableitungen)}$$

18.2.2 Berechnung mit MATHEMATICA

MATHEMATICA berechnet alle *Ableitungen* für differenzierbare Funktionen *exakt*.
Die im vorangehenden Abschn.18.1 vorgestellten Fakten lassen erkennen, dass im Rahmen von Computeralgebrasystemen und damit MATHEMATICA alle Berechnungen von Ableitungen (Differentiationen) für differenzierbare Funktionen ohne Schwierigkeiten exakt durchführbar sind:

- MATHEMATICA berechnet *m-te Ableitungen* (m=1,2,3,...) von Funktionen f(x) einer Variablen exakt mit einer der folgenden beiden Methoden, wenn vorher die Funktion im Notebook definiert wurde oder der Funktionsausdruck eingesetzt wird (siehe Beisp. 18.1):
  - Mittels der integrierten (vordefinierten) Funktion (*Differentiationsfunktion*) **D**:
    In[1]:= **D**[f[x], {x,m}]
  - Mittels des *Differentiationsoperators*

    unter Anwendung der Menüfolge
    Palettes $\Rightarrow$ Basic Math Assistant $\Rightarrow$ Basic $\Rightarrow$ Advanced
    bzw.
    Palettes $\Rightarrow$ Classroom Assistant $\Rightarrow$ Basic $\Rightarrow$ Advanced
    durch Mausklick auf den benötigten Differentiationsoperator und anschließendem Ausfüllen der angezeigten Platzhalter mit {x,m} und f[x], d.h.

    $\partial_{\{x,m\}} f[x]$

Bei beiden Methoden kann m für erste Ableitungen weggelassen werden.
♦

- MATHEMATICA berechnet problemlos *partielle Ableitungen* von Funktionen $f(x_1, x_2, \ldots, x_n)$ von n Variablen $x_1, x_2, \ldots, x_n$ exakt mit einer der folgenden Methoden, wenn vorher die Funktion im Notebook definiert wurde oder der Funktionsausdruck eingesetzt wird (siehe Beisp.18.1):
  - Mittels der integrierten (vordefinierten) Funktion (*Differentiationsfunktion*) **D** die m-te partielle Ableitung bzgl. der Variablen xi:
    In[1]:= **D**[f[x1,x2,...,xn], {xi,m}]

    oder durch Schachtelung von **D** bei gemischten Ableitungen (siehe Beisp.18.1b).
  - Mittels des *Differentiationsoperators*

der wie oben aufgerufen wird und bei dem die unteren Platzhalter bzgl. der einzelnen Ableitungen auszufüllen sind (siehe Beisp.18.1b).

Es ist zu sehen, dass die Berechnung *partieller Ableitungen* bzgl. einer Variablen analog zu Funktionen einer Variablen geschieht.

Gemischte partielle Ableitungen werden durch Schachtelung der Differentiationsfunktion D oder mittels des Differentiationsoperators berechnet (siehe Beisp.18.1)

MATHEMATICA kann Ableitungen nicht nur für Funktionen sondern auch für *Matrizen* berechnen, deren Elemente Funktionsausdrücke sind (siehe Beisp.15.1c).

♦

Beispiel 18.1:

a) Illustration der Berechnung von Ableitungen von Funktionen f(x) einer reellen Variablen x mittels MATHEMATICA anhand der Funktion

$$f(x) = x^x$$

die per Hand durch logarithmische Differentiation erhalten werden:

- Die *erste Ableitung* lässt sich folgendermaßen berechnen:
  - Anwendung der Differentiationsfunktion **D**:

    In[1]:= **D**[x^x, x]

    Out[1]= $x^x (1 + \mathbf{Log}[x])$

  - Anwendung des Differentiationsoperators:

    In[2]:= ∂_xx^x

    Out[2]= $x^x (1 + \mathbf{Log}[x])$

- Die *dritte Ableitung* lässt sich folgendermaßen berechnen, wobei zusätzlich die MATHEMATICA-Funktion **Simplify** (siehe Abschn.13.4.1) eingesetzt wird, um die berechneten Ergebnisse zu vereinfachen:
  - Anwendung der Differentiationsfunktion **D**:

    In[3]:= **D**[x^x, {x, 3}]//**Simplify**

    Out[3]= $x^{-2+x} (-1 + 3x + x^2 + 3x(1+x)\mathbf{Log}[x] + 3x^2 \mathbf{Log}[x]^2 + x^2 \mathbf{Log}[x]^3)$

  - Anwendung des Differentiationsoperators:

    In[4]:= $\partial_{\{x,3\}}$x ^ x //**Simplify**

    Out[4]= $x^{-2+x} (-1 + 3x + x^2 + 3x(1+x)\mathbf{Log}[x] + 3x^2 \mathbf{Log}[x]^2 + x^2 \mathbf{Log}[x]^3)$

b) Illustration der Berechnung *partieller Ableitungen* anhand der Funktion f(x,y)=sin(x·y):

- Die partielle Ableitung

$$\frac{\partial^5 \sin(x \cdot y)}{\partial x^5}$$

fünfter Ordnung lässt sich folgendermaßen berechnen:
  - Anwendung der Differentiationsfunktion **D**:

In[1]:= D[Sin[x∗y], {x, 5}]

Out[1]= $y^5 \, \textbf{Cos}[x\,y]$

– Anwendung des Differentiationsoperators:

In[2]:= $\partial_{\{x,5\}} \, \textbf{Sin}[x*y]$

Out[2]= $y^5 \, \textbf{Cos}[x\,y]$

- Die gemischte partielle Ableitung

$$\frac{\partial^5 \sin(x \cdot y)}{\partial x^2 \partial y^3}$$

fünfter Ordnung lässt sich folgendermaßen berechnen:

– Mittels *Schachtelung* der Differentiationsfunktion **D**

In[3]:= D[D[Sin[x∗y],{x,2}],{y,3}]

Out[3]= $-6\,x\,\textbf{Cos}[x\,y] + x^3\,y^2\,\textbf{Cos}[x\,y] + 6\,x^2\,y\,\textbf{Sin}[x\,y]$

– Anwendung des Differentiationsoperators:

In[4]:= $\partial_{\{x,2\},\{y,3\}} \, \textbf{Sin}[x*y]$

Out[4]= $-6\,x\,\textbf{Cos}[x\,y] + x^3\,y^2\,\textbf{Cos}[x\,y] + 6\,x^2\,y\,\textbf{Sin}[x\,y]$

♦

18.3 Taylorentwicklung

18.3.1 Einführung

Nach dem *Satz* von *Taylor* besitzt eine Funktion f(x) einer Variablen x, die mindestens (n+1)-mal in einem Intervall (x_0 -r, x_0 +r) stetig differenzierbar ist, folgende Eigenschaften:

– Sie besitzt im *Entwicklungspunkt* x_0 die *Taylorentwicklung* n-ter Ordnung

$$f(x) = \sum_{k=0}^{n} \frac{f^{(k)}(x_0)}{k!} \cdot (x - x_0)^k + R_n(x) \qquad\qquad \text{für } x \in (\,x_0 \text{ -r}, x_0 \text{ +r})$$

wobei das *Restglied* $R_n(x)$ in der Form von Lagrange folgende Gestalt hat:

$$R_n(x) = \frac{f^{(n+1)}(x_0 + \vartheta \cdot (x - x_0))}{(n+1)!} \cdot (x - x_0)^{n+1} \qquad (0<\vartheta<1)$$

– Das in der Taylorentwicklung vorkommende *Polynom* n-ten Grades

$$\sum_{k=0}^{n} \frac{f^{(k)}(x_0)}{k!} \cdot (x - x_0)^k$$

heißt *n-tes Taylorpolynom* (Taylorpolynom vom Grade n) von f(x) im Entwicklungspunkt x_0 .

- Gilt für alle $x \in (x_0 - r, x_0 + r)$ für das *Restglied* $\lim\limits_{n \to \infty} R_n(x) = 0$, so lässt sich die Funktion f(x) durch die *Taylorreihe*

$$f(x) = \sum_{k=0}^{\infty} \frac{f^{(k)}(x_0)}{k!} \cdot (x - x_0)^k$$

mit dem Konvergenzintervall $|x - x_0| < r$ darstellen.

- Der Nachweis, dass sich eine Funktion f(x) in eine *Taylorreihe entwickeln* lässt, gestaltet sich i.Allg. schwierig, da die Existenz der Ableitungen beliebiger Ordnung von f hierfür nicht genügt.

Für praktische Anwendungen reichen meistens *n-te Taylorpolynome* (für n=1,2,...), um Funktionen f(x) in der Nähe des Entwicklungspunktes x_0 durch *Polynome* n-ten Grades anzunähern.

18.3.2 Berechnung mit MATHEMATICA

In MATHEMATICA ist die Funktion **Series** integriert (vordefiniert), die mittels

In[1]:= Series[f[x], {x,x0,n}]

das *n-te Taylorpolynom* bzgl. der Variablen x für die Funktion f(x) im *Entwicklungspunkt* x0 berechnet und das Restglied in der Form

$$O[x]^{n+1}$$

angibt.

Da sich die *Berechnung* von *Taylorpolynomen* per Hand mühsam gestaltet, liefert **Series** ein wirksames Hilfsmittel, um n-te Taylorpolynome auch für großes n problemlos berechnen zu können.

♦

Beispiel 18.2:
Für die Funktion

$$f(x) = \sqrt{1 + x}$$

werden *Taylorpolynome* mittels **Series** berechnet:

- Taylorpolynom vom Grade n=2 im Entwicklungspunkt x0=0:

    In[1]:= Series[Sqrt[1+x], {x,0,2}]

    $$\mathbf{Out[1]} = 1 + \frac{x}{2} - \frac{x^2}{8} + O[x]^3$$

- Taylorpolynom vom Grade n=4 im Entwicklungspunkt x0=0:

    In[2]:= Series[Sqrt[1+x], {x,0,4}]

    $$\mathbf{Out[2]} = 1 + \frac{x}{2} - \frac{x^2}{8} + \frac{x^3}{16} - \frac{5\,x^4}{128} + O[x]^5$$

♦

18.4 Grenzwerte

18.4.1 Einführung

Der (*beidseitige*) *Grenzwert* einer Funktion f(x) für x=a

$$\lim_{x \to a} f(x)$$

existiert, wenn

linksseitiger Grenzwert

$$\lim_{x \to a-0} f(x)$$

und

rechtsseitiger Grenzwert

$$\lim_{x \to a+0} f(x)$$

existieren und beide übereinstimmen.

Bei der Berechnung von Grenzwerten können *unbestimmte Ausdrücke* der Form

$$\frac{0}{0}\ ,\ \frac{\infty}{\infty}\ ,\ 0 \cdot \infty\ ,\ \infty - \infty\ ,\ 0^0\ ,\ \infty^0\ ,\ 1^\infty\ ,\ ...$$

auftreten:

- Für diesen Fall lässt sich die bekannte *Regel von de l'Hospital* unter gewissen Voraussetzungen anwenden. Diese Regel muss aber nicht in jedem Fall ein Ergebnis liefern.
- Deshalb ist nicht zu erwarten, dass MATHEMATICA bei der Berechnung von Grenzwerten immer erfolgreich ist.

   ◆

18.4.2 Berechnung mit MATHEMATICA

In MATHEMATICA ist die Funktion **Limit** zur *exakten Berechnung* von *Grenzwerten* für mathematische Funktionen f(x) und damit auch für mathematische Ausdrücke A(n) integriert (vordefiniert), die folgendermaßen anzuwenden ist:

- Berechnung des *beidseitigen Grenzwerts* der Funktion f(x) für x→a

   In[1]:= **Limit**[f[x], x->a]

- Berechnung des *linksseitigen Grenzwerts* der Funktion f(x) für x→a-0

   In[2]:= **Limit**[f[x], x->a, Direction->-1]

- Berechnung des *rechtsseitigen Grenzwerts* der Funktion f(x) für x→a+0

   In[3]:= **Limit**[f[x], x->a, Direction->1]

Bei der Anwendung von **Limit** ist Folgendes in MATHEMATICA zu beachten:

- Soll ein *Grenzwert* des *Ausdrucks* A(n) anstelle der Funktion f(x) berechnen, so sind lediglich f(x) durch A(n) und x durch n zu ersetzen.

- Für a kann auch **Infinity** (*Unendlich* ∞) eingesetzt werden, so dass *Grenzwertberechnungen* für x→±∞ bzw. n→±∞ möglich sind.

- Falls die *Grenzwertberechnung* mittels **Limit** *versagt* oder das Ergebnis überprüft werden soll, können f(x) bzw. A(n) gezeichnet werden.

◆

Beispiel 18.3:
Illustration der Berechnung von Grenzwerten mit der MATHEMATICA-Funktion **Limit**:

a) Folgende Grenzwerte, die auf unbestimmte Ausdrücke führen, werden problemlos berechnet:

- $\lim\limits_{x \to 0} x^{\sin x} = 1$:

  In[1]:= Limit[x^Sin[x], x->0]

  Out[1]= 1

- $\lim\limits_{x \to 0} \left(\dfrac{1}{\tan x} - \dfrac{1}{x} \right) = 0$:

  In[2]:= Limit[1/Tan[x]-1/x, x->0]

  Out[2]= 0

- $\lim\limits_{x \to \infty} \dfrac{x + \sin x}{x} = 1$:

  In[3]:= Limit[(x+Sin[x])/x, x->Infinity]

  Out[3]= 1

b) Berechnung des Grenzwerts

$$\lim_{x \to a} \frac{x-a}{x^2 - a^2} = \frac{1}{2 \cdot a}$$

mit symbolischem Parameter a:

In[4]:= Limit[(x-a)/(x^2-a^2), x->a]

Out[4]= $\dfrac{1}{2a}$

◆

19 Integralrechnung

Die *Integralrechnung* gehört neben der Differentialrechnung zu Grundgebieten der Mathematik (Ingenieurmathematik), da beide in zahlreichen mathematischen Modellen praktischer Probleme benötigt werden:

- Während sich die Differentialrechnung mit lokalen Eigenschaften von Funktionen beschäftigt, befasst sich die *Integralrechnung* mit *globalen Eigenschaften*.
- In der *Physik* treten Integrale u.a. bei der Bestimmung von Schwerpunkten und Trägheitsmomenten und in zahlreichen Formeln und Gleichungen auf (siehe Beisp.19.5a).
- In der *Mathematik* werden Integrale u.a. zur Berechnung von Flächen- und Rauminhalten (siehe Beisp.19.5c) benötigt.

19.1 Einführung

Die *Lösung* des *Problems,* ob eine gegebene Funktion f(x) die *Ableitung* (siehe Abschn. 18.2) einer noch zu bestimmenden Funktion F(x) ist (d.h. F'(x)=f(x)), führt zur *Integralrechnung* für reelle Funktionen f(x) einer reellen Variablen x, wobei F(x) als *Stammfunktion* bezeichnet wird:

- Offensichtlich stellt die *Integralrechnung* die *Umkehrung* der *Differentialrechnung* dar.
- Es gibt vier Arten von Integralen, die eng miteinander zusammenhängen:

  Unbestimmte, bestimmte, uneigentliche und *mehrfache Integrale*

  In den folgenden Abschn.19.2-19.5 werden sie kurz vorgestellt, wobei Berechnungsmöglichkeiten mit MATHEMATICA im Vordergrund stehen.

Die *Integralrechnung* hat die beiden folgenden *Fragen*

I. Besitzt jede stetige *Funktion* f(x) eine *Stammfunktion* F(x).

II. Wie lässt sich eine *Stammfunktion* F(x) für eine *gegebene Funktion* f(x) bestimmen.

zu beantworten:

- Frage I lässt sich *positiv* beantworten:
  Jede auf einem Intervall [a,b] *stetige Funktion* f(x) besitzt eine *Stammfunktion* F(x). Dies ist jedoch nur eine *Existenzaussage,* die leider keinen Berechnungsalgorithmus liefert.

- Frage II lässt sich allgemein *nicht positiv* beantworten:
  - Es existiert *kein endlicher Algorithmus* zur exakten Berechnung von *Stammfunktionen* F(x) für beliebige stetige Funktionen f(x). Die Integralrechnung liefert Berechnungsalgorithmen nur für spezielle Klassen von Funktionen.
  - Dies ist ein wesentlicher *Unterschied* zur *Differentialrechnung*, die einen endlichen Algorithmus zur Berechnung von Ableitungen differenzierbarer Funktionen bereitstellt, die sich aus elementaren mathematischen Funktionen zusammensetzen.

  ♦

19.2 Unbestimmte Integrale

Unbestimmte Integrale bilden die Grundlage der Integralrechnung, so dass sie im folgenden Abschn.19.2.1 kurz vorgestellt und in den weiteren Abschn.19.2.2 und 19.2.3 ihre Berechnungen mit MATHEMATICA besprochen werden.

19.2.1 Definition

Unbestimmte Integrale schreiben sich in der Form

$$\int f(x)\,dx \qquad\qquad \text{(f(x) - Integrand , x - Integrationsvariable)}$$

und bezeichnen die *Gesamtheit* von *Stammfunktionen* F(x) einer Funktion f(x), d.h. alle Funktionen F(x) mit F'(x)=f(x):

- Die Berechnung eines unbestimmten Integrals ist äquivalent zur Berechnung einer Stammfunktion, da sich alle für eine Funktion f(x) existierenden Stammfunktionen F(x) höchstens um eine *Konstante* (Integrationskonstante) C unterscheiden, d.h. es gilt

$$\int f(x)\,dx = F(x) + C$$

- Aufgrund der Frage II aus Abschn.19.1 ist nicht zu erwarten, dass sich zu jeder stetigen Funktion f(x) eine Stammfunktion exakt berechnen lässt, d.h. damit sind auch MATHEMATICA Grenzen gesetzt.

- Die Integralrechnung kennt jedoch eine Reihe von *Methoden* zur Berechnung von *Stammfunktionen* für spezielle stetige Funktionen f(x) wie
  - *partielle Integration*
  - *Partialbruchzerlegung* (für gebrochenrationale Funktionen)
  - *Substitution*

19.2.2 Exakte Berechnung mit MATHEMATICA

MATHEMATICA bietet folgende zwei Möglichkeiten zur *exakten Berechnung unbestimmter Integrale* (exakte Integration) mit Integrand f(x) und Integrationsvariable x. Beide Möglichkeiten haben die gleiche Berechnungsgrundlage. Sie unterscheiden sich nur in der Darstellung:

- Anwendung der integrierten (vordefinierten) Funktion **Integrate** (*Integrationsfunktion*) in der Form

  In[1]:= **Integrate**[f[x], x]

- Anwendung des *Integrationsoperators* für unbestimmte Integrale

  aus dem Menü **Palettes**, der durch die Menüfolge

  Palettes⇒Basic Math Assistant⇒Advanced

  aufgerufen wird und dessen zwei Platzhalter folgendermaßen auszufüllen sind:

In[2]:= $\int f[x]\, d\,x$

Bei der *exakten Berechnung unbestimmter Integrale* mittels MATHEMATICA ist Folgendes zu beachten:

- Der Integrand f[x] und die Integrationsvariable x sind direkt einzugeben. Des Weiteren kann f[x] vorher im Notebook definiert werden.

- Ein Ergebnis wird ohne Integrationskonstante berechnet.

- Wird kein exaktes Ergebnis berechnet, gibt MATHEMATICA das *Integral unverändert* zurück bzw. eine Meldung aus (siehe Beisp.19.1d). In diesem Fall kann eine *numerische Berechnung* herangezogen werden.

- In einigen Fällen lässt sich das Scheitern der exakten Berechnung von Integralen vermeiden, wenn der Integrand f(x) vor Anwendung von MATHEMATICA per Hand *vereinfacht* wird:
  - *Gebrochenrationale Funktionen* in *Partialbrüche* zerlegen (siehe Abschn.13.4.4).
  - Gängige *Substitutionen* durchführen.
    ◆

Beispiel 19.1:
Illustration der exakten Berechnung unbestimmter Integrale mittels MATHEMATICA:

a) Das folgende Integral

$$\int x \cdot \sin x \; dx = -x \cdot \cos x + \sin x$$

ist durch *partielle Integration* berechenbar und lässt sich mittels MATHEMATICA folgendermaßen berechnen:

- Anwendung der Integrationsfunktion **Integrate**:

  In[1]:= **Integrate[x∗Sin[x], x]**

  Out[1]= **-x Cos[x] + Sin[x]**

- Anwendung des Integrationsoperators aus dem Menü **Palettes**:

  In[2]:= $\int x * \mathbf{Sin[x]}\, dx$

  Out[2]= **-x Cos[x] + Sin[x]**

b) Berechnung unbestimmter Integrale, deren Integrand *gebrochenrationale Funktionen* sind. Hierfür ist die *Partialbruchzerlegung* einsetzbar, die aber nicht immer zum Erfolg führt:

- MATHEMATICA wendet auch die Partialbruchzerlegung an:
  - Das folgende Integral wird mittels **Integrate** exakt berechnet:

$$\int \frac{1}{x^4 + x^3 + 7 \cdot x^2 + x + 6}\, dx$$

In[1]:= **Integrate**[1/(x^4+x^3-7*x^2-x+6), x]

Out[1]= $-\frac{1}{8}$**Log**[1-x]+$\frac{1}{15}$**Log**[2-x]+$\frac{1}{12}$**Log**[1+x]-$\frac{1}{40}$**Log**[3+x]

– Das folgende Integral wird mittels **Integrate** nicht exakt berechnet:

$$\int \frac{1}{x^4 + 4 \cdot x + 1} \, dx$$

In[2]:= **Integrate**[1/(x^4+4*x+1), x]

Das von MATHEMATICA angezeigte Ergebnis ist nicht verwendbar, da noch Nullstellen eines Polynoms vierten Grades zu berechnen sind.

- Die beiden obigen Integrale lassen bereits erkennen, dass MATHEMATICA mittels *Partialbruchzerlegung* nur diejenigen *exakt berechnen* kann, deren Nullstellen des Nennerpolynoms einfach zu bestimmen sind. Obwohl bis zum 4.Grad eine Lösungsformel existiert (siehe Abschn.17.3.1), wird das zweite Integral nicht berechnet, da das Nennerpolynom komplexe und nichtganzzahlige reelle Nullstellen besitzt. Das erste Integral berechnet MATHEMATICA, da das Nennerpolynom nur ganzzahlige Nullstellen -3, -1, 1 und 2 besitzt.

c) Berechnung des unbestimmten Integrals, dessen Integrand

$a \cdot x^2 + b \cdot x + c$

von *symbolischen Parametern* a, b und c abhängt:

In[1]:= **Integrate**[a*x^2+b*x+c, x]

Out[1]= $c\,x + \frac{b\,x^2}{2} + \frac{a\,x^3}{3}$

d) Das folgende unbestimmte Integral wird mittels **Integrate** nicht exakt berechnet:

$$\int x^x \, dx$$

In[1]:= **Integrate**[x^x, x]

Out[1]= $\int x^x \, dx$

Da für diesen Integranden keine Stammfunktion existiert, die sich aus elementaren mathematischen Funktionen zusammensetzt, gibt MATHEMATICA das Integral unverändert zurück.

Es lässt sich nur eine *numerische Berechnung* anwenden, die Beisp.19.3b durchführt.

♦

19.2.3 Numerische (näherungsweise) Berechnung mit MATHEMATICA

Mit integrierten (vordefinierten) *Numerikfunktionen* zur Berechnung bestimmter Integrale (siehe Abschn.19.3.3) lassen sich mit MATHEMATICA numerisch (näherungsweise) auch Funktionswerte von *Stammfunktionen* F(x) für benötigte x-Werte berechnen, wenn die aus dem Hauptsatz der Differential- und Integralrechnung (siehe Abschn.19.3.1) folgende Formel

$$F(x) = \int_a^x f(t)\, dt$$

herangezogen wird:

- Das bestimmte Integral dieser Formel lässt sich für benötigte x-Werte numerisch berechnen, so dass sich eine *Liste* von *Funktionswerten* für die gesuchte *Stammfunktion* F(x) ergibt, d.h. eine *tabellarische Darstellung* von F(x) (siehe Beisp.19.3b).
- Die erhaltene tabellarische Darstellung von F(x) kann mittels MATHEMATICA
  - grafisch dargestellt werden,
  - durch analytisch gegebene Funktionen mittels Interpolation oder Quadratmittelapproximation angenähert werden (siehe Abschn.11.4 und 11.5).

19.3 Bestimmte Integrale

Bestimmte Integrale spielen in mathematischen Modellen für praktische Probleme eine große Rolle, so dass sie im folgenden Abschn.19.3.1 kurz vorgestellt und in den weiteren Abschn.19.3.2 und 19.3.3 ihre Berechnungen mit MATHEMATICA besprochen werden.

19.3.1 Definition

Bestimmte Integrale schreiben sich in der Form

$$\int_a^b f(x)\, dx$$

(f(x) - Integrand , x - Integrationsvariable, a und b - untere bzw. obere Integrationsgrenze)
und sind aufgrund des *Hauptsatzes* der *Differential-* und *Integralrechnung* durch die Formel

$$\int_a^b f(x)\, dx = F(b) - F(a) \qquad \text{(F(x) - beliebige Stammfunktion von f(x))}$$

mit dem zugehörigen unbestimmten Integral

$$\int f(x)\, dx$$

verbunden:

- Der *Wert* (reelle Zahl) F(b)-F(a) eines *bestimmten Integrals* über dem Integrationsintervall [a,b] ist gegeben, wenn eine Stammfunktion F(x) des Integranden f(x) bekannt ist. Damit ist die Berechnung bestimmter Integrale auf die Berechnung zugehöriger unbestimmter Integrale zurückgeführt.
- Der *Hauptsatz* der *Differential-* und *Integralrechnung* liefert die Formel

$$F(x) = \int_a^x f(t)\, dt$$

für die spezielle *Stammfunktion* F(x) von f(x) mit F(a)=0:

- Die Formel hat nur symbolischen Charakter, da sie nicht zur exakten Berechnung von F(x) anwendbar ist.
- Die Formel kann jedoch zur numerischen Berechnung von Stammfunktionen F(x) herangezogen werden (siehe auch Abschn.19.2.3), wie im Beisp.19.3b illustriert ist.

19.3.2   Exakte Berechnung mit MATHEMATICA

Da die *exakte Berechnung* bestimmter Integrale auf der unbestimmter beruht, gilt das dort gesagte auch für die Anwendung von MATHEMATICA.

MATHEMATICA bietet folgende zwei Möglichkeiten zur *exakten Berechnung* bestimmter Integrale mit Integrand f(x), Integrationsvariable x und unterer bzw. oberer Integrationsgrenze a und b.

Beide Möglichkeiten haben die gleiche Berechnungsgrundlage. Sie unterscheiden sich nur in der Darstellung (siehe auch Abschn.19.2.2):

- Anwendung der integrierten (vordefinierten) Integrationsfunktion **Integrate** in der Form

  In[1]:= **Integrate**[f[x], {x, a, b}]

- Anwendung des *Integrationsoperators* für bestimmte Integrale

  aus dem Menü **Palettes**, der durch die Menüfolge

  Palettes⟹Basic Math Assistant⟹Advanced

  aufgerufen wird und dessen vier Platzhalter folgendermaßen auszufüllen sind:

  In[2]:= $\int_a^b f[x]\, dx$

Bemerkung

Bei *exakter Berechnung* bestimmter Integrale mittels MATHEMATICA ist Folgendes zu beachten:

- Integrand f[x], Integrationsvariable x, untere und obere Integrationsgrenze a bzw. b sind direkt einzugeben. Des Weiteren kann f[x] vorher im Notebook definiert werden.
- Wird kein exaktes Ergebnis berechnet, gibt MATHEMATICA das *Integral unverändert* zurück bzw. eine Meldung aus (siehe Beisp.19.2b). In diesem Fall kann eine *numerische Berechnung* herangezogen werden.
- In einigen Fällen lässt sich das *Scheitern* der exakten Berechnung von Integralen *vermeiden*, wenn der Integrand f(x) vor Anwendung von MATHEMATICA per Hand *vereinfacht* wird:

- *Gebrochenrationale Funktionen* in *Partialbrüche* zerlegen (siehe Abschn.13.4.4).
- Gängige *Substitutionen* durchführen.

    ♦

Beispiel 19.2:

Illustration der exakten Berechnung bestimmter Integrale mittels MATHEMATICA:

a) *Exakte Berechnung* des bestimmten Integrals

$$\int_0^\pi x \cdot \sin(x)\ dx = \pi$$

für das im Beisp.19.1a das zugehörige unbestimmte Integral berechnet ist:

- Anwendung der Funktion **Integrate**:

    In[1]:= **Integrate**[x∗**Sin**[x], {x, 0, **Pi**}]

    Out[1]= π

- Anwendung des Integrationsoperators für bestimmte Integrale aus dem Menü **Palettes**:

    In[2]:= $\int_0^\pi$ x ∗ **Sin**[x] dx

    Out[2]= π

b) Das bestimmte Integral

$$\int_1^2 x^x\ dx$$

wird von MATHEMATICA *nicht exakt berechnet* (siehe auch Beisp.19.1d):

In[1]:= **Integrate**[x^x, {x, 1, 2}]

Out[1]= $\int_1^2 x^x\ dx$

Das Integral wird unverändert ausgegeben, so dass nur eine *numerische Berechnung* möglich ist (siehe Beisp.19.3a).

    ♦

19.3.3 Numerische (näherungsweise) Berechnung mit MATHEMATICA

Die Numerische Mathematik stellt eine Reihe von Methoden zur numerischen (näherungsweisen) Berechnung bestimmter Integrale zur Verfügung, auf die wir im Buch nicht eingehen können. Die Kenntnis dieser Methoden ist auch für die Anwendung von MATHEMATICA nicht erforderlich.

MATHEMATICA berechnet bestimmte Integrale numerisch unter Anwendung der Numerikfunktion **N** in folgender Form, wie Beisp.19.3 illustriert:

- Anwendung der integrierten (vordefinierten) Funktion **Integrate** in der Form mit **N**:

In[1]:= **NIntegrate**[f[x], {x,a,b}]   o d e r   **In**[1]:= **Integrate**[f[x], {x,a,b}]//**N**

- Anwendung des Integrationsoperators für bestimmte Integrale in der Form

$$\mathbf{In}[1]:= \mathbf{N}[\int_a^b f[x]\,dx\,]\qquad\qquad oder\qquad\qquad \mathbf{In}[1]:= \int_a^b f[x]\,dx\,//\mathbf{N}$$

Beispiel 19.3:

Illustration der numerischen Berechnung bestimmter Integrale mittels MATHEMATICA:

a) Das bestimmte Integral aus Beisp.19.2b

$$\int_1^2 x^x\,dx$$

lässt sich *nur numerisch* (näherungsweise) berechnen. Mit MATHEMATICA kann dies auf folgende Art geschehen:

In[1]:= **NIntegrate**[x^x, {x,1,2}]   o d e r   **In**[1]:= **Integrate**[x^x, {x,1,2}]//**N**

o d e r

$$\mathbf{In}[1]:= \mathbf{N}\,[\int_1^2 x^x\,dx\,]\qquad\qquad oder\qquad \mathbf{In}[1]:= \int_1^2 x^x\,dx\,//\mathbf{N}$$

Out[1]= 2.05045

b) Die numerische (näherungsweise) Berechnung von *Funktionswerten* einer *Stammfunktion* F(x) mit der Eigenschaft F(1)=0 für die Funktion (Integrand)

$$f(x) = x^x$$

aus Beisp.19.1d im Intervall [1,2] mit Schrittweite 0.1 gelingt unter Verwendung der Formel

$$F(x) = \int_1^x s^s\,ds$$

mittels der MATHEMATICA-Funktionen **Table** und **NIntegrate** folgendermaßen:

In[1]:= **Table**[NIntegrate[s^s, {s,1,x}], {x,1,2,0.1}]

Out[1]= {0., 0.105347, 0.222889, 0.355187, 0.50529,
        0.676863, 0.874335, 1.10309, 1.36969, 1.68218, 2.05045}

◆

19.4 Uneigentliche Integrale

Uneigentliche Integrale stellen eine *Verallgemeinerung* bestimmter Integrale (siehe Abschn.19.3) für den Fall dar, dass der Integrand und/oder das Integrationsintervall unbeschränkt sein können. Da sie nicht immer einen konkreten Wert liefern, spricht man von Konvergenz bzw. Divergenz (siehe Beisp.19.4).

Auf die Theorie, die Grenzwerte einsetzt, können wir nicht näher eingehen. Wir stellen nur im Abschn.19.4.1 mögliche Formen uneigentlicher Integrale und im Abschn.19.4.2 Berechnungsmöglichkeiten mittels MATHEMATICA vor.

19.4.1 Einführung

Es gibt drei Formen uneigentlicher Integrale:

I. Das *Integrationsintervall* ist *unbeschränkt*, z.B.
$$\int_1^\infty \frac{1}{x^3}\,dx$$

II. Der *Integrand* ist im Integrationsintervall [a,b] *unbeschränkt*, z.B.
$$\int_{-1}^1 \frac{1}{x^2}\,dx$$

III. Sowohl *Integrationsintervall* als auch *Integrand* sind *unbeschränkt*, z.B.
$$\int_{-\infty}^\infty \frac{1}{x}\,dx$$

19.4.2 Berechnung mit MATHEMATICA

Die Berechnung uneigentlicher Integrale wird auf die Berechnung bestimmter (eigentlicher) Integrale unter Verwendung von Grenzwerten zurückgeführt:

- Bei allen Typen von uneigentlichen Integralen kann im Konvergenzfall die *exakte Berechnung* mit der integrierten (vordefinierten) MATHEMATICA-Funktion **Integrate** versucht werden, die als Integrationsgrenzen auch ±∞ (±Unendlich, **±Infinity**) zulässt (siehe Beisp.19.4).
- Die numerische Berechnung uneigentlicher Integrale gestaltet sich kompliziert, so dass hierauf verzichtet wird.

Beispiel 19.4:

Illustration der Berechnung uneigentlicher Integrale mittels MATHEMATICA:

a) Für das *konvergente* uneigentliche Integral

$$\int_1^\infty \frac{1}{x^5}\,dx = 1/4$$

- kann die Berechnung direkt mittels **Integrate** folgendermaßen geschehen:

In[1]:= Integrate[1/x^5, {x,1,Infinity}]

Out[1]= $\dfrac{1}{4}$

- kann die Berechnung in der Form

$$\lim_{s\to\infty} \int_1^s \frac{1}{x^5}\,dx$$

als bestimmtes Integral mit anschließender Grenzwertberechnung (siehe Abschn. 18.4) mittels **Integrate** und **Limit** folgendermaßen geschehen:

In[2]:= Limit[Integrate[1/x^5, {x,1,s}], s->Infinity]

Out[2]= $\dfrac{1}{4}$

b) Für das *divergente* uneigentliche Integral

$$\int_1^\infty \frac{1}{x}\, dx$$

erkennt **Integrate** die *Divergenz* und gibt eine Meldung und das Integral unverändert aus:

In[1]:= Integrate[1/x, {x,1,Infinity}]

Integral of $\dfrac{1}{x}$ *does not converge on* $\{1, \infty\}$

Out[1]= $\displaystyle\int_1^\infty \frac{1}{x}\, dx$

c) Wenn das *divergente* uneigentliche Integral

$$\int_{-1}^{1} \frac{1}{x^2}\, dx$$

formal integriert wird, ohne zu erkennen, dass der Integrand bei x=0 unbeschränkt ist, wird das *falsche Ergebnis* -2 erhalten.

Integrate erkennt die *Divergenz* und gibt eine Meldung und das Integral unverändert aus:

In[1]:= Integrate[1/x^2, {x,-1,1}]

Integral of $\dfrac{1}{x^2}$ *does not converge on* $\{-1,1\}$

Out[1]= $\displaystyle\int_{-1}^{1} \frac{1}{x^2}\, dx$

◆

Zusammenfassend lässt sich zur *Berechnung uneigentlicher Integrale* mittels MATHEMA-TICA sagen, dass sich auch eine Überprüfung empfiehlt, wenn ein Ergebnis geliefert wird. Diese kann u.a. durch eine Behandlung als bestimmtes (eigentliches) Integral mit anschlie-ßender Grenzwertberechnung erfolgen.

◆

19.5 Mehrfache Integrale

Im Folgenden wird die Berechnung mehrfacher Integrale am Beispiel

– *zweifacher Integrale* (Doppelintegrale) $\displaystyle\iint_D f(x, y)\, dx\, dy$

– *dreifacher Integrale* $$\iiint_G f(x, y, z)\, dx\, dy\, dz$$

betrachtet, wobei D und G beschränkte Gebiete in der *Ebene* bzw. im *Raum* sind:

– Die *exakte Berechnung* mehrfacher Integrale führt die Integralrechnung auf die Berechnung mehrerer einfacher Integrale zurück, so dass die MATHEMATICA-Funktion **Integrate** aus Abschn.19.3.2 durch Schachtelung anwendbar ist (siehe Beisp.19.5). Dabei erhöht eine vorher per Hand durchgeführte Koordinatentransformation häufig die Effektivität.

– Die *numerische Berechnung* mehrfacher Integrale lässt sich durch Schachtelung von Numerikfunktionen von MATHEMATICA zur Berechnung einfacher Integrale wie z.B. **NIntegrate** aus Abschn.19.3.3 durchführen, wie Beisp.19.5b illustriert.

Beispiel 19.5:
Illustration der exakten und numerischen Berechnung mehrfacher Integrale:

a) Berechnung des *Massenträgheitsmoments* bzgl. einer Kante des im ersten Oktanten liegenden *Würfels* $0 \le x \le a$, $0 \le y \le a$, $0 \le z \le a$ mit Kantenlänge a>0 und Dichte $\rho=1$:
Wenn die Bezugskante in der z-Achse liegt, berechnet sich das gesuchte Trägheitsmoment I_z durch das folgende *dreifache Integral:*

$$I_z = \int_{z=0}^{a} \int_{y=0}^{a} \int_{x=0}^{a} (x^2 + y^2)\, dx\, dy\, dz$$

Exakte Berechnung durch Schachtelung von **Integrate**:

– Mit symbolischen Integrationsgrenzen a lässt sich das Integral nur exakt berechnen.

– Bei Schachtelung von **Integrate** ist zu beachten, dass die richtige Berechnungsreihenfolge von innen nach außen eingehalten wird, d.h. folgende Anwendung.

In[1]:= Integrate[Integrate[Integrate[x^2+y^2, {x, 0, a}], {y, 0, a}], {z, 0, a}]

Out[1]= $\dfrac{2a^5}{3}$

b) Berechnung des zweifachen Integrals

$$\int_0^1 \int_0^y \sin(x + y)\, dx\, dy$$

mit einem nichtrechteckigen Integrationsbereich:

– *exakt* durch Schachtelung von **Integrate**:

   In[2]:= Integrate[Integrate[Sin[x+y], {x, 0, y}], {y, 0, 1}]

   Out[2]= Sin[1] $-\dfrac{\text{Sin}[2]}{2}$

– *numerisch* (näherungsweise) durch Schachtelung von **NIntegrate**:

   In[3]:= NIntegrate[NIntegrate[Sin[x+y], {x, 0, y}], {y, 0, 1}]

Out[3]= 0.386822

c) Das *Volumen* 18·π einer *Halbkugel* mit Radius 3 wird durch das dreifache Integral

$$\int_{-3}^{3} \int_{-\sqrt{9-x^2}}^{\sqrt{9-x^2}} \int_{0}^{\sqrt{x^2+y^2}} dz \, dy \, dx$$

berechnet, das durch Integration bzgl. z auf folgendes zweifache Integral

$$\int_{-3}^{3} \int_{-\sqrt{9-x^2}}^{\sqrt{9-x^2}} \sqrt{x^2+y^2} \, dy \, dx$$

führt. Dieses zweifache Integral kann **Integrate** mittels

In[4]:=**Integrate[Integrate[Sqrt[x^2+y^2],{y,-Sqrt[9-x^2], Sqrt[9-x^2]}],{x, -3, 3}]**

exakt berechnen:

Out[4]= 18 π

♦

20 Reihen (Summen) und Produkte

20.1 Einführung

Reihen (Summen) und *Produkte* treten bei einer Reihe von praktischen Problemen der Mathematik (Ingenieurmathematik) auf, so dass wir diese kurz vorstellen, wobei Berechnungen mit MATHEMATICA im Vordergrund stehen.

Es besteht ein wesentlicher Unterschied zwischen *endlichen* und *unendlichen Reihen* und *Produkten*, wie im Folgenden zu sehen ist.

20.2 Endliche Reihen (Summen) und Produkte

In den folgenden Abschnitten stellen wir endliche Reihen (Summen) und Produkte vor, für die die Berechnung mittels MATHEMATICA problemlos möglich ist.

20.2.1 Endliche Reihen (Summen)

Endliche Reihen (*Summen*) S_n haben die Form

$$S_n = \sum_{k=m}^{n} a_k = a_m + a_{m+1} + ... + a_n$$

mit n-m+1 *Gliedern* (Reihengliedern)

$$a_k \qquad\qquad (k = m,\ m+1, ..., n\ ;\ m < n)$$

und sind folgendermaßen *charakterisiert:*

- m und n (ganze Zahlen) heißen unterer bzw. oberer *Summationsindex.*
- Endliche Summen werden meistens als *endliche Reihen* bezeichnet und S_n als *Reihensumme.*
- Sind die Glieder a_k einer Reihe reelle Zahlen, so wird die Reihe als *endliche Zahlenreihe* bezeichnet, wobei sich i.Allg. die Glieder $a_k =f(k)$ durch eine Funktion f(k) bestimmen, die das Bildungsgesetz der Reihe beinhaltet.

20.2.2 Berechnung endlicher Zahlenreihen mit MATHEMATICA

Endliche Zahlenreihen werden von MATHEMATICA problemlos exakt bzw. numerisch berechnet, da nur eine endliche Anzahl von Rechenoperationen erforderlich ist, d.h. ein endlicher Algorithmus vorliegt und damit Computeralgebramethoden anwendbar sind:

- *Exakte Berechnung:*
  Die exakte Berechnung ist folgendermaßen durchzuführen, wenn die Funktion (Bildungsgesetz) f[k] für die Reihenglieder im Notebook definiert ist oder direkt eingegeben wird:

  - Anwendung der integrierten (vordefinierten) MATHEMATICA-Summenfunktion **Sum** in der Form

    In[1]:= **Sum**[f[k], {k, m, n, Δk}]   (Δk - Schrittweite, falls ungleich 1)

  - Anwendung des *Summenoperators*

$$\sum_{\square=\square}^{\square}{}^{\square}$$

aus dem Menü **Palettes**, der durch die Menüfolge

Palettes⇒Basic Math Assistant⇒Advanced

aufgerufen wird und dessen vier Platzhalter für die Schrittweite 1 folgendermaßen auszufüllen sind:

$\mathbf{In}[2]:= \sum_{k=m}^{n} f[k]$

- *Numerische Berechnung:*
  Hierfür ist bei den Möglichkeiten zur exakten Berechnung zusätzlich die Numerikfunktion **N** anzuwenden, wie Beispiel 20.1 illustriert.

Beispiel 20.1:

Illustration der exakten und numerischen Berechnung endlicher Reihen mittels MATHEMATICA:

a) Die endliche Reihe

$$\sum_{k=1}^{10} \frac{1}{k} = \frac{7381}{2520}$$

lässt sich folgendermaßen berechnen:

– *Exakte Berechnung* mittels **Sum**:

$\mathbf{In}[1]:= \mathbf{Sum}[1/k, \{k,1,10\}]$

$\mathbf{Out}[1]= \dfrac{7381}{2520}$

– *Exakte Berechnung* mittels Summenoperator:

$\mathbf{In}[2]:= \sum_{k=1}^{10} 1/k$

$\mathbf{Out}[2]= \dfrac{7381}{2520}$

– *Numerische Berechnung* mittels **Sum** und Numerikfunktion **N** auf eine der folgenden beiden Arten:

I. $\mathbf{In}[3]:= \mathbf{NSum}[1/k, \{k,1,10\}]$
    $\mathbf{Out}[3]= 2.92897$

II. $\mathbf{In}[4]:= \mathbf{Sum}[1/k, \{k,1,10\}]//\mathbf{N}$
    $\mathbf{Out}[4]= 2.92897$

b) **Sum** kann auch endliche Reihen exakt berechnen, wenn m und n symbolische Parameter sind, wie im Folgenden am Beispiel der Reihe

$$\sum_{k=m}^{n} k$$

zu sehen ist:

$\mathbf{In}[1]:= \mathbf{Sum}[k, \{k,m,n\}]$

Out[1]$- -\frac{1}{2}$ (-1+m-n) (m+n)

c) Berechnung der *Summe* der 11 Zahlen zwischen 1 und 2 mit Schrittweite Δ=0.1, d.h. der Summe 1+1.1+1.2+1.3+...+2 mittels **Sum**:

In[1]:= **Sum**[k, {k, 1, 2, 0.1}]

Out[1]= 16.5

♦

20.2.3 Endliche Produkte

Endliche Produkte haben die Form

$$P_n = \prod_{k=m}^{n} a_k = a_m \cdot a_{m+1} \cdot \ldots \cdot a_n$$

mit n-m+1 Faktoren

a_k $\qquad\qquad\qquad\qquad$ (k=m, m+1,..., n ; m≤n)

und sind folgendermaßen *charakterisiert*:

– m und n (ganze Zahlen) heißen unterer bzw. oberer *Produktindex*.

– Sind die Faktoren a_k eines Produkts reelle Zahlen, so wird das Produkt als *endliches Zahlenprodukt* bezeichnet, wobei sich i.Allg. die Faktoren a_k =f(k) durch eine Funktion f(k) bestimmen, die das *Bildungsgesetz* des Produkts beinhaltet.

20.2.4 Berechnung endlicher Zahlenprodukte mit MATHEMATICA

Endliche Produkte reeller Zahlen (endliche Zahlenprodukte) werden von MATHEMATICA problemlos berechnet, da nur eine endliche Anzahl von Rechenoperationen erforderlich ist, d.h. ein endlicher Algorithmus vorliegt und damit Computeralgebramethoden anwendbar sind:

• *Exakte Berechnung:*
  Die exakte Berechnung ist folgendermaßen durchzuführen, wenn die Funktion (Bildungsgesetz) f[k] für die Faktoren des Produkts im Notebook definiert ist oder direkt eingegeben wird:

  – Anwendung der integrierten (vordefinierten) MATHEMATICA-Produktfunktion **Product** in der Form

    In[1]:= **Product**[f[k], {k, m, n, Δk}]   (Δk - Schrittweite, falls ungleich 1)

  – Anwendung des *Produktoperators*

    $\prod_{\square=\square}^{\square}\square$

    aus dem Menü **Palettes**, der durch die Menüfolge

    Palettes$\Rightarrow$Basic Math Assistant$\Rightarrow$Advanced

    aufgerufen wird und dessen vier Platzhalter für die Schrittweite 1 folgendermaßen auszufüllen sind:

$$\mathbf{In}[2]:= \prod_{k=m}^{n} f[k]$$

- *Numerische Berechnung:*
  Hierfür ist bei den Möglichkeiten zur exakten Berechnung zusätzlich die Numerikfunktion **N** anzuwenden, wie Beispiel 20.2 illustriert.

Beispiel 20.2:

Illustration der exakten und numerischen Berechnung endlicher Produkte mittels MATHEMATICA:

a) Das Produkt

$$\prod_{k=1}^{8} \frac{k^2+1}{k+2} = \frac{13287625}{4536} = 2929.37$$

wird auf eine der folgenden Arten berechnet:

- *Exakt* mittels Produktfunktion **Product**:

  $\mathbf{In}[1]:= \mathbf{Product}[(k^2+1)/(k+2), \{k,1,8\}]$

  $\mathbf{Out}[1]= \dfrac{13287625}{4536}$

- *Exakt* mittels Produktoperator:

  $\mathbf{In}[2]:= \prod_{k=1}^{8} (k^2+1)/(k+2)$

  $\mathbf{Out}[2]= \dfrac{13287625}{4536}$

- *Numerisch* mittels Produktfunktion **Product** und Numerikfunktion **N** auf eine der folgenden beiden Arten:

  I. $\mathbf{In}[3]:= \mathbf{NProduct}[(k^2+1)/(k+2), \{k,1,8\}]$
      $\mathbf{Out}[3]= 2929.37$

  II. $\mathbf{In}[4]:= \mathbf{Product}[(k^2+1)/(k+2), \{k,1,8\}]//\mathbf{N}$
      $\mathbf{Out}[4]= 2929.37$

b) Berechnung des Produkts der Zahlen zwischen 1 und 2 mit Schrittweite 0.1, d.h. des Produkts $1 \cdot 1.1 \cdot 1.2 \cdot 1.3 \cdot \ldots \cdot 2$ mittels der Produktfunktion **Product**:

  $\mathbf{In}[1]:= \mathbf{Product}[k, \{k,1,2,0.1\}]$

  $\mathbf{Out}[1]= 67.0443$

c) **Product** kann auch die *Fakultät* einer beliebigen ganzen Zahl n berechnen, wie z.B. 10!:

  $\mathbf{In}[1]:= \mathbf{Product} [i, \{i,1,10\}]$

  $\mathbf{Out}[1]= 3628800$

  ♦

20.3 Unendliche Reihen und Produkte

Im Folgenden werden *unendliche Reihen* und *Produkte* kurz vorgestellt, die sich als Grenzwerte endlicher Reihen und Produkte definieren. Dabei stehen Berechnungsmöglichkeiten mittels MATHEMATICA im Vordergrund.

20.3.1 Unendliche Reihen

Unendliche Reihen

$$\sum_{k=m}^{\infty} a_k = a_m + a_{m+1} + \ldots + a_n + \ldots = \lim_{n \to \infty} S_n$$

mit Reihengliedern a_k definieren sich als Grenzwert endlicher Reihen

$$S_n = \sum_{k=m}^{n} a_k = a_m + a_{m+1} + \ldots + a_n$$

und sind folgendermaßen *charakterisiert:*
– Wenn der Grenzwert

$$S = \lim_{n \to \infty} S_n$$

existiert, heißt die Reihe *konvergent* mit Summe (*Reihensumme*) S.
– Wenn kein Grenzwert existiert, heißt die Reihe *divergent.*
– S_n heißt n-te *Partialsumme* der unendlichen Reihe.
– Sind alle Reihenglieder $a_k = f(k)$ reelle Zahlen, so spricht man von unendlichen Zahlenreihen.

Bei *unendlichen Zahlenreihen* ist folgende Problematik zu beachten:
- Der Nachweis der *Konvergenz* einer unendlichen Zahlenreihe ist *schwierig:*
  – Das *notwendige Konvergenzkriterium*
  $$\lim_{k \to \infty} a_k = 0$$
  ist für die meisten Reihen leicht nachzuprüfen. Wenn es nicht erfüllt ist, so *divergiert* die Reihe. Wenn es erfüllt ist, kann die Reihe trotzdem divergieren.
  – Es werden *hinreichende Konvergenzkriterien* benötigt, die jedoch für viele unendliche Reihen keine Aussagen treffen.
- Die Berechnung der *Summe* konvergenter Zahlenreihen ist *schwierig:*
  – Es gibt nur für *alternierende Reihen* ein leicht nachzuprüfendes hinreichendes Konvergenzkriterium und einen numerischen (näherungsweisen) Berechnungsalgorithmus, wie im Folgenden zu sehen ist.
  – Bei nichtalternierenden Reihen ist eine Annäherung durch eine endliche Summe nicht zu empfehlen, da sich hier keine Fehlerschranken angeben lassen, so dass dies in vielen Fällen zu falschen Ergebnissen führt.
- Das hinreichende *Kriterium* von *Leibniz* für *alternierende Reihen* sagt Folgendes aus:
  – Gelten für eine alternierende Reihe

$$\sum_{k=m}^{\infty} (-1)^k \cdot a_k$$

die leicht nachzuprüfenden Bedingungen

$$a_k \ge a_{k+1} > 0 \text{ und } \lim_{k \to \infty} a_k = 0 \,,$$

so ist die Reihe *konvergent* mit einer Summe S.

– Für den *absoluten Fehler* zwischen *Reihensumme* S und n-ter *Partialsumme* S_n gilt

$$|S - S_n| \le a_{n+1}$$

Aufgrund dieser Fehlerschranke lassen sich numerische (näherungsweise) Berechnungen der Reihensumme S einfach durchführen. Eine Programmerstellung hierfür überlassen wir den Lesern.

♦

20.3.2 Berechnung unendlicher Zahlenreihen mit MATHEMATICA

Die in MATHEMATICA integrierten Funktionen zur *exakten Berechnung* endlicher Zahlenreihen (siehe Abschn.20.2.2) sind auch auf unendliche Zahlenreihen anwendbar, da ∞ (Unendlich - **Infinity**) für den unteren und oberen *Summationsindex* zulässig ist.

Beispiel 20.3:

Illustration zur Berechnung unendlicher Zahlenreihen mit MATHEMATICA:

a) Die Summe

$$\frac{1}{2} - \frac{\pi}{8}$$

der konvergenten unendlichen Zahlenreihe

$$\sum_{k=1}^{\infty} \frac{1}{(4 \cdot k - 1) \cdot (4 \cdot k + 1)}$$

wird mittels der MATHEMATICA-Summenfunktion **Sum** *exakt berechnet:*

In[1]:= **Sum**[1/((4*k-1)*(4*k+1)), {k,1,**Infinity**}]

Out[1]= $\dfrac{4 - \pi}{8}$

b) Die Summe der konvergenten Zahlenreihe

$$\sum_{k=1}^{\infty} \frac{1}{k^k}$$

wird von MATHEMATICA *nicht berechnet.* Die Reihe wird unverändert ausgegeben:

In[1]:= **Sum**[1/k^k, {k,1,**Infinity**}]

Out[1]= $\displaystyle\sum_{k=1}^{\infty} k^{-k}$

c) Für die divergente Zahlenreihe

$$\sum_{k=2}^{\infty} \frac{1}{k \cdot \ln(k)}$$

erkennt MATHEMATICA die *Divergenz*, gibt eine entsprechende Meldung und die Reihe unverändert aus:

In[1]:= **Sum**[1/(k∗**Log**[k]), {k,2,**Infinity**}]

Out[1]= $\displaystyle\sum_{k=2}^{\infty} \frac{1}{k \, \text{Log}[k]}$

d) Die Summe

$$\frac{1}{4}(-4 + \pi)$$

der konvergenten alternierenden Zahlenreihe (Leibnizsche Reihe)

$$\sum_{k=0}^{\infty} (-1)^k \cdot \frac{1}{2 \cdot k + 1}$$

wird von MATHEMATICA *exakt berechnet:*

In[1]:= **Sum**[(-1)^k/(2∗k+1), {k, 1, **Infinity**}]

Out[1]= $\dfrac{1}{4}(-4 + \pi)$

e) Die konvergente alternierende Zahlenreihe

$$\sum_{k=0}^{\infty} (-1)^{k+1} \cdot \frac{k}{k^2 + 1}$$

berechnet MATHEMATICA mittels

In[5]:= **Sum**[(-1)^(k+1)∗k/(k^2+1), {k, 0, **Infinity**}]

nicht exakt.

Deshalb empfehlen wir, ein Programm zur näherungsweisen Berechnung von Summen alternierender Reihen zu erstellen, das auf dem angegebenen Kriterium von Leibniz beruht.

20.3.3 Unendliche Produkte

Unendliche Produkte

$$\prod_{k=m}^{\infty} a_k = a_m \cdot a_{m+1} \cdot \ldots = \lim_{n \to \infty} P_n$$

mit Faktoren a_k definieren sich als Grenzwert endlicher Produkte

$$P_n = \prod_{k=m}^{n} a_k = a_m \cdot a_{m+1} \cdot \ldots \cdot a_n$$

und sind folgendermaßen *charakterisiert:*

– Wenn der Grenzwert

$$P= \lim_{n \to \infty} P_n$$

existiert, heißt das Produkt *konvergent* mit Wert P.

- Wenn kein Grenzwert existiert, heißt das Produkt *divergent*.
- P_n heißt n-tes *Partialprodukt* des unendlichen Produkts.
- Sind alle Faktoren a_k =f(k) reelle Zahlen, so spricht man von unendlichen Zahlenprodukten.

20.3.4   Berechnung unendlicher Zahlenprodukte mit MATHEMATICA

Die in MATHEMATICA vorhandenen Möglichkeiten zur *exakten Berechnung* endlicher Zahlenprodukte (siehe Abschn.20.2.4) sind auch auf *unendliche Zahlenprodukte* anwendbar, da ∞ (Unendlich - **Infinity**) für den unteren und oberen Produktindex zulässig ist.

Beispiel 20.4:

Berechnung des konvergenten unendlichen Produkts

$$\prod_{k=2}^{\infty} (1-\frac{1}{k^2}) = \frac{1}{2}$$

mittels MATHEMATICA:

In[1]:= **Product**[(1-1/k^2), {k,2,**Infinity**}]

Out[1]= $\frac{1}{2}$

◆

20.4   Funktionenreihen

Hier sind die Reihenglieder $a_k(x)$ Funktionen von x, d.h. *Funktionenreihen* haben folgende Form

$$\sum_{k=m}^{\infty} a_k(x) = a_m(x) + a_{m+1}(x) + \ldots + a_n(x) + \ldots$$

Wir können nicht auf die Theorie von Funktionenreihen eingehen, sondern stellen nur in den folgenden Abschn.20.4.1 und 20.4.3 die Anwendung von MATHEMATICA auf die zwei wichtigen Spezialfälle *Potenzreihen* und *Fourierreihen* vor.

20.4.1   Potenzreihen mit MATHEMATICA

Potenzreihen als wichtige Klasse von Funktionenreihen werden im Abschn.18.3 im Rahmen von *Taylorentwicklungen* vorgestellt und auch die Möglichkeiten von MATHEMATICA zur Aufstellung derartiger Reihen besprochen, so dass hierauf verwiesen wird.

20.4.2   Fourierreihen

Fourierreihen als weitere wichtige Klasse von Funktionenreihen dienen zur Beschreibung *periodischer Vorgänge* und gestatten eine direkte technische Interpretation, die wir im Folgenden kurz vorstellen:

- Viele durch Funktionen beschriebene Vorgänge in Technik und Naturwissenschaften (z.B. in Mechanik, Elektrotechnik, Akustik und Optik) sind zwar *periodisch,* aber nicht mehr *sinusförmig (harmonisch).*

- Die *Entwicklung* periodischer Funktionen mit Periode 2p oder nur auf einem Intervall [-p,p] gegebener Funktionen f(x) in eine *Fourierreihe* (Fourierreihenentwicklung) der Form

$$f(x) = \frac{a_0}{2} + \sum_{k=1}^{\infty} (\, a_k \cdot \cos\frac{k \cdot \pi \cdot x}{p} + b_k \cdot \sin\frac{k \cdot \pi \cdot x}{p}\,)$$

erfordert die Bestimmung der *Fourierkoeffizienten* a_k und b_k :

- Dies wird als *harmonische Analyse* (Fourieranalyse) bezeichnet.
- Das Problem besteht in der Berechnung folgender bestimmter Integrale:

$$a_k = \frac{1}{p} \cdot \int_{-p}^{p} f(x) \cdot \cos\frac{k \cdot \pi \cdot x}{p}\, dx \qquad b_k = \frac{1}{p} \cdot \int_{-p}^{p} f(x) \cdot \sin\frac{k \cdot \pi \cdot x}{p}\, dx$$

- Bei praktischen Problemen beträgt die Periode häufig 2π, d.h. p=π.

- Die meisten *periodischen Vorgänge* lassen sich durch *Überlagerung* unendlich vieler *harmonischer Schwingungen* darstellen:
  - Dies wird durch die zugehörige Fourierreihenentwicklung analytisch realisiert.
  - Die Fourierreihenentwicklung spielt bei periodischen Vorgängen eine wesentliche Rolle, um Zerlegungen in *Grundschwingungen* (π/p) und *Oberschwingungen* (k·π/p) zu illustrieren.

- Für die Praxis ist es meistens ausreichend, nur eine endliche Anzahl N von Gliedern der Fourierreihe zu berechnen und damit eine gegebene Funktion anzunähern.

- Der Nachweis für die (punktweise) *Konvergenz* der Fourierreihe gestaltet sich nicht schwierig (Kriterium von Dirichlet), so dass die Konvergenz für die meisten praktisch auftretenden Funktionen gewährleistet ist.

- Eine in eine Fourierreihe entwickelbare Funktion muss nicht notwendigerweise periodisch sein (siehe Beisp.20.5). Wenn eine auf einem Intervall [-p, p] definierte Funktion die Bedingungen von Dirichlet erfüllt, so kann sie durch eine Fourierreihe angenähert werden. In diesem Fall lässt sich die Funktion periodisch fortsetzen. Für weitere Details wird auf Lehrbücher verwiesen.

20.4.3   Fourierreihen mit MATHEMATICA

In MATHEMATICA sind eine Reihe von *Funktionen* zur *Fourieranalyse* integriert (vordefiniert), über die man in der Hilfe ausführliche Informationen erhält, wenn man u.a.

FourierSeries, FourierTrigSeries, FourierSinSeries, FourierSinCoefficient, FourierCosSeries, FourierCoefficient

eingibt.

Wir betrachten im Folgenden nur die Funktion **FourierTrigSeries**, die folgendermaßen einzusetzen ist (siehe auch Beisp.20.5):

In[1]:= FourierTrigSeries[f[x],x,n]

Zusätzlich können in MATHEMATICA die Integrationsmethoden aus Abschn.19.3 zur Berechnung von *Fourierkoeffizienten* angewandt werden. Dies überlassen wir den Lesern.

♦

Beispiel 20.5:

Wir berechnen für die auf dem Intervall $-\pi \leq x \leq \pi$ definierte Funktion

$y = f(x) = x$

die *Fourierreihe* mit 5 Gliedern und stellen diese und die Funktion f(x) im Intervall $[-\pi,\pi]$ grafisch dar:

–   Berechnung der Fourierreihe:

   In[1]:= FourierTrigSeries[x, x, 5]

   Out[1]= $2\,\mathbf{Sin[x]} - \mathbf{Sin[2\,x]} + \dfrac{2}{3}\,\mathbf{Sin[3\,x]} - \dfrac{1}{2}\,\mathbf{Sin[4\,x]} + \dfrac{2}{5}\,\mathbf{Sin[5\,x]}$

–   *Grafische Darstellung* der Funktion f(x) und ihrer berechneten Fouriereihe im Intervall $[-\pi,\pi]$ mittels

   In[2]:= Plot[{x, %1}, {x, -Pi, Pi}]

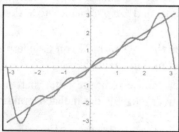

Die *Grafik* zeigt die gute Annäherung innerhalb des betrachteten Intervalls und die bekannten Abweichungen an den Intervallenden der Fourierreihe an die gegebene Funktion y = x . Dies liegt darin begründet, dass die Fortsetzung dieser Funktion an den Intervallenden unstetig ist (Sprung) und die dazugehörige Fourierreihe hier gegen den Mittelwert 0 konvergiert.

♦

21 Vektoranalysis

21.1 Einführung

Die *Vektoranalysis* untersucht *skalare* und *vektorielle Felder* mit Mitteln der Differential- und Integralrechnung:

- Viele Probleme in Technik und Naturwissenschaften lassen sich unter Verwendung von Feldern beschreiben, so u.a.
  - Kraftfelder (z.B. elektrische Felder, Gravitationsfelder), Beschleunigungsfelder, Geschwindigkeitsfelder als Beispiele für *Vektorfelder*.
  - Elektrostatische Potentiale, Dichte- und Temperaturverteilungen als Beispiele für *Skalarfelder*.
- Im Folgenden werden Fähigkeiten von MATHEMATICA in der Vektoranalysis vorgestellt.

21.2 Skalar- und Vektorfelder

In praktischen Problemen werden oft Felder im zweidimensionalen Raum (kurz: Ebene) R^2 und dreidimensionalen Raum (kurz: Raum) R^3 benötigt, die *zweidimensionale* (ebene) bzw. *dreidimensionale* (räumliche) *Felder* heißen.

21.2.1 Eigenschaften

Felder lassen sich in kartesischen Koordinatensystemen durch reelle Funktionen darstellen und teilen sich in *Skalar-* und *Vektorfelder* auf, denen bei ebenen und räumlichen Feldern jedem Punkt P(x,y) bzw. P(x,y,z) unterschiedliche Größen zugeordnet werden:

- *Skalarfelder*
  ordnen jedem Punkt P eine *skalare Größe* (*Zahlenwert*) u zu, die sich durch eine (skalare) Funktion beschreiben lässt, d.h.

  $u=u(x,y)$ (im zweidimensionalen Raum R^2)

  $u=u(x,y,z)$ (im dreidimensionalen Raum R^3)

- *Vektorfelder*
  ordnen jedem Punkt P einen *Vektor* **v** zu, der sich durch eine Vektorfunktion mit Komponenten v_1, v_2, v_3 in folgender Form beschreiben lässt:

  $\mathbf{v}=\mathbf{v}(x,y)=v_1(x,y) \cdot \mathbf{i} + v_2(x,y) \cdot \mathbf{j}$ (im zweidimensionalen Raum R^2)

  $\mathbf{v}=\mathbf{v}(x,y,z)=v_1(x,y,z) \cdot \mathbf{i} + v_2(x,y,z) \cdot \mathbf{j} + v_3(x,y,z) \cdot \mathbf{k}$ (im dreidimensionalen Raum R^3)

  Die verwendeten Vektoren **i**, **j** und **k** bezeichnen die Basisvektoren in einem rechtwinkligen kartesischen Koordinatensystem.

21.2.2 Anwendung von MATHEMATICA

MATHEMATICA bietet für die Arbeit mit *Skalar-* und *Vektorfeldern* folgende Möglichkeiten:

– Skalar- und Vektorfelder lassen sich durch Funktionen beschreiben, wie im Abschn.
   21.2.1 zu sehen ist.

– Zur grafischen Darstellung ebener und räumlicher Vektorfelder sind die Grafikfunktionen **VectorPlot** bzw. **VectorPlot3D** integriert (vordefiniert), deren Anwendung im
   Beisp.21.1 illustriert ist.

Beispiel 21.1:

a) Betrachtung des zweidimensionalen Vektorfeldes

$$v(x,y) = \frac{x-y}{\sqrt{x^2+y^2}} \cdot i + \frac{x+y}{\sqrt{x^2+y^2}} \cdot j$$

• Es kann durch die Vektorfunktion

   In[1]:= **v**[x_, y_]={(x-y)/**Sqrt**[x^2+y^2], (x+y)/**Sqrt**[x^2+y^2]};

   als eindimensionale Liste mit zwei Elementen (zweidimensionaler Vektor) im Notebook von MATHEMATICA definiert werden:

   – Das Vektorfeld **v** lässt sich hiermit für konkrete Zahlenwerte folgendermaßen be-
      rechnen, so z.B. für x=3 und y=4:

      In[2]:= **v**[3,4]

      Out[2]= $\left\{ -\frac{1}{5}, \frac{7}{5} \right\}$

   – Die beiden *Komponenten* des Vektorfeldes **v** werden folgendermaßen erhalten:

      In[3]:= **v**[x,y][[1]]

      Out[3]= $\dfrac{x-y}{\sqrt{x^2+y^2}}$

      In[4]:= **v**[x,y][[2]]

      Out[4]= $\dfrac{x+y}{\sqrt{x^2+y^2}}$

• Das Vektorfeld **v**(x,y) lässt sich unter Verwendung der MATHEMATICA-Grafik-
   funktion **VectorPlot** z.B. im Quadrat ($|x| \le 3, |y| \le 3$) *grafisch darstellen:*

   In[5]:=**VectorPlot**[**v**[x,y], {x,-3,3}, {y,-3,3}]

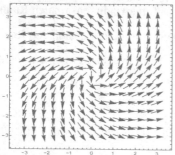

b) Betrachtung des dreidimensionalen Vektorfeldes

$$\mathbf{v}(x,y,z)= \frac{x}{\left(x^2+y^2+z^2\right)^{\frac{3}{2}}} \cdot \mathbf{i} + \frac{y}{\left(x^2+y^2+z^2\right)^{\frac{3}{2}}} \cdot \mathbf{j} + \frac{z}{\left(x^2+y^2+z^2\right)^{\frac{3}{2}}} \cdot \mathbf{k}$$

- Dieses Vektorfeld kann als Beispiel für ein elektrisches Feld angesehen werden, dass durch eine Punktladung im Nullpunkt erzeugt wird.

- Es kann durch die Vektorfunktion

    In[1]:= v[x_,y_,z_]={x/(x^2+y^2+z^2)^(3/2), y/(x^2+y^2+z^2)^(3/2),
                                          z/(x^2+y^2+z^2)^(3/2)};

    als eindimensionale Liste mit drei Elementen (dreidimensionaler Vektor) im Notebook von MATHEMATICA definiert werden:

    – Das Vektorfeld **v** lässt sich hiermit für konkrete Zahlenwerte folgendermaßen berechnen, so z.B. für x=1, y=2 und z=0:

    In[2]:= **v**[1, 2, 0]

    Out[2]= $\left\{ \dfrac{1}{5\sqrt{5}}, \dfrac{2}{5\sqrt{5}}, 0 \right\}$;

    – Die drei Komponenten des Vektorfeldes **v** werden folgendermaßen erhalten:

    In[3]:= **v**[x,y,z][[1]]

    Out[3]= $\dfrac{x}{(x^2+y^2+z^2)^{3/2}}$

    In[4]:= **v**[x,y,z][[2]]

    Out[4]= $\dfrac{y}{(x^2+y^2+z^2)^{3/2}}$

    In[5]:= **v**[x,y,z][[3]]

    Out[5]= $\dfrac{z}{(x^2+y^2+z^2)^{3/2}}$

- Das Vektorfeld **v**(x,y) lässt sich unter Verwendung der MATHEMATICA-Grafikfunktion **VectorPlot3D** z.B. im Würfel ($|x| \le 2, |y| \le 2, |z| \le 2$) *grafisch darstellen:*

    In[6]:=**VectorPlot3D**[v[x,y,z], {x, -2, 2}, {y, -2, 2}, {z, -2, 2}]

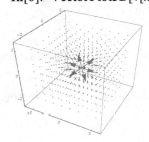

21.3 Gradient, Rotation und Divergenz

Die Differentialoperatoren **GRAD** (*Gradient*), **ROT** (*Rotation*) und DIV (*Divergenz*) spielen bei der Charakterisierung von Feldern eine grundlegende Rolle.

21.3.1 Eigenschaften

Auf mathematische und physikalische Interpretationen von Gradient, Rotation und Divergenz kann im Rahmen des Buches nicht ausführlich eingegangen werden.

Es werden nur folgende wichtige *Eigenschaften* vorgestellt:

- Der *Gradient* eines Skalarfeldes u(x,y,z) steht senkrecht auf den Niveaulinien bzw. -flächen von u(x,y,z) und zeigt in Richtung des *größten Zuwachses* von u(x,y,z).
- Die *Rotation* eines Vektorfeldes **v**(x,y,z) ist ein Maß für die *Wirbeldichte* des Feldes. Ist sie gleich 0, so ist das Vektorfeld wirbelfrei.
- Die *Divergenz* eines Vektorfeldes **v**(x,y,z) ist ein Maß für die *Quelldichte* des Feldes. Ist sie gleich 0, so ist das Vektorfeld quellenfrei.

Im Folgenden sind *Berechnungsformeln* für Gradient, Rotation und Divergenz zu sehen:

- Mittels Gradient **GRAD** wird einem Skalarfeld u(x,y,z) das Vektorfeld (*Gradientenfeld*)

$$\mathbf{GRAD}\,u(x,y,z) = \frac{\partial u(x,y,z)}{\partial x}\cdot\mathbf{i} + \frac{\partial u(x,y,z)}{\partial y}\cdot\mathbf{j} + \frac{\partial u(x,y,z)}{\partial z}\cdot\mathbf{k}$$

zugeordnet:

  - Voraussetzung für die Berechnung von Gradienten ist, dass u(x,y,z) partielle Ableitungen erster Ordnung besitzt.
  - Vektorfelder **v**(x,y,z) heißen *Potentialfelder*, wenn

  v(x,y,z)=**GRAD** u(x,y,z)

  gilt, d.h. sie sich als Gradientenfeld eines Skalarfeldes (ihres *Potentials*) u(x,y,z) darstellen lassen. In Anwendungen spielen Potentialfelder aufgrund ihrer Eigenschaften eine wichtige Rolle.

- Mittels Rotation **ROT** wird einem Vektorfeld

$$\mathbf{v}(x,y,z) = v_1(x,y,z)\cdot\mathbf{i} + v_2(x,y,z)\cdot\mathbf{j} + v_3(x,y,z)\cdot\mathbf{k}$$

das neue Vektorfeld

$$\mathbf{ROT}\,\mathbf{v}(x,y,z) = \begin{vmatrix} \mathbf{i} & \mathbf{j} & \mathbf{k} \\ \dfrac{\partial}{\partial x} & \dfrac{\partial}{\partial y} & \dfrac{\partial}{\partial z} \\ v_1 & v_2 & v_3 \end{vmatrix} = \left(\frac{\partial v_3}{\partial y} - \frac{\partial v_2}{\partial z}\right)\cdot\mathbf{i} + \left(\frac{\partial v_1}{\partial z} - \frac{\partial v_3}{\partial x}\right)\cdot\mathbf{j} + \left(\frac{\partial v_2}{\partial x} - \frac{\partial v_1}{\partial y}\right)\cdot\mathbf{k}$$

zugeordnet, falls die Komponenten $v_1(x,y,z)$, $v_2(x,y,z)$, $v_3(x,y,z)$ des Vektorfeldes **v**(x,y,z) partielle Ableitungen erster Ordnung besitzen:

  - Die Bedingung **ROT** **v**(x,y,z)=0 ist unter gewissen Voraussetzungen *notwendig* und *hinreichend* für die Existenz eines *Potentials*.

- Falls für ein Vektorfeld $\mathbf{v}(x,y,z)$ ein *Potential* $u(x,y,z)$ vorliegt, so gestaltet sich die Berechnung dieses Potential über die Integration der Beziehungen

$$\frac{\partial u}{\partial x} = v_1(x,y,z) \ , \quad \frac{\partial u}{\partial y} = v_2(x,y,z) \ , \quad \frac{\partial u}{\partial z} = v_3(x,y,z)$$

schwierig. MATHEMATICA kann hier helfen, wenn diese Integrationen im Rahmen der im Kap.19 gegebenen Möglichkeiten durchführbar sind.

- Mittels Divergenz **DIV** wird einem Vektorfeld

$\mathbf{v}(x,y,z) = v_1(x,y,z) \cdot \mathbf{i} + v_2(x,y,z) \cdot \mathbf{j} + v_3(x,y,z) \cdot \mathbf{k}$

das Skalarfeld

$$\text{DIV } \mathbf{v}(x,y,z) = \frac{\partial v_1(x,y,z)}{\partial x} + \frac{\partial v_2(x,y,z)}{\partial y} + \frac{\partial v_3(x,y,z)}{\partial z}$$

zugeordnet, falls die Komponenten $v_1(x,y,z)$, $v_2(x,y,z)$, $v_3(x,y,z)$ des Vektorfeldes $\mathbf{v}(x,y,z)$ partielle Ableitungen erster Ordnung besitzen.

21.3.2 Berechnung mit MATHEMATICA

MATHEMATICA bietet folgende Möglichkeiten zur Berechnung von *Gradient, Rotation* und *Divergenz:*

- *Gradient*

  GRAD $u(x,y,z)$

  für das Skalarfeld $u(x,y,z)$, das durch die Funktion

  In[1]:= u[x_,y_,z_]= ....

  im Notebook zu definieren oder direkt einzugeben ist.

  Berechnung des Gradientenfeldes mittels MATHEMATICA:

  In[2]:= **Grad**[u[x,y,z], {x,y,z}]

- *Rotation*

  ROT $\mathbf{v}(x,y,z)$

  für das Vektorfeld $\mathbf{v}(x,y,z)$

  $\mathbf{v}(x,y,z) = v1(x,y,z) \cdot \mathbf{i} + v2(x,y,z) \cdot \mathbf{j} + v3(x,y,z) \cdot \mathbf{k}$

  das durch die Vektorfunktion

  In[3]:= v[x_,y_,z_] ={v1(x,y,z), v2(x,y,z), v3(x,y,z)}

  im Notebook zu definieren oder direkt einzugeben ist.

  Berechnung des Rotationsfeldes mittels MATHEMATICA:

  In[4]:= **Curl**[v[x,y,z], {x, y, z}]

- *Divergenz*

  DIV $\mathbf{v}(x,y,z)$

  für das Vektorfeld $\mathbf{v}(x,y,z)$

$v(x,y,z)=v1(x,y,z)\cdot\mathbf{i} + v2(x,y,z)\cdot\mathbf{j} + v3(x,y,z)\cdot\mathbf{k}$

das durch die Vektorfunktion

In[5]:= **v**[x_,y_,z_] ={v1(x,y,z), v2(x,y,z), v3(x,y,z)}

im Notebook zu definieren oder direkt einzugeben ist.
Berechnung der Divergenz mittels MATHEMATICA:

In[6]:= **Div**[**v**[x,y,z], {x,y,z}]

Beispiel 21.2:

Illustration exakter Berechnungen von Gradient, Rotation und Divergenz mittels MAT-HEMATICA:

a) Berechnung des Gradientenfeldes

   GRAD $u(x,y,z) = y\cdot z\cdot\mathbf{i} + x\cdot z\cdot\mathbf{j} + x\cdot y\cdot\mathbf{k}$

   für das Skalarfeld

   $u(x,y,z) = x\cdot y\cdot z$

   das durch die Funktion

   In[1]:= u[x_,y_,z_]= x*y*z ;

   im Notebook definiert ist oder direkt eingegeben wird:

   In[2]:= **Grad**[u[x,y,z], {x, y, z}]

   Out[2]= {y z, x z, x y}

b) Berechnung der Rotation

   ROT **v**(x,y,z)

   für das Vektorfeld

   $v(x,y,z) = z\cdot(2+y)\cdot\mathbf{i} + x\cdot(1+z)\cdot\mathbf{j} + x\cdot y\cdot z\cdot\mathbf{k}$

   das durch die Vektorfunktion

   In[3]:= **v**[x_,y_,z_] ={z*(2+y), x*(1+z), x*y*z}

   im Notebook definiert ist oder direkt eingegeben wird:

   In[4]:= **Curl**[**v**[x,y,z], {x, y, z}]

   Out[4]= {-x+xz, 2+y-yz, 1}

c) Berechnung der Divergenz

   DIV **v**(x,y,z)

   für das Vektorfeld **v**(x,y,z) aus Beisp.b:

   In[5]:= **Div**[**v**[x,y,z], {x, y, z}]

   Out[5]= x y

   ◆

21.4 Berechnung von Kurven- und Oberflächenintegralen mit MATHEMATICA

Ein weiterer Gegenstand der Vektoranalysis ist die Berechnung von *Kurven-* und *Oberflächenintegralen:*

- Hierfür sind keine Funktionen integriert (vordefiniert), so dass MATHEMATICA auf diesem Gebiet noch verbesserungsfähig ist.
- Derartige Integrale können nur mit MATHEMATICA berechnet werden, wenn sie vorher per Hand unter Verwendung der Berechnungsformeln auf einfache bzw. zweifache Integrale zurückgeführt werden. Anschließend lassen sich die MATHEMATICA-Funktionen zur Integration aus Kap.19 einsetzen.

Beispiel 21.3:

Illustration der Berechnung von Kurven- und Oberflächenintegralen mittels MATHEMATICA:

a) Berechnung des Kurvenintegrals

$$\int_C 2 \cdot x \cdot y \ dx + (x\text{-}y) \ dy + y \cdot z \ dz$$

längs der Geraden C zwischen den Punkten (0,0,0) und (2,4,3):

- Physikalisch liefert das Integral die *geleistete Arbeit*, wenn sich im Vektorfeld

  $\mathbf{v}(x,y,z)=2 \cdot x \cdot y \cdot \mathbf{i}+(x\text{-}y) \cdot \mathbf{j}+y \cdot z \cdot \mathbf{k}$

  längs des *Geradenstücks* in Parameterdarstellung $x(t)=2 \cdot t$, $y(t)=4 \cdot t$, $z(t)=3 \cdot t$ $(0 \le t \le 1)$ zwischen den beiden Punkten (0,0,0) und (2,4,3) bewegt wird.
- Nach der Berechnungsformel für Kurvenintegrale ist die Parameterdarstellung der Geraden in das Kurvenintegral einzusetzen, so dass sich das bestimmte Integral

  $$\int_0^1 (2 \cdot 2 \cdot t \cdot 4 \cdot t \cdot 2 + (2 \cdot t \text{-} 4 \cdot t) \cdot 4 + 4 \cdot t \cdot 3 \cdot t \cdot 3) \ dt = \int_0^1 (68 \cdot t^2 \text{-} 8 \cdot t) \ dt$$

  ergibt, das MATHEMATICA mittels **Integrate** problemlos berechnet:

  In[1]:= Integrate[68*t^2-8*t, {t,0,1}]

  $$\mathbf{Out[1]=} \ \frac{56}{3}$$

b) Berechnung eines Oberflächenintegrals:

- Es ist der *Flächeninhalt* der *Kegelfläche* K gesucht, der zwischen den Ebenen z=0 und z=1 liegt, wobei K durch $z = \sqrt{x^2 + y^2}$ beschrieben wird.
- Der Flächeninhalt ist durch folgendes Oberflächenintegral erster Art gegeben, das durch die Berechnungsformel auf ein zweifaches Integral zurückgeführt wird:

  $$\iint_K dS = \int_{-1}^{1} \int_{-\sqrt{1-x^2}}^{\sqrt{1-x^2}} \sqrt{1 + z_x^2 + z_y^2} \ dy \, dx = \int_{-1}^{1} \int_{-\sqrt{1-x^2}}^{\sqrt{1-x^2}} \sqrt{2} \ dy \, dx = \pi \cdot \sqrt{2}$$

- MATHEMATICA berechnet mittels **Integrate** das anfallende zweifache Integral problemlos:

In[1]:= **Integrate[Integrate[Sqrt[2], {y, -Sqrt[1-x^2], Sqrt[1-x^2]}], {x,-1,1}]**

Out[1]= $\sqrt{2}\,\pi$

♦

22 Differenzengleichungen und Differentialgleichungen

22.1 Einführung

Differenzengleichungen und *Differentialgleichungen* spielen eine grundlegende Rolle in Technik, Naturwissenschaften und auch in einigen Gebieten der Wirtschaftswissenschaften, da sich zahlreiche technische Prozesse, Natur- und Ökonomiegesetze wie z.B. Wachstums-, Wellen-, Schwingungs-, Wärmeleitungs- und Diffusionsvorgänge, elektrische und magnetische Felder, Probleme der Hydrodynamik durch sie mathematisch modellieren lassen.

Eine wichtige Anwendung finden sie in allen Wissenschaften bei *dynamischen* (d.h. zeitabhängigen) *Vorgängen*, die auch *Prozesse* heißen. Werden derartige Prozesse *diskret/diskontinuierlich* betrachtet (d.h. diskrete Prozesse), liefert die mathematische Modellierung Differenzengleichungen (siehe Abschn.22.2) im Gegensatz zur *kontinuierlichen/stetigen* Betrachtungsweise (d.h. stetige Prozesse), bei der sich Differentialgleichungen (siehe Abschn.22.3-22.5) ergeben.

Wenn bei praktischen Problemen von der *diskreten/diskontinuierlichen* Betrachtungsweise zur *stetigen/kontinuierlichen* übergegangen wird, gehen beschreibende Differenzengleichungen in Differentialgleichungen (siehe Beisp.22.1) über.

Umgekehrt ergeben sich Differenzengleichungen aus Differentialgleichungen durch *Diskretisierung*, so dass sie sich auch als diskrete Versionen von Differentialgleichungen ansehen lassen (siehe Beisp.22.1b).

Aus diesen Sachverhalten erklärt sich der enge *Zusammenhang* der *Lösungstheorien* für beide Arten von Gleichungen.

Beispiel 22.1:

Illustration des Zusammenhangs zwischen Differenzen- und Differentialgleichungen:

a) Im folgenden konkreten Beispiel ist zu sehen, wie sich eine Differenzengleichung in eine Differentialgleichung transformiert, wenn von der diskreten/diskontinuierlichen Betrachtungsweise zur stetigen/kontinuierlichen übergegangen wird:

- Dividiert man die Differenzengleichung

$$y_t - y_{t-1} = a \cdot y_t \qquad \text{durch} \qquad \Delta t = t - (t-1) = 1,$$

so ergibt sich

$$\frac{y_t - y_{t-1}}{\Delta t} = a \cdot y_t$$

- Betrachtet man abschließend Δt als stetig veränderbar und lässt es gegen Null gehen, so ergibt sich die lineare Differentialgleichung (Wachstumsdifferentialgleichung)

$$y'(t) = a \cdot y(t)$$

erster Ordnung für ein stetiges Wachstumsmodell.

b) Nachdem Beisp.a die Überführung einer Differenzengleichung in eine Differentialgleichung illustriert, ist im Folgenden die umgekehrte Richtung zu sehen, d.h. die Überführung einer Differentialgleichung in eine Differenzengleichung:

Ein Klasse numerischer Methoden zur Lösung von Differentialgleichungen führt diese näherungsweise auf Differenzengleichungen zurück:

- Die in Differentialgleichungen auftretenden Ableitungen (Differentialquotienten) werden durch Differenzenquotienten ersetzt. Derartige Methoden heißen *Differenzenmethoden.*

- Die Anwendung von Differenzenmethoden ist weitverbreitet, da sich die entstehenden Differenzengleichungen einfacher lösen lassen. Ein Einblick in diese Problematik gibt Abschn.22.4.5.

- Im Folgenden geben wir eine erste Illustration für Differenzenmethoden, indem wir die Wachstumsdifferentialgleichung aus Beisp.a

$$y'(t) = a \cdot y(t) \qquad \text{mit Anfangsbedingung} \qquad y(0) = y_0$$

betrachten, in der a eine beliebige reelle Konstante darstellt:

- Diese lineare Differentialgleichung erster Ordnung mit konstanten Koeffizienten besitzt folgende exakte Lösung:

$$y(t) = y_0 \cdot e^{a \cdot t}$$

- Indem man die erste Ableitung aus der Differentialgleichung näherungsweise durch den ersten Differenzenquotienten mit $\Delta t = 1$ ersetzt, d.h.

$$y'(t) \approx \frac{y_t - y_{t-1}}{1} = \Delta y_t = y_t - y_{t-1}$$

ergibt sich für $a \neq 1$ folgende Differenzengleichung erster Ordnung:

$$y_t - y_{t-1} = a \cdot y_t \qquad \text{bzw. nach Umformung} \qquad (1-a) \cdot y_t = y_{t-1}$$

die folgende Lösung hat

$$y_t = y_0 \cdot \left(\frac{1}{1-a} \right)^t$$

◆

22.2 Differenzengleichungen

Wenn praktische Probleme (z.B. Prozesse) nur zu bestimmten Zeitpunkten betrachtet werden (*diskrete/diskontinuierliche* Betrachtungsweise), ergeben sich *Differenzengleichungen* bei der mathematischen Modellierung (siehe Abschn.22.1), so z.B. in der Technik bei der Untersuchung elektrischer Netzwerke und in der Signalverarbeitung und in den Wirtschaftswissenschaften bei Wachstums- und Konjunkturuntersuchungen.

22.2.1 Problemstellung

Differenzengleichungen werden auch als Rekursionsgleichungen (Rekursionsformeln) bezeichnet, da sie Zahlenfolgen rekursiv definieren, wie bei folgender allgemeiner *Differenzengleichung* m-ter Ordnung zu sehen ist:

$$y(n+m) = f(y(n+m-1), y(n+m-2), ..., y(n)) \qquad \text{(m gegebene ganze Zahl} \geq 1 \text{ ; n=0,1,2,...)}$$

Hier ist jedes Glied y(n+m) der Folge eine Funktion der vorangehenden m Glieder. Bei Vorgabe von m Anfangswerten $y(0)$, $y(1)$,..., $y(m-1)$ berechnen sich $y(m)$, $y(m+1)$, ... aus

$$y(m) = f(y(m-1), y(m-2), ..., y(0)) \; , \quad y(m+1) = f(y(m), y(m-1), ..., y(1)) \; , ...$$

➤ **Bemerkung**

Es gibt noch eine weitere *Schreibweise* für Differenzengleichungen:

$$y_{n+m} = f(y_{n+m-1}, y_{n+m-2}, ..., y_n)$$

Diese im Buch verwendete Schreibweise für Differenzengleichungen wird als *Indexschreibweise* oder *datierte Form* bezeichnet. In der Literatur gibt es eine weitere als *Differenzenform* bezeichnete Schreibweise, die Differenzen erster, zweiter, ... Ordnung der Form

$$\Delta y_t = y_t - y_{t-1} \; , \quad \Delta^2 y_t = \Delta y_t - \Delta y_{t-1} = y_t - y_{t-1} - y_{t-1} + y_{t-2} = y_t - 2 \cdot y_{t-1} + y_{t-2} \; , ...$$

einsetzt:

– Die unterschiedlichen Schreibweisen haben keinen Einfluss auf die Lösungstheorie, sondern liefern nur verschiedene Darstellungen für Differenzengleichungen.
– Man kann eine in Differenzenform gegebene Differenzengleichung unmittelbar durch Einsetzen der Differenzen in die im Buch angewandte datierte Form (Indexschreibweise) umwandeln, wie Beisp.22.2b illustriert.

◆

Beispiel 22.2:

Illustration der verschiedenen Darstellungsmöglichkeiten für Differenzengleichungen:

a) Die Differenzengleichung zweiter Ordnung in *Indexschreibweise*

$$y_t - d \cdot y_{t-1} + c \cdot y_{t-2} = b \qquad \text{(t=2, 3, 4,...)}$$

lässt sich durch Transformation der diskreten Variablen t offensichtlich in der analogen Form

$$y_{t+2} - d \cdot y_{t+1} + c \cdot y_t = b \qquad \text{(t=0, 1, 2,...)}$$

schreiben und umgekehrt, d.h. beide Formen sind äquivalent.

b) Die in *Differenzenform* vorliegende Differenzengleichung zweiter Ordnung

$$\Delta^2 y_t - 3 \cdot \Delta y_t + y_t = 2$$

lässt sich durch Einsetzen der Formeln für die Differenzen erster und zweiter Ordnung

$$\Delta y_t = y_t - y_{t-1} \quad , \quad \Delta^2 y_t = y_t - 2 \cdot y_{t-1} + y_{t-2}$$

ohne Schwierigkeiten in folgende Differenzengleichung zweiter Ordnung in Indexschreibweise

$$y_t - 2 \cdot y_{t-1} + y_{t-2} - 3 \cdot (y_t - y_{t-1}) + y_t = 2$$

überführen, die sich durch Zusammenfassungen in folgender Form schreibt:

$$-y_t + y_{t-1} + y_{t-2} = 2$$

♦

22.2.2 Lineare Differenzengleichungen

Ebenso wie für algebraische Gleichungen und Differentialgleichungen existiert eine umfangreiche und aussagekräftige Theorie für Differenzengleichungen nur, wenn sie *linear* sind.

Deshalb gehen wir im Folgenden ausführlicher auf lineare Differenzengleichung ein.

Lineare Differenzengleichungen m-ter Ordnung haben die Form (n=0,1,2,...)

$$y(n+m) + a_1(n) \cdot y(n+m-1) + a_2(n) \cdot y(n+m-2) + \ldots + a_m(n) \cdot y(n) = b(n)$$

bzw. in *Indexschreibweise*

$$y_{n+m} + a_1(n) \cdot y_{n+m-1} + a_2(n) \cdot y_{n+m-2} + \ldots + a_m(n) \cdot y_n = b_n$$

wobei die auftretenden *Größen* folgende *Bedeutung* haben:

– m gegebene ganze Zahl ≥ 1

– $a_1(n)$, $a_2(n)$, ... , $a_m(n)$

   gegebene reelle Koeffizienten als Funktionen von n. Sind alle Koeffizienten konstant, d.h. hängen nicht von n ab, so spricht man von linearen Differenzengleichungen mit *konstanten Koeffizienten*.

– $\{b(n)\}$ bzw. $\{b_n\}$

   Folge der gegebenen rechten S*eiten*.
   Sind alle Glieder $b(n)$ bzw. b_n der Folge gleich Null, so heißt die Differenzengleichung *homogen*, ansonsten *inhomogen*.

– $\{y(n)\}$ bzw. $\{y_n\}$

   Folge der gesuchten *Lösungen* (Lösungsfolge).

– Statt des *Index* n verwenden wir den *Index* t, wenn es sich um die *Zeit* handelt.

Im Folgenden werden wichtige Eigenschaften linearer Differenzengleichungen m-ter Ordnung zum besseren Verständnis der Problematik vorgestellt.

Lineare Differenzengleichungen m-ter Ordnung haben analoge Eigenschaften wie lineare algebraische Gleichungen und Differentialgleichungen und eine umfangreiche und aussagekräftige Theorie, die folgendermaßen *charakterisiert* ist:

• Jede lineare Differenzengleichung m-ter Ordnung ist *lösbar*. Die allgemeine Lösung hängt von m frei wählbaren reellen Konstanten ab.

• Für lineare Differenzengleichungen m-ter Ordnung lassen sich *Anfangswerte* für

   $y(0), y(1), ..., y(m-1)$ bzw. $y_0, y_1, ..., y_{m-1}$

   vorgeben. Damit sind die weiteren Glieder

y(m), y(m+1) , y(m+2) , ...   bzw. y_m, y_{m+1}, y_{m+2}, ...

der *Lösungsfolge* {y(n)} bzw. $\{y_n\}$ eindeutig bestimmt.

Man spricht bei Vorgabe von Anfangswerten von *Anfangswertaufgaben*.

- Die *allgemeine Lösung* inhomogener Differenzengleichungen ergibt sich als Summe aus allgemeiner Lösung der homogenen und spezieller Lösung der inhomogenen.

- Um *Lösungen* zu erhalten, werden gleiche Methoden wie bei linearen Differential-gleichungen angewandt, d.h. Ansatzmethoden oder Variation der Konstanten.

- Wir betrachten nur folgende *Ansatzmethode*, für die wir als Index t verwenden:
  Lösungen homogener linearer Differenzengleichungen m-ter Ordnung mit konstanten Koeffizienten lassen sich mittels des *Ansatzes*

  $$y_t = \lambda^t \qquad\qquad (t=m, m+1,...)$$

  mit frei wählbarem Parameter λ berechnen, der durch Einsetzen in die Differenzenglei-chung das *charakteristische Polynom* m-ten Grades

  $$P_m(\lambda) = \lambda^m + a_1 \cdot \lambda^{m-1} + a_2 \cdot \lambda^{m-2} + ... + a_{m-1} \cdot \lambda + a_m$$

  liefert, dessen Nullstellen zu bestimmen sind:

  – Der einfachste Fall liegt vor, wenn das charakteristische Polynom m paarweise ver-schiedene reelle Nullstellen
  $$\lambda_1, \lambda_2,..., \lambda_m$$
  besitzt. In diesem Fall lautet die *allgemeine Lösung* (C_i - frei wählbare reelle Kon-stanten) der Differenzengleichung:
  $$y_t = C_1 \cdot \lambda_1^t + C_2 \cdot \lambda_2^t + C_3 \cdot \lambda_3^t + ... + C_m \cdot \lambda_m^t$$

  – Zur Lösungskonstruktion bei mehrfachen reellen bzw. komplexen Nullstellen des charakteristischen Polynoms wird auf Lehrbücher verwiesen.

- Die *Konvergenz* der *Lösungsfolge* einer linearen Differenzengleichung hängt von den Werten der Nullstellen des charakteristischen Polynoms ab. Diesbezüglich wird auf Lehrbücher verwiesen.

  ◆

22.2.3 Lösungsberechnung mit MATHEMATICA

MATHEMATICA bietet Lösungsmöglichkeiten für *lineare Differenzengleichungen* mit *konstanten Koeffizienten:*

- Es können die Nullstellen des charakteristischen Polynoms exakt oder numerisch (nähe-rungsweise) bestimmt werden, wozu die MATHEMATICA-Funktionen **Solve** bzw. **NSolve** einsetzbar sind.

- Es lässt sich die *z-Transformation* anwenden (siehe Abschn.23.3.3 und Beisp.23.2).

- Die Lösungsberechnung für lineare Differenzengleichungen mit konstanten Koeffizien-ten stößt bei praktischen Problemen auch für MATHEMATICA an Grenzen:
  Es ist nicht immer leicht, mittels der MATHEMATICA-Funktionen **Solve** bzw. **NSolve** alle Nullstellen des zugehörigen charakteristischen Polynoms zu bestimmen.

- Auch die Anwendung von MATHEMATICA zur *z-Transformation* kann nicht immer Lösungen berechnen.

Eine *Lösungsberechnung* für allgemeine nichtlineare Differenzengleichungen in expliziter Form mit Index t

$$y_t = f\left(y_{t-1}, y_{t-2}, ..., y_{t-m}, t \right) \qquad\qquad (t=m,\ m+1,\ m+2,...)$$

besteht bei Vorgabe von Anfangswerten

$$y_0, y_1, ..., y_{m-1}$$

darin, mittels MATHEMATICA weitere aufeinanderfolgende *Glieder*

$$y_m, y_{m+1}, ...$$

der *Lösungsfolge* wie folgt aus der Differenzengleichung zu *berechnen:*

$$y_m = f\left(y_{m-1}, y_{m-2}, ..., y_0, t \right),\ y_{m+1} = f\left(y_m, y_{m-1}, ..., y_1, t \right), ...$$

♦

22.3 Differentialgleichungen

Differentialgleichungen (Abkürzung: Dgl) spielen eine grundlegende Rolle in Technik und Naturwissenschaften, da sich zahlreiche technische Probleme und Naturgesetze durch sie mathematisch modellieren lassen. Eine Anwendung findet man im Beisp.22.3.

Inzwischen gibt es auch zahlreiche Anwendungen von Dgl in den Wirtschaftswissenschaften.

♦

22.3.1 Problemstellung

Da Dgl für Ingenieure, Naturwissenschaftler von grundlegender Bedeutung sind, wird in diesem Abschnitt ein Einblick gegeben, wobei die Anwendung von MATHEMATICA im Vordergrund steht:

- *Gewöhnliche Dgl* und als Spezialfall lineare gewöhnliche Dgl werden vorgestellt.
- Der Einsatz von MATHEMATICA zur exakten und numerischen Lösung gewöhnlicher Dgl wird beschrieben.
- Da Dgl ein sehr umfangreiches Gebiet bilden, kann nicht auf einzelne Details eingegangen werden.

Dgl sind folgendermaßen *charakterisiert:*

- Sie sind *Gleichungen*, in denen *unbekannte Funktionen* und deren *Ableitungen* vorkommen. Diese unbekannten Funktionen sind so zu bestimmen, dass die Dgl identisch erfüllt ist. Man spricht von *Lösungsfunktionen* und unterscheidet zwischen

– *allgemeinen Lösungsfunktionen:* enthalten alle möglichen Lösungsfunktionen.

– *speziellen Lösungsfunktionen:* erfüllen vorgegebene Bedingungen.

- Es ist zwischen *gewöhnlichen* und *partiellen* Dgl zu unterscheiden, bei denen die Lösungsfunktionen von einer bzw. mehreren Variablen abhängen.

- Die *Ordnung* wird von der höchsten auftretenden Ableitung bestimmt.

- Wie für alle Gleichungen ist auch für Dgl die Frage nach *Existenz* von *Lösungsfunktionen* und ihre *Berechnung* eine wichtige Problematik:

    – Da Dgl Gleichungen in Funktionenräumen sind, ist die Beantwortung dieser Frage kompliziert.

    – Unter einer Reihe von Voraussetzungen lassen sich Existenzaussagen für gewisse Dgl-Typen beweisen und Lösungsfunktionen angeben. Im Buch wird die Existenz von Lösungsfunktionen vorausgesetzt.

- Ebenso wie für algebraische Gleichungen und Differenzengleichungen existiert nur eine aussagekräftige und umfangreiche *Lösungstheorie* für Dgl, wenn sie *linear* sind. Nur für spezielle nichtlineare Dgl gibt es Aussagen zu Eigenschaften und Berechnung von Lösungsfunktionen.

    ◆

Beispiel 22.3:

Illustration der Dgl-Problematik an einem praktischen Beispiel aus der Physik, wobei die Variable x durch t ersetzt wird, da es sich um die Zeit handelt:

- Betrachtung eines harmonischen Oszillators:

    – Die Anwendung des *Newtonschen Kraftgesetzes*

    Kraft=Masse×Beschleunigung und des *Hookeschen Gesetzes*

    liefert folgende Dgl 2.Ordnung für die Auslenkung (Schwingung) y(t) einer Feder mit angehängter Masse m (*harmonischer Oszillator*):

    $$y''(t) = -\frac{k}{m} \cdot y(t) - g \qquad \text{(k - Federkonstante , g - Erdbeschleunigung)}$$

    – Die Dgl des harmonischen Oszillators gehört zur Klasse der *Schwingungsgleichungen*

    $$y''(t) + a \cdot y'(t) + b \cdot y(t) = f(t) \qquad \text{(a , b - konstante Koeffizienten)}$$

    Wenn Auslenkung y(0) und Geschwindigkeit y'(0) zum Zeitpunkt t=0 bekannt sind, ist für Schwingungsgleichungen ein Anfangswertproblem (siehe Abschn.22.4.2) zu lösen.

- Analoge Dgl werden bei analytischen Untersuchungen für *elektrische RLC-Schwingkreise* erhalten.

- Für *homogene Schwingungsgleichungen* (d.h. f(t)≡0) liegen in Abhängigkeit von den Koeffizienten a und b drei verschiedene Fälle vor:

    – *aperiodischer Grenzfall*, wenn gilt $\qquad\qquad\qquad a^2 = 4 \cdot b$

    – *Schwingfall* (schwache Dämpfung), wenn gilt $\qquad a^2 < 4 \cdot b$

    – *Kriechfall* (starke Dämpfung), wenn gilt $\qquad\quad a^2 > 4 \cdot b$

22.3.2 Lösungsberechnung mit MATHEMATICA

In MATHEMATICA sind die Funktionen **DSolve** und **NDSolve** zur exakten bzw. numerischen Berechnung von Lösungsfunktionen für Dgl integriert (vordefiniert), die in den Abschn.22.4.4 bzw. 22.4.5 vorgestellt und an Beispielen illustriert werden.

22.4 Gewöhnliche Differentialgleichungen

Bei gewöhnlichen Dgl hängen auftretende Funktionen nur von einer Variablen ab, die häufig mit x, aber auch mit t bezeichnet ist, wenn es sich um die Zeit handelt.

22.4.1 Problemstellung

Gewöhnliche Dgl sind folgendermaßen *charakterisiert:*

- Die *Ordnung* wird von der höchsten auftretenden Ableitung bestimmt.
- Eine allgemeine gewöhnliche Dgl n-ter Ordnung hat die (explizite) Form

    $$y^{(n)}(x) = f(x, y(x), y'(x), ..., y^{(n-1)}(x)) \quad \text{(f beliebige reelle Funktion)}$$

    mit einer Lösungsfunktion y(x), die für ein Lösungsintervall $[x_0, x_1]$ gesucht ist.

Es ist zwischen einer Dgl und einem System von Dgl (*Dgl-System*) zu unterscheiden, bei dem mehrere Dgl und Lösungsfunktionen auftreten:

- Ein allgemeines gewöhnliches Dgl-System 1.Ordnung mit n Gleichungen hat die Form

    $$y_1'(x) \quad = f_1(x, y_1(x), y_2(x), ..., y_n(x))$$
    $$y_2'(x) \quad = f_2(x, y_1(x), y_2(x), ..., y_n(x))$$
    $$\vdots$$
    $$y_n'(x) \quad = f_n(x, y_1(x), y_2(x), ..., y_n(x))$$

    in *Matrixschreibweise* $\mathbf{y}'(x) = \mathbf{f}(x, \mathbf{y}(x))$

    mit n Lösungsfunktionen

    $$y_1(x), y_2(x), ..., y_n(x),$$

    die für ein Lösungsintervall

    $$[x_0, x_1]$$

    gesucht sind.

- Jede gewöhnliche Dgl n-ter Ordnung

    $$y^{(n)}(x) = f(x, y(x), y'(x), ..., y^{(n-1)}(x))$$

    lässt sich in ein gewöhnliches Dgl-System 1.Ordnung umformen:

    – Durch Setzen von

    $$y(x) = y_1(x), y'(x) = y_1'(x) = y_2(x), y''(x) = y_1''(x) = y_2'(x) = y_3(x), ..., y_{n-1}'(x) = y_n(x)$$

    ergibt sich für die Lösungsfunktionen

    $$y_1(x), y_2(x), ..., y_n(x)$$

folgendes Dgl-System 1.Ordnung:

$$y_1'(x) = y_2(x)$$
$$y_2'(x) = y_3(x)$$
$$\vdots$$
$$y_{n-1}'(x) = y_n(x)$$
$$y_n'(x) = f(x, y_1(x), y_2(x), ..., y_n(x))$$

- Eine Illustration dieser Umformung wird im Beisp.22.4d gegeben.
♦

22.4.2 Anfangs-und Randwertprobleme

Bei praktischen Anwendungen werden meistens nicht allgemeine Lösungsfunktionen von Dgl gesucht, sondern *Lösungsfunktionen*, die gegebene *Bedingungen* erfüllen:

- Bei *Anfangswertproblemen* für Dgl sind Bedingungen für Lösungsfunktionen und ihre Ableitungen nur für einen Wert der unabhängigen Variablen x im Lösungsintervall $[x_0, x_1]$ vorgegeben, die als Anfangsbedingungen bezeichnet werden:
  - Für Dgl n-ter Ordnung

  $$y^{(n)}(x) = f(x, y(x), y'(x), ..., y^{(n-1)}(x))$$

  bedeuten *Anfangsbedingungen*, dass n Bedingungen für Lösungsfunktionen und ihre Ableitungen für ein x im Lösungsintervall $[x_0, x_1]$ gegeben sind, wofür häufig der Anfangspunkt x_0 des Lösungsintervalls $[x_0, x_1]$ auftritt, d.h.

  $$y(x_0) = y_1^0, y'(x_0) = y_2^0, ..., y^{(n-1)}(x_0) = y_n^0$$

  mit vorgegebenen Anfangswerten

  $$y_1^0, y_2^0, ..., y_n^0$$

  - Für allgemeine Dgl-Systeme 1.Ordnung mit n Gleichungen

  $$y_1'(x) = f_1(x, y_1(x), y_2(x), ..., y_n(x))$$
  $$y_2'(x) = f_2(x, y_1(x), y_2(x), ..., y_n(x))$$
  $$\vdots$$
  $$y_n'(x) = f_n(x, y_1(x), y_2(x), ..., y_n(x))$$

  und in Matrixschreibweise

  $$\mathbf{y}'(x) = \mathbf{f}(x, \mathbf{y}(x))$$

  können *Anfangsbedingungen* die Form

  $$y_1(x_0) = y_1^0, y_2(x_0) = y_2^0, ..., y_n(x_0) = y_n^0 \quad \text{in Matrixschreibweise} \quad \mathbf{y}(x_0) = \mathbf{y}^0$$

  haben, wobei $\mathbf{y}(x)$ (Lösungsfunktionen), $\mathbf{y}^0$ (Anfangswerte) und $\mathbf{f}(x, \mathbf{y}(x))$ folgende n-dimensionale Vektoren bezeichnen:

$$\mathbf{y}(x) = \begin{pmatrix} y_1(x) \\ y_2(x) \\ \vdots \\ y_n(x) \end{pmatrix} \quad , \quad \mathbf{y}^0 = \begin{pmatrix} y_1^0 \\ y_2^0 \\ \vdots \\ y_n^0 \end{pmatrix} \quad \text{bzw.} \quad \mathbf{f}(x, \mathbf{y}(x)) = \begin{pmatrix} f_1(x, \mathbf{y}(x)) \\ f_2(x, \mathbf{y}(x)) \\ \vdots \\ f_n(x, \mathbf{y}(x)) \end{pmatrix}$$

- Anfangswertprobleme besitzen im Unterschied zu Randwertproblemen unter schwachen Voraussetzungen eindeutige Lösungsfunktionen, so dass für praktische Probleme bei der Lösbarkeit kaum Schwierigkeiten auftreten.

- *Randwertprobleme* treten auf, wenn Bedingungen für Lösungsfunktionen und ihre Ableitungen für mehrere Werte von x im Lösungsintervall $[x_0, x_1]$ vorgegeben sind. Diese Bedingungen werden als *Randbedingungen* bezeichnet:

  - Häufig sind Randbedingungen für zwei x-Werte gegeben, wofür oft die beiden Endpunkte x_0 und x_1 des Lösungsintervalls $[x_0, x_1]$ auftreten. Derartige Randbedingungen heißen *Zweipunkt-Randbedingungen*, die für allgemeine Dgl-Systeme 1.Ordnung

    $$\mathbf{y'}(x) = \mathbf{f}(x, \mathbf{y}(x))$$

    in *Matrixschreibweise* die Form

    $$\mathbf{g}(\mathbf{y}(x_0), \mathbf{y}(x_1)) = \mathbf{0}$$

    haben, in der $\mathbf{g}(\mathbf{y}(x_0), \mathbf{y}(x_1))$ folgenden Vektor bezeichnet:

    $$\mathbf{g}(\mathbf{y}(x_0), \mathbf{y}(x_1)) = \begin{pmatrix} g_1(\mathbf{y}(x_0), \mathbf{y}(x_1)) \\ g_2(\mathbf{y}(x_0), \mathbf{y}(x_1)) \\ \vdots \\ g_n(\mathbf{y}(x_0), \mathbf{y}(x_1)) \end{pmatrix}$$

  - Bei Randwertproblemen gestaltet sich der Nachweis für die Existenz von Lösungsfunktionen wesentlich schwieriger als bei Anfangswertproblemen. Hier kann schon für einfache Probleme keine Lösung existieren, wie Beisp.22.4g illustriert.

Anfangs- und *Randwertprobleme* lassen sich durch Einsetzen der Anfangs- bzw. Randbedingungen in die allgemeine Lösungsfunktion berechnen. Da allgemeine Lösungsfunktionen nur für Spezialfälle einfach zu bestimmen sind, werden Anfangs- und Randwertprobleme meistens direkt berechnet (siehe Beisp.22.4).

◆

22.4.3 Lineare Differentialgleichungen

Lineare gewöhnliche Dgl n-ter Ordnung schreiben sich in der Form

$$a_n(x) \cdot y^{(n)}(x) + a_{n-1}(x) \cdot y^{(n-1)}(x) + \ldots + a_1(x) \cdot y'(x) + a_0(x) \cdot y(x) = f(x)$$

in der die auftretenden Größen folgende Bedeutung haben:

$a_k(x)$ gegebene stetige reelle Koeffizientenfunktionen $(k=1,2,...,n)$.

$f(x)$ gegebene stetige reelle Funktion der rechten Seite.

$y(x)$ gesuchte reelle Lösungsfunktion.

Falls $f(x)$ identisch gleich Null ist, so heißen die Dgl *homogen*, ansonsten *inhomogen*.

Für lineare Dgl n-ter Ordnung existiert eine aussagekräftige *Lösungstheorie*, die für Lösungsfunktionen u.a. folgende Aussagen liefert:

- Allgemeine Lösungsfunktionen hängen von n frei wählbaren reellen *Konstanten* ab.

- Die *allgemeine Lösungsfunktion* inhomogener Dgl ergibt sich als Summe aus allgemeiner Lösungsfunktion der zugehörigen homogenen und spezieller Lösungsfunktion der inhomogenen Dgl.

- Wenn die Koeffizientenfunktionen $a_k(x)$ eine der *Bedingungen*

  – $a_k(x) = a_k =$ konstant (Dgl mit konstanten Koeffizienten)

  – $a_k(x) = b_k \cdot x^k$ ($b_k =$ konstant, Euler-Cauchysche Dgl)

  erfüllen, so führen *Ansatzmethoden* zur Konstruktion von Lösungsfunktionen für die homogene Dgl zum Ziel.

- Ansatzmethode für Dgl mit konstanten Koeffizienten:
  Der *Ansatz*

  $$y(x) = e^{\lambda \cdot x}$$

  mit dem Parameter λ liefert Folgendes:
  Durch Einsetzen in die Dgl ergibt sich die *charakteristische Polynomgleichung* (charakteristische Gleichung)

  $$a_n \cdot \lambda^n + a_{n-1} \cdot \lambda^{n-1} +...+ a_1 \cdot \lambda + a_0 = 0$$

  n-ten Grades in λ:

  – Der einfachste Fall liegt vor, wenn die charakteristische Polynomgleichung n paarweise verschiedene reelle Lösungen $\lambda_1, \lambda_2,...,\lambda_n$ besitzt:

    Hierfür hat die *allgemeine Lösungsfunktion* der homogenen Dgl die Form

    $$y(x) = c_1 \cdot e^{\lambda_1 \cdot x} + c_2 \cdot e^{\lambda_2 \cdot x} +...+ c_n \cdot e^{\lambda_n \cdot x}$$

    mit n frei wählbaren reellen Konstanten $c_1, c_2,...,c_n$.

  – Zur Lösungskonstruktion bei mehrfachen bzw. komplexen Lösungen der charakteristischen Polynomgleichung wird bzgl. Details auf Lehrbücher verwiesen. MATHEMATICA löst diese Dgl problemlos exakt, wenn sich die Lösungen der charakteristischen Polynomgleichung exakt bestimmen lassen.

- Ansatzmethode für Euler-Cauchysche Dgl:
  Euler-Cauchysche Dgl lassen sich auf Dgl mit konstanten Koeffizienten zurückführen, wofür der *Ansatz*

  $$y(x) = x^{\lambda}$$

folgt, der die *charakteristische Polynomgleichung* n-ten Grades in λ liefert.

MATHEMATICA löst Euler-Cauchysche Dgl problemlos exakt, wenn sich die Lösungen der charakteristischen Polynomgleichung exakt bestimmen lassen (siehe Beisp. 22.4f).

♦

22.4.4 Exakte Lösungsberechnung mit MATHEMATICA

MATHEMATICA stellt folgende integrierte (vordefinierte) Funktion zur Berechnung von Lösungen für gewöhnliche Dgl bereit:

DSolve[{*Dgl*}, y[x], x]

berechnet die allgemeine Lösung der als Argument bei *Dgl* einzugebenden Differentialgleichung *exakt*.

Die exakte Lösungsberechnung für gewöhnliche Dgl mittels **DSolve** ist folgendermaßen *charakterisiert:*

- Es wird die *allgemeine Lösungsfunktion* der eingegebenen *Dgl* berechnet.
- Falls in {*Dgl*} zusätzlich *Anfangs-* oder *Randbedingungen* stehen, wird die zugehörige *spezielle Lösungsfunktion* berechnet. Die Form dieser Eingaben ist aus Beisp.22.4 ersichtlich.
  Damit können mit **DSolve** auch Anfangswert- und Randwertprobleme berechnet werden.
- Da die *exakte Lösungsberechnung* für Dgl eng mit der *Integration* zusammenhängt, dürfen von MATHEMATICA keine Wunder erwartet werden. Exakte Berechnungsergebnisse sind nur für gewisse vor allem lineare Dgl zu erwarten.
- Beim *Scheitern* exakter Berechnungen lassen sich numerische Berechnungen heranziehen, die im Abschn.22.4.5 vorgestellt werden.

Beispiel 22.4:

Illustration der exakten Lösungsberechnung für gewöhnliche Dgl mit der MATHEMATICA-Funktion **DSolve**:

a) Zur Bestimmung der exakten allgemeinen Lösung der Dgl zweiter Ordnung

$$y'' + y' + y = 0$$

ist **DSolve** in der Form

In[1]:= **DSolve**[{y''[x] + y'[x] + y[x]==0}, y[x], x]

anzuwenden, wobei folgende allgemeine Lösung mit den beiden frei wählbaren reellen Konstanten C[1] und C[2] berechnet wird:

$$\mathbf{Out}[1] = \left\{ \left\{ y[x] \rightarrow e^{-x/2} C[2]\ \mathbf{Cos}\left[\frac{\sqrt{3}\ x}{2}\right] + e^{-x/2} C[1]\ \mathbf{Sin}\left[\frac{\sqrt{3}\ x}{2}\right] \right\} \right\}$$

b) Berechnung der exakten Lösung mittels **DSolve** für die Aufgabe aus Beisp.a, die die Anfangsbedingungen y(0) = 2 und y'(0) = 1 erfüllt:

In[1]:= **DSolve**[{y''[x] + y'[x] + y[x]== 0, y[0]==2, y'[0]==1}, y[x], x]

Out[1]= $\left\{\left\{y[x] \rightarrow \dfrac{2}{3}\,e^{-x/2}\left(3\,Cos\left[\dfrac{\sqrt{3}\,x}{2}\right]+2\,\sqrt{3}\,Sin\left[\dfrac{\sqrt{3}\,x}{2}\right]\right)\right\}\right\}$

c) **DSolve** berechnet mittels

In[1]:= **DSolve**[{y''[x]==- x*(1-x) , y[0]== 0, y[1]== 0}, y[x], x]

für die Aufgabe

y''(x) = -x·(1-x)

die exakte Lösung, die die Randbedingungen y(0) = y(1) = 0 erfüllt, in folgender Form:

Out[1]= $\left\{\left\{y[x] \rightarrow \dfrac{1}{12}\left(x-2\,x^3+x^4\right)\right\}\right\}$

d) Umformung des Anfangswertproblems

y''+ y'+ y =0 , y(0)=2 , y'(0)=1

für die lineare Dgl 2.Ordnung mit konstanten Koeffizienten aus Beisp.b durch Setzen von

$y(t) = y_1(t)$, $y'(t) = y_1'(t) = y_2(t)$

in folgendes Anfangswertproblem

$y_1' = y_2$, $y_1(0)=2$

$y_2' = -y_1-y_2$, $y_2(0)= 1$

für ein lineares Dgl-System 1.Ordnung mit konstanten Koeffizienten, das MATHEMA-TICA mit **DSolve** folgendermaßen löst:

In[1]:=**DSolve**[{y1'[t]==y2[t],y2'[t]==-y1[t]-y2[t],y1[0]==2,y2[0]==1},{y1[t],y2[t]},t]

Out[1]=
$y1[t] \rightarrow \dfrac{2}{3}\,e^{-t/2}\left(3\,Cos\left[\dfrac{\sqrt{3}\,t}{2}\right]+2\,\sqrt{3}\,Sin\left[\dfrac{\sqrt{3}\,t}{2}\right]\right)$,

$y2[t] \rightarrow -\dfrac{1}{3}\,e^{-t/2}\left(-3\,Cos\left[\dfrac{\sqrt{3}\,t}{2}\right]+5\,\sqrt{3}\,Sin\left[\dfrac{\sqrt{3}\,t}{2}\right]\right)$

e) Konkrete Anfangswertprobleme für verschiedene *Schwingungsgleichungen* mit An-fangsbedingungen

y(0)=2 , y'(0)=1

werden im Folgenden mit **DSolve** berechnet:

  − y''(t) + 2·y'(t) + y(t) = 0   (*aperiodischer Grenzfall:* a=2, b=1)

  In[1]:= **DSolve**[{y''[t] + 2*y'[t] + y[t] == 0, y[0]==2, y'[0]==1}, y[t], t]

  Out[1]= $\left\{\left\{y[t] \rightarrow e^{-t}\left(2+3\,t\right)\right\}\right\}$

  − y''(t) + y'(t) + 2·y(t) = 0   (*Schwingfall:* a=1, b=2)

In[2]:= DSolve[{y''[t] + y'[t] + 2*y[t] == 0, y[0]==2, y'[0]==1}, y[t], t]

$$\textbf{Out[2]}= \left\{\left\{ y[t] \rightarrow \frac{2}{7}\, e^{-t/2}\left(7\,\text{Cos}\left[\frac{\sqrt{7}\,t}{2}\right] + 2\sqrt{7}\,\text{Sin}\left[\frac{\sqrt{7}\,t}{2}\right]\right)\right\}\right\}$$

– $y''(t) + 3 \cdot y'(t) + y(t) = 0$ \hfill (*Kriechfall:* a=3, b=1)

In[3]:= DSolve[{y''[t] + 3*y'[t] + y[t] == 0, y[0]==2, y'[0]==1}, y[t], t]

$$\textbf{Out[3]}= \left\{\left\{ y[t] \rightarrow \frac{1}{5}\left(5\, e^{\left(-\frac{3}{2}-\frac{\sqrt{5}}{2}\right)t} - 4\sqrt{5}\, e^{\left(-\frac{3}{2}-\frac{\sqrt{5}}{2}\right)t} + 5\, e^{\left(-\frac{3}{2}+\frac{\sqrt{5}}{2}\right)t} + 4\sqrt{5}\, e^{\left(-\frac{3}{2}+\frac{\sqrt{5}}{2}\right)t}\right)\right\}\right\}$$

f) Die allgemeine Lösungsfunktion mit zwei frei wählbaren reellen Konstanten C[1] und C[2] für die inhomogene Euler-Cauchysche Dgl 2.Ordnung

$$x^2 \cdot y''(x) + 3 \cdot x \cdot y'(x) + y(x) = x^3 + x + 1$$

berechnet **DSolve** mittels

In[1]:= DSolve[{x^2*y''[x] + 3*x*y'[x] + y[x] == x^3+x+1}, y[x], x]

$$\textbf{Out[1]}= \left\{\left\{ y[x] \rightarrow \frac{1}{16}\left(16 + 4\,x + x^3\right) + \frac{C[1]}{x} + \frac{C[2]\,\textbf{Log}[x]}{x}\right\}\right\}$$

g) Für die lineare Dgl mit konstanten Koeffizienten

$$y''(x) + y(x) = 0$$

berechnet **DSolve** mittels

In[1]:= DSolve[{y''[x] + y[x] == 0}, y[x], x]

$$\textbf{Out[1]}= \left\{\left\{ y[x] \rightarrow C[1]\,\textbf{Cos}[x] + C[2]\,\textbf{Sin}[x]\right\}\right\}$$

die allgemeine Lösungsfunktion mit zwei frei wählbaren reellen Konstanten C[1] und C[2]:

- *Randbedingungen* liefern zur Bestimmung der Konstanten C[1] und C[2] ein lineares Gleichungssystem, indem sie in die allgemeine Lösungsfunktion eingesetzt werden.

- Im Folgenden werden durch Vorgabe verschiedener *Zweipunkt-Randbedingungen* die drei Möglichkeiten aufgezeigt, die bei Randwertproblemen auftreten können. Die einzelnen Berechnungen werden mittels **DSolve** durchgeführt:

  – Für die Randbedingungen

  $$y(0) = y(\pi) = 0$$

  existieren neben der *trivialen Lösungsfunktion*

  $$y(x) \equiv 0$$

  weitere *Lösungsfunktionen*, die **DSolve** folgendermaßen berechnet:

In[1]:= **DSolve**[{y''[x] + y[x] == 0, y[0] ==0, y[**Pi**]==0}, y[x], x]

Out[1]= {{y[x] → C[2] **Sin**[x]}}

wobei C[2] eine frei wählbare reelle Konstante ist.

– Für die Randbedingungen

  $y(0) = 2$, $y(\pi/2) = 3$

  existiert eine *eindeutige Lösungsfunktion*, die **DSolve** folgendermaßen berechnet:

  In[1]:= **DSolve**[{y''[x] + y[x] == 0, y[0] ==2, y[**Pi**/2] ==3}, y[x], x]

  Out[1]= {{y[x] → 2 **Cos**[x] + 3 **Sin**[x]}}

– Für die Randbedingungen

  $y(0) = 0$, $y(\pi) = -1$

  existiert *keine Lösungsfunktion*, wie **DSolve** durch Ausgabe von {} (leer) anzeigt:

  In[1]:= **DSolve**[{y''[x] + y[x] ==0, y[0] ==0, y[**Pi**] ==-1}, y[x], x]

  Out[1]= { }
  ◆

22.4.5 Numerische Lösungsberechnung mit MATHEMATICA

MATHEMATICA berechnet im Intervall [a,b] mittels der integrierten (vordefinierten) Funktion

NDSolve[{*Dgl*}, y[x], {x, a, b}]

numerisch die *Lösungsfunktion* der als Argument bei {*Dgl*} mit *Anfangs-* oder *Randbedingungen* eingegebenen Dgl.

Die numerische Lösungsberechnung für gewöhnliche Dgl mittels **NDSolve** von MATHEMATICA ist folgendermaßen *charakterisiert:*

– Die Form der Eingaben der Dgl und der Anfangs- oder Randbedingungen in das Argument {*Dgl*} von **NDSolve** ist aus Beisp.22.5 ersichtlich.

– **NDSolve** liefert die berechnete numerische Lösungsfunktion (Näherungslösung) y[x] der Dgl nicht explizit im vorgegebenen Lösungsintervall, sondern nur in Form einer *Interpolationsfunktion*, deren exakte Form nicht bekannt ist. Mit ihr lassen sich jedoch die berechnete Näherungslösung grafisch darstellen und Funktionswerte von y[x] näherungsweise berechnen.

– Um Funktionswerte der berechneten Näherungslösung y[x] *explizit* zu erhalten, ist folgende *Funktionsdefinition* anzuschließen (siehe Beisp.22.5):

  y[x_] = y[x] /.%
  ◆

Beispiel 22.5:

Illustration zur Anwendung der Numerikfunktion **NDSolve** von MATHEMATICA für die numerische Berechnung von Anfangs- und Randwertproblemen für gewöhnliche Dgl:

a) Das Anfangswertproblem für das Dgl-System 1.Ordnung aus Beisp.22.4d

$$y_1' = y_2 \; , \; y_2' = -y_1 - y_2 \quad , \; y_1(0) = 2 \; , \; y_2(0) = 1$$

wird im Lösungsintervall [0,2] mittels **NDSolve** folgendermaßen *numerisch* berechnet:

In[1]:=**NDSolve**[{y1'[x] == y2[x] , y2'[x] == -y1[x] - y2[x] , y1[0] == 2 , y2[0] == 1},
          {y1[x], y2[x]} , {x, 0, 2}]

Out[1]= {{y1→InterpolatingFunction[......][x],

            y2→InterpolatingFunction[......][x]}}

In[2]:= y1[x_] = y1[x]/.% ; y2[x_] = y2[x]/.% ;

Berechnung der *Funktionswerte* für x=1 für die erhaltenen *Näherungslösungen* y1(x) und y2(x):

In[3]:= {y1[1] , y2[1]}

Out[3]= {{1.85291},{-0.940821}}

b) Im Folgenden wird die numerische Berechnung der Lösungsfunktion

     y(x)=2·cos x+3·sin x

    für das Randwertproblem

     y''(x) + y(x) = 0 , y(0) = 2 , y(π/2) = 3

    aus Beisp.22.4g im Lösungsintervall [0,π/2] mittels **NDSolve** durchgeführt:

In[1]:= **NDSolve**[{y''[x]+y[x]==0, y[0]==2, y[Pi/2]==3}, y[x], {x, 0, **Pi**/2}]

Out[1]= {{y[x]→InterpolatingFunction[......][x]}}

In[2]:= y[x_] = y[x]/.% ;

Berechnung des *Funktionswertes* für x=1 für die erhaltene *Näherungslösung* y(x):

In[3]:= y[1]

Out[3]= {3.60502}
    ♦

22.5 Partielle Differentialgleichungen

Zahlreiche Phänomene in Technik und Naturwissenschaften lassen sich nicht befriedigend durch Differenzengleichungen und gewöhnliche Dgl beschreiben, während *partielle Dgl* die Problematik wesentlich besser widerspiegeln.

Da die *Lösungstheorie* bereits für lineare partielle Dgl sehr umfangreich und vielschichtig ist, müssen wir im Rahmen dieses Buches auf *partielle Dgl* verzichten und geben hierfür nur folgende Informationen für Anwender:

- Die im Abschn.22.4.4 und 22.4.5 vorgestellten integrierten (vordefinierten) MATHE-MATICA-Funktionen **DSolve** und **NDSolve** für gewöhnliche Dgl lassen sich auch zur exakten bzw. numerischen Berechnung von Lösungen gewisser partieller Dgl anwenden, wie in der Hilfe von MATHEMATICA an Beispielen erklärt ist.

- Man kann zusätzlich mit den in MATHEMATICA integrierten (vordefinierten) Funktionen spezielle Lösungen linearer partieller Dgl auf Grundlage der entsprechenden Lösungstheorie konstruieren, wie in Büchern zu MATHEMATICA [35,37,39,40,42] demonstriert ist.

- Es lassen sich *numerische Lösungsalgorithmen* für partielle Dgl mit der in MATHE-MATICA integrierten Programmiersprache erstellen.

- Es wurden und werden für MATHEMATICA Erweiterungspakete (*Packages*) entwickelt, mit deren Hilfe sich gewisse Klassen partieller Dgl lösen lassen.

23 Transformationen

Aus der großen Gruppe mathematischer Transformationen werden in der Ingenieurmathematik vor allem z-, *Laplace*- und *Fouriertransformationen* benötigt, die wir im Folgenden vorstellen, wobei die Anwendung von MATHEMATICA im Vordergrund steht.

23.1 Einführung

z-, *Laplace*- und *Fouriertransformationen* spielen für folgende drei mathematische Modellierungen praktischer Probleme eine wichtige Rolle:

I. Durch Messungen in verschiedenen Zeitpunkten oder durch diskrete Abtastung stetiger Signale ergibt sich die Problematik, dass von Funktionen f(t), in der t meistens die Zeit darstellt, nicht der gesamte Verlauf bekannt oder interessant ist, sondern nur Werte in einzelnen Punkten

$$t_n \hspace{6cm} (n=0,1,2,...),$$

d.h:

   – Die Funktionswerte von f(t) liegen in Form einer *Zahlenfolge*

$$\{f_n\} = \{f(t_n)\} \hspace{4cm} (n=0,1,2,...)$$

vor.

   – Bei ganzzahligen Werten von t_n (z.B. t_n =n) werden Zahlenfolgen als Funktion f des Index n geschrieben, d.h.

$$\{f_n\} = \{f(n)\} \hspace{4cm} (n=0,1,2,...)$$

   – Für diese Problematik lässt sich die *z-Transformation* erfolgreich einsetzen, wie Abschn.23.3.3 für die Lösung von Differenzengleichungen zeigt.

II. Schwingungsvorgänge in Technik und Naturwissenschaften lassen sich häufig durch lineare Differentialgleichungen mit konstanten Koeffizienten beschreiben. Für diese liefert die *Laplacetransformation* (siehe Abschn.23.4) eine effektive Lösungsmethode, die die Elektrotechnik als Standardmethode einsetzt.

III. Zur Analyse periodischer Vorgänge in der Praxis lässt sich die *Fouriertransformation* einsetzen, die eng mit der Laplacetransformation zusammenhängt und ebenfalls zur Lösung gewisser Differentialgleichungen anwendbar ist.

Alle drei angegebenen Transformationen sind mit MATHEMATICA durchführbar, wie in diesem Kapitel zu sehen ist.

♦

23.2 Anwendung auf Differenzen- und Differentialgleichungen

Ein Haupteinsatzgebiet der vorgestellten *Transformationen* bilden Berechnungen von Lösungen für *Differenzengleichungen*, gewöhnliche und partielle *Differentialgleichungen* (siehe Kap.22), wobei die *Vorgehensweise* für alle analog ist und aus folgenden *drei Schritten* besteht:

I. Die gegebene Gleichung (*Originalgleichung*) wird durch die *Transformation* in eine Gleichung (*Bildgleichung*) für die Bildfunktion überführt.

II. Die erhaltene Bildgleichung wird (wenn möglich) nach der *Bildfunktion aufgelöst*.

III. Abschließend wird durch Anwendung der *inversen Transformation* (Rücktransformation) auf die Bildfunktion die *Lösung* (Originalfunktion) der gegebenen Gleichung erhalten.

Zur Anwendung der *Transformationen* ist Folgendes zu *bemerken:*

– Sie sind nur für Gleichungen erfolgreich, wenn die erhaltene Bildgleichung eine einfachere Struktur besitzt und sich problemlos nach der Bildfunktion auflösen lässt.

– Sie sind u.a. für lineare Differenzen- und Differentialgleichungen mit konstanten Koeffizienten erfolgreich, wie in den Abschn.23.3.3 und 23.4.3 zu sehen ist.
   ◆

23.3 z-Transformation

Wie bereits im Abschn.23.1 (siehe Punkt I.) diskutiert, sind bei praktischen Problemen von mathematischen Funktionen f(t) oft nicht die gesamten Verläufe bekannt oder von Interesse, sondern nur Funktionswerte in einzelnen Punkten. Deshalb betrachtet man anstelle der Funktionen nur gewisse *Zahlenfolgen*.

Für die Untersuchung derartiger Probleme bietet die z-Transformation ein wirkungsvolles Hilfsmittel, so dass wir im Folgenden kurz darauf eingehen.

23.3.1 Problemstellung

Die z-Transformation ist folgendermaßen *charakterisiert:*

• Sie ordnet einer *Zahlenfolge* (Originalfolge)

$$\{f_n\} = \{f(n)\} \qquad\qquad (n=0,1,2,...)$$

die unendliche Reihe

$$Z[f_n] = F(z) = \sum_{n=0}^{\infty} f_n \cdot \left(\frac{1}{z}\right)^n$$

zu, die im Falle der Konvergenz (siehe Abschn.20.3.1) z-Transformierte oder *Bildfunktion* F(z) heißt.

• Die Transformation der *Bildfunktion* F(z) in die *Originalfolge*

$$\{f_n\} = \{f(n)\}$$

wird als *inverse z-Transformation* (Rücktransformation) bezeichnet und u.a. bei Anwendungen auf Differenzengleichungen benötigt (siehe Beisp.23.2).

23.3.2 z-Transformation mit MATHEMATICA

In MATHEMATICA sind für z-Transformation und inverse z-Transformation (Rücktransformation) die integrierten (vordefinierten) Funktionen **ZTransform** bzw. **InverseZTransform** folgendermaßen einzusetzen:

- *z-Transformation:*

  In[1]:= F[z_]= ZTransform[f[n],n,z]

- *Inverse z-Transformation:*

  In[2]:= f[n_]= InverseZTransform[F[z],z,n]

Bei der z-Transformation mit MATHEMATICA ist Folgendes zu *beachten:*

- MATHEMATICA stellt die *Originalfolge* f[n] als Funktion von n und die *Bildfunktion* F[z] als Funktion von z dar, wobei zu berücksichtigen ist, dass MATHEMATICA die Argumente aller Funktionen in eckige Klammern einschließt.

- Zur Berechnung der z-Transformierten und inversen z-Transformierten existieren keine endlichen Algorithmen. Deshalb ist nicht zu erwarten, dass MATHEMATICA die Transformierten immer berechnen kann.

Beispiel 23.1:
Illustrationen für die Anwendung der MATHEMATICA-Funktionen **ZTransform** bzw. **InverseZTransform**:

a) Berechnung von z-Transformierten und inversen z-Transformierten mittels MATHEMATICA:

   z-Transformierte: *inverse z-Transformierte*

- **In[1]:= F[z_]= ZTransform[1,n,z]**   **In[2]:= f[n_]= InverseZTransform[F[z],z,n]**

  Out[1]= $\dfrac{z}{-1+z}$ **Out[2]=** 1

- **In[3]:= F[z_]= ZTransform[n,n,z]**   **In[4]:= f[n_]= InverseZTransform[F[z],z,n]**

  Out[3]= $\dfrac{z}{(-1+z)^2}$ **Out[4]=** n

- **In[5]:= F[z_]= ZTransform[n^2,n,z]**   **In[6]:= f[n_]= InverseZTransform[F[z],z,n]**

  Out[5]= $\dfrac{z\,(1+z)}{(-1+z)^3}$ **Out[6]=** n^2

b) Zur Lösungsberechnung für Differenzengleichungen (siehe Abschn.23.3.3) werden z-Transformierte der Funktionswerte y(n+1), y(n+2),... benötigt, die sich folgendermaßen durch die z-Transformierte von y(n) darstellen, wie die Anwendung von **ZTransform** zeigt:

– *z-Transformierte* von y(n+1):

In[1]:= **ZTransform**[y[n+1],n,z]

Out[1]= -z y[0] + z **ZTransform**[y[n],n,z]

– *z-Transformierte* von y(n+2)

In[2]:= **ZTransform**[y[n+2],n,z]

Out[2]= - z^2 y[0] -z y[1] + z^2 **ZTransform**[y[n],n,z]

Die von MATHEMATICA benutzte Bezeichnung **ZTransform**[y[n],n,z] für die z-Transformierte von y(n) ist für Lösungsberechnungen unhandlich, so dass sich hierfür einfachere Bezeichnungen wie z.B. Y[z] empfehlen (siehe Beisp.23.2).

♦

23.3.3 Lösung von Differenzengleichungen mit MATHEMATICA

z-Transformationen lassen sich zur exakten *Lösungsberechnung* für lineare *Differenzengleichungen* mit konstanten Koeffizienten (siehe Abschn.22.2.2) anwenden, die bei einer Reihe von Problemen in Technik und Naturwissenschaften auftreten.

Die Vorgehensweise bei der Anwendung der z-Transformation zur Lösungsberechnung für lineare Differenzengleichungen ergibt sich aus Abschn.23.2 und wird im folgenden Beisp. 23.2 illustriert.

Beispiel 23.2:

Lösungsberechnung für Differenzengleichungen mittels z-Transformation für ein praktisches Beispiel mittels der MATHEMATICA-Funktionen **ZTransform**, **InverseZTransform** und **Solve**:

Ein einfaches elektrisches Netzwerk aus T-Vierpolen wird durch eine homogene Differenzengleichung zweiter Ordnung der Form

u(n+2) - 10·u(n+1) + 24·u(n) = 0

für die auftretenden Spannungen u beschrieben, wobei folgende Anfangsbedingungen gegeben sind:

u(0)=1 , u(1)=8

Die *Lösungsberechnung* mittels z-Transformation geschieht nach der im Abschn.23.2 gegebenen Vorgehensweise unter Anwendung der MATHEMATICA-Funktionen **ZTransform** und **InverseZTransform** *folgendermaßen:*

• **ZTransform** ist auf die Differenzengleichung anzuwenden und liefert folgenden Ausdruck für die *Bildgleichung:*

   In[1]:= **ZTransform**[u[n+2]-10*u[n+1]+24*u[n]==0,n,z]

   Out[1]= - z^2 u[0] - z u[1] + 24 **ZTransform**[u[n],n,z] + z^2 **ZTransform**[u[n],n,z]

              -10 (- z u[0] + z **ZTransform**[u[n],n,z])==0

• In der berechneten *Bildgleichung* werden die z-Transformierte von u(n)

   ZTransform[u[n],n,z]

durch die Bezeichnung U[z] ersetzt und die Anfangsbedingungen folgendermaßen eingesetzt:

In[2]:= %/.{ZTransform[u[n],n,z]->U[z], u[0]->1, u[1]->8}

wobei die Pfeile durch - und > eingegeben werden.
Die somit in U[z] erhaltene lineare *Bildgleichung* ist eine algebraische Gleichung und hat folgende Form:

Out[2]= -8 z - z^2 + 24 U[z] + z^2 U[z] - 10 (-z + z U[z]) == 0

- Die Bildgleichung lässt sich mittels der MATHEMATICA-Funktion **Solve** (siehe Kap. 17) einfach nach der *Bildfunktion* U[z] auflösen:

In[3]:=Solve[%, U[z]]

$$\mathbf{Out[3]}= \left\{ \left\{ U[z] \rightarrow \frac{-2\,z + z^2}{24 - 10\,z + z^2} \right\} \right\}$$

In[4]:= U[z_]= U[z]/.%

$$\mathbf{Out[4]}= \left\{ \frac{-2\,z + z^2}{24 - 10\,z + z^2} \right\}$$

- Die inverse z-Transformation (*Rücktransformation*) der Bildfunktion U[z] mittels **InverseZTransform** liefert die *Lösung*

u(n) = 2 · 6^n - 4^n

der Differenzengleichung in folgender Form:

In[5]:= InverseZTransform[U[z],z,n]

Out[5]={- 2^n (2^n - 2× 3^n)}

◆

23.4 Laplacetransformation

23.4.1 Problemstellung

Die Laplacetransformation ist folgendermaßen *charakterisiert:*
- Die *Laplacetransformierte* (*Bildfunktion*)

L[f]=F(s)

einer Funktion (*Originalfunktion*) f(t) berechnet sich aus

$$\mathbf{L}[f] = F(s) = \int_0^\infty f(t) \cdot e^{-s \cdot t} \; dt$$

- Eine wesentliche Problematik besteht darin, aus einer vorliegenden Bildfunktion F(s) die Originalfunktion f(t) zu berechnen. Dies wird als *inverse Laplacetransformation* oder Rücktransformation bezeichnet und u.a. zur Lösung von Differentialgleichungen benötigt.

– *Laplacetransformation* und *inverse Laplacetransformation* berechnen sich aus uneigentlichen Integralen, deren Konvergenz unter gewissen Voraussetzungen beweisbar ist.

– Im Folgenden kann nicht weiter auf die umfangreiche Theorie der Laplacetransformation eingegangen, sondern nur die Anwendung von MATHEMATICA illustriert werden.

23.4.2 Laplacetransformation mit MATHEMATICA

In MATHEMATICA sind für Laplacetransformation und inverse Laplacetransformation
die Funktionen **LaplaceTransform** bzw. **InverseLaplaceTransform** integriert (vordefiniert), die folgendermaßen einzusetzen sind:

– *Laplacetransformation:*

   In[1]:= F[s_]= **LaplaceTransform**[f[t],t,s]

– *Inverse Laplacetransformation:*

   In[2]:= f[t_]= **InverseLaplaceTransform**[F[s],s,t]

Bei der Laplacetransformation mit MATHEMATICA ist Folgendes zu *beachten:*

– MATHEMATICA stellt die *Originalfunktion* f[t] als Funktion von t und die *Bildfunktion* F[s] als Funktion von s dar, wobei zu berücksichtigen ist, dass MATHEMATICA
die Argumente aller Funktionen in eckige Klammern einschließt.

– Zur Berechnung der *uneigentlichen Integrale* für *Laplacetransformation* und *inverse
Laplacetransformation* existieren keine endlichen Algorithmen. Deshalb ist nicht zu
erwarten, dass MATHEMATICA die Transformierten immer berechnen kann.

◆

Beispiel 23.3:
Illustration zur Anwendung der MATHEMATICA-Funktionen **LaplaceTransform** und
InverseLaplaceTransform:

a) Berechnung der Laplacetransformierten und inversen Laplacetransformierten der elementaren mathematischen Funktion f(t)=t:

Laplacetransformierte   *inverse Laplacetransformierte*

In[1]:= F[s_]= **LaplaceTransform**[t,t,s] **In**[2]:= f[t_]=**InverseLaplaceTransform**[F[s],s,t]

Out[1]= $\dfrac{1}{s^2}$ **Out**[2]= t

b) Zur Lösungsberechnung für Differentialgleichungen werden *Laplacetransformierte* von
Ableitungen y'(t), y''(t),... einer Funktion y(t) benötigt, die sich folgendermaßen durch
die Laplacetransformierte von y(t) darstellen, wie die Anwendung von

   LaplaceTransform

   zeigt:

   – Laplacetransformierte von y'(t)

In[1]:= **LaplaceTransform**[y'[t],t,s]

Out[1]= s **LaplaceTransform**[y[t],t,s] - y[0]

- Laplacetransformierte von y''(t)

In[2]:= **LaplaceTransform**[y'' [t],t,s]

Out[2]= s^2 **LaplaceTransform**[y[t],t,s] - s y[0] - y'[0]

Die von MATHEMATICA benutzte Bezeichnung **LaplaceTransform**[y[t],t,s] für die Laplacetransformierte von y(t) ist bei Lösungsberechnungen für Differentialgleichungen unhandlich, so dass sich hierfür einfachere Bezeichnungen wie z.B. Y[s] empfehlen (siehe Beisp.23.4).

♦

23.4.3 Lösung von Differentialgleichungen mit MATHEMATICA

Laplacetransformationen liefern zur Berechnung von Lösungsfunktionen für lineare Differentialgleichungen mit konstanten Koeffizienten ein wirksames Hilfsmittel, wofür MATHEMATICA einsetzbar ist:

- *Anfangswertprobleme* lassen sich berechnen:
  - Sie bilden ein Haupteinsatzgebiet für Laplacetransformationen, da alle benötigten Anfangswerte gegeben sind.
  - Falls die Anfangswerte nicht im Punkt t=0 gegeben sind, kann das Problem durch eine Transformation in diese Form gebracht werden. Bei zeitabhängigen Problemen (z.B. in der Elektrotechnik) sind meistens Anfangswerte für t=0 gegeben.
- Allgemeine *Lösungsfunktionen* lassen sich ebenfalls berechnen, indem Konstanten A, B,... für fehlende Anfangswerte eingesetzt werden, die im Ergebnis die Konstanten der allgemeinen Lösungsfunktion bilden (siehe Beisp.23.4a).
- Einfache *Randwertprobleme* lassen sich berechnen:
  Das Randwertproblem wird als Anfangswertproblem mit unbekannten Anfangswerten berechnet, indem Konstanten A, B,... für die fehlenden Anfangswerte eingesetzt werden. Anschließend lassen sich durch Einsetzen der Randbedingungen in die Lösungsfunktion die Konstanten A, B,... bestimmen (siehe Beisp.23.4b).

Beispiel 23.4:
Berechnung der allgemeinen Lösungsfunktion und eines Randwertproblems für lineare Differentialgleichungen 2.Ordnung mit konstanten Koeffizienten (harmonischer Oszillator - siehe Beisp.22.3 und 22.4) mittels Laplacetransformation, wobei die MATHEMATICA-Funktionen

LaplaceTransform, **InverseLaplaceTransform** und **Solve**

nach der Vorgehensweise von Abschn.23.2 angewandt werden.

a) Berechnung der allgemeinen Lösungsfunktion

$y(t) = C \cdot \cos t + D \cdot \sin t + t$

für die Differentialgleichung

$y''(t) + y(t) = t$

Hierfür ist in MATHEMATICA folgende Vorgehensweise erforderlich:

* Zuerst wird mittels der MATHEMATICA-Funktion **LaplaceTransform**

  In[1]:= **LaplaceTransform**[y''[t] + y[t] == t,t,s]

  die folgende *Bildgleichung* berechnet:

  Out[1]= **LaplaceTransform**[y[t],t,s]$+ s^2$ **LaplaceTransform**[y[t],t,s] - s y[0] - y'[0]

  $$== \frac{1}{s^2}$$

* Danach ist folgendermaßen vorzugehen:

  – Ersetzen der Laplacetransformierten (Bildfunktion)

    LaplaceTransform[y[t],t,s]

    durch die Bezeichnung Y[s] und Einsetzen der Konstanten A bzw. B für die fehlenden Anfangsbedingungen, d.h.

    $y[0] = A , y'[0] = B$

    mittels (Pfeile sind durch - und > zu bilden)

    In[2]:= %/.{**LaplaceTransform**[y[t],t,s]->Y[s], y[0]->A, y'[0]->B}

  – Damit hat die *Bildgleichung* folgende Form

    Out[2]= - B -s A + Y[s] + s^2 Y[s] $== \dfrac{1}{s^2}$

    Sie ist eine lineare algebraische Gleichung für die Bildfunktion Y[s] und lässt sich mittels der MATHEMATICA-Funktion **Solve** einfach auflösen:

    In[3]:= **Solve**[%, Y[s]]

    $$\mathbf{Out}[3]= \left\{\left\{ Y[s] \to \frac{1 + s^3 A + s^2 B}{s^2\ (1 + s^2)} \right\}\right\}$$

  – Um mit Y[s] arbeiten zu können, ist noch folgende Funktionsdefinition erforderlich:

    In[4]:= Y[s_]= Y[s]/.%

    $$\mathbf{Out}[4]= \left\{ \frac{1 + s^3 A + s^2 B}{s^2\ (1 + s^2)} \right\}$$

* Die inverse Laplacetransformation **InverseLaplaceTransform** (Rücktransformation) von Y[s] liefert die *Lösungsfunktion:*

  In[5]:= y[t_]= **InverseLaplaceTransform**[Y[s],s,t]

  Out[5]= {t + A **Cos**[t] - **Sin**[t] + B **Sin**[t]}

Die zu Beginn gegebene *allgemeine Lösungsfunktion* wird hieraus durch Setzen von C=A und D=(B-1) erhalten.

Bemerkung

Bei konkreten Anfangswertproblemen für die betrachtete Differentialgleichung sind nur für y(0) und y'(0) statt A bzw. B die gegebenen Anfangswerte einzusetzen.

♦

b) Zur Berechnung der *Lösungsfunktion*

y(t)=2·cos t+3·sin t

für die Differentialgleichung

y''(t)+y(t)=0

mit den Randbedingungen

y(0)=2 , y(π/2)=3

ist die Vorgehensweise analog wie im Beisp.a.

Das gegebene Randwertproblem wird als Anfangswertproblem mit einem unbekannten Anfangswert berechnet. Für den fehlenden Anfangswert y'(0) wird die Konstante B in die Bildgleichung eingesetzt.

Hierfür ist folgende Vorgehensweise erforderlich:

- Zuerst wird mittels der MATHEMATICA-Funktion **LaplaceTransform**

  In[1]:= LaplaceTransform[y''[t] + y[t] == 0,t,s]

  die folgende *Bildgleichung* für die Differentialgleichung berechnet:

  Out[1]= LaplaceTransform[y[t],t,s]+ s^2 **LaplaceTransform**[y[t],t,s] - s y[0] - y'[0] == 0

- Danach ist folgendermaßen vorzugehen:

  − Ersetzen der *Laplacetransformierten* (Bildfunktion)

  LaplaceTransform[y[t],t,s]

  durch die Bezeichnung Y[s] und Einsetzen von 2 bzw. B für die fehlende Anfangsbedingung, d.h.

  y[0] = 2 , y'[0] = B

  mittels (Pfeile sind durch - und > zu bilden)

  In[2]:= %/.{LaplaceTransform[y[t],t,s]->Y[s], y[0]->2, y'[0]->B}

  − Damit hat die *Bildgleichung* folgende Form

  Out[2]= - B -2 s + Y[s] + s^2 Y[s] == 0

  Sie ist eine lineare algebraische Gleichung für die *Bildfunktion* Y[s] und lässt sich mittels der MATHEMATICA-Funktion **Solve** einfach auflösen:

  In[3]:= Solve[%, Y[s]]

  $$\mathbf{Out}[3]= \left\{\left\{Y[s] \rightarrow \frac{2s+B}{1+s^2}\right\}\right\}$$

– Um mit Y[s] arbeiten zu können, ist noch folgende Funktionsdefinition erforderlich:

In[4]:= Y[s_]= Y[s]/.%

$$\mathbf{Out[4]=}\; \left\{ \frac{2\,s + B}{1 + s^2} \right\}$$

- Die inverse Laplacetransformation **InverseLaplaceTransform** (Rücktransformation) von Y[s] liefert die *Lösungsfunktion* y(t):

In[5]:= y[t_]= InverseLaplaceTransform[Y[s],s,t]

Out[5]= {2 Cos[t] + B Sin[t]}

Durch Einsetzen der Randbedingung y(π/2)=3 lässt sich mittels der MATHEMATI-
CA-Funktion **Solve** die noch unbekannte Konstante B berechnen:

In[6]:= Solve[y[Pi/2]==3, B]

Out[6]= {{B$\rightarrow$3}}

Es wird B=3 erhalten, so dass sich die oben angegebene Lösungsfunktion

y(t)=2·cos t+3·sin t

ergibt.
♦

23.5 Fouriertransformation

Die Anwendung der *Fouriertransformation* gestaltet sich analog zur Laplacetransformation:

– MATHEMATICA kann Fouriertransformationen durchführen. Ausführliche Informationen hierüber liefert die MATHEMATICA-Hilfe, wenn *FourierTransform* eingegeben
wird.

– Da Fouriertransformationen im Buch nicht eingesetzt werden, gehen wir nicht näher darauf ein.

24 Optimierung

24.1 Einführung

Bei zahlreichen Problemen in Technik, Natur- und Wirtschaftswissenschaften sind *maximale Ergebnisse* und/oder *minimaler Aufwand* gesucht. Dies sind typische Problemstellungen der *Optimierung*, die für Ingenieure, Naturwissenschaftler und auch Wirtschaftswissenschaftlern zunehmend an Bedeutung gewinnen:

- Die Anwendung in der Wirtschaft ist hervorzuheben, da ökonomisches Streben darin besteht, *maximale Gewinne* und *minimale Kosten* zu erreichen.

- Im täglichen Sprachgebrauch treten Begriffe aus der Optimierung wie *minimal, maximal, optimal, Minimum, Maximum* und *Optimum* häufig auf, ohne Gedanken über ihre exakte Bedeutung anzustellen:

  - Diese Begriffe werden verwendet, wenn es sich um kleine bzw. große (Zahlen-) Werte handelt.

  - In Reden und Zeitungsartikeln sind öfters Steigerungen der Worte minimal, maximal und optimal zu finden, die jedoch keinen Sinn ergeben.

- Nur die Mathematik kann die Begriffe der Optimierung exakt und eindeutig definieren, so dass Berechnungsmethoden und praktische Anwendungen möglich sind. Diese *mathematische Optimierung* wird in den folgenden Abschnitten vorgestellt und an Beispielen und Anwendungen von MATHEMATICA illustriert.

- Per Hand lassen sich Probleme der mathematischen Optimierung nur berechnen, wenn sich die Gleichungen und Ungleichungen der notwendigen und/oder hinreichenden Optimalitätsbedingungen einfach lösen lassen.
  Bei den meisten in der Praxis anfallenden Optimierungsproblemen ist dies jedoch nicht der Fall, so dass man Computer unter Verwendung von Mathematikprogrammen wie z.B. MATHEMATICA zur Lösung heranziehen muss.

24.2 Praktische Optimierung

Optimierung ist in der Praxis folgendermaßen *charakterisiert:*

- Es sind *maximale Ergebnisse* und/oder *minimaler Aufwand* gesucht:
  Dies wird erreicht, indem für gewisse Kriterien (*Optimierungskriterien*) kleinste (minimale) bzw. größte (maximale) Werte zu bestimmen sind, so dass konkret von *Minimierungs-* bzw. *Maximierungsproblemen* gesprochen wird.

- Meistens sind zusätzliche *Beschränkungen* zu berücksichtigen.

Die Berechnung praktischer *Optimierungsprobleme* vollzieht sich in zwei Schritten:

I. Zuerst ist ein *mathematisches Optimierungsmodell* aufzustellen. Dies ist Aufgabe der Spezialisten des betreffenden Fachgebiets, die Variablen und Zielfunktion festlegen und vorliegende Beschränkungen in Form von Gleichungen und Ungleichungen beschreiben.

II. Wenn ein mathematisches Optimierungsmodell vorliegt, tritt die *mathematische Opti-mierung* (siehe Abschn.24.3) in Aktion, um Lösungen zu berechnen, wofür i.Allg. der Einsatz von Computern erforderlich ist, auf denen Mathematikprogramme wie z.B. MATHEMATICA installiert sind.

◆

24.3 Mathematische Optimierung

In der Mathematik wird das umfangreiche Gebiet der Optimierung als *mathematische Op-timierung* bezeichnet, die Folgendes bereitstellt:

- *Mathematische Modelle* zur Optimierung praktischer Probleme,
- *Exakte Definitionen* der *Begriffe* minimal, maximal, optimal, Minimum, Maximum und Optimum,
- Notwendige und hinreichende *Optimalitätsbedingungen*,
- Exakte und numerische *Lösungsmethoden*.

Die *mathematische Optimierung* modelliert praktische Optimierungsprobleme unter Ver-wendung von Funktionen und ist folgendermaßen *charakterisiert:*

- Das Optimierungskriterium wird als *Zielfunktion* bezeichnet und durch reelle Funktio-nen reeller Variablen gebildet.
- Zielfunktionen sind zu *minimieren* oder *maximieren*, d.h. es sind kleinste oder größte Werte (d.h. Minima oder Maxima) zu berechnen, die allgemein als *Optima* bezeichnet werden.
- Werte der Variablen, für die die Zielfunktion ein Optimum (Minimum/Maximum) an-nimmt, heißen *Optimalpunkte* (Minimal- bzw. Maximalpunkte).
- Vorliegende Beschränkungen liefern Bedingungen für auftretende Variablen, die als *Ne-benbedingungen* bezeichnet und durch Gleichungen und Ungleichungen beschrieben werden.
- Je nach Form der Zielfunktion und Nebenbedingungen ergeben sich verschiedene Theo-rien und Berechnungsmethoden. Deshalb unterteilt sich die mathematische Optimierung in eine Reihe von Gebieten, von denen drei wichtige in den Abschn.24.6-24.8 vorge-stellt werden.

In diesem Kapitel wird ein kurzer Einblick in die Problematik der *mathematischen Opti-mierung* gegeben, der für die Anwendung von MATHEMATICA zur Berechnung prakti-scher Optimierungsprobleme ausreicht:

- Es werden häufig in der Praxis angewandte mathematische *Optimierungsmodelle* vorge-stellt, d.h. Extremwerte, lineare und nichtlineare Optimierung.
- Der Einsatz von integrierten (vordefinierten) Funktionen zur Lösungsberechnung für mathematische Optimierungsprobleme (MATHEMATICA-Optimierungsfunktionen) wird beschrieben und an Beispielen illustriert.

– Für eine ausführlichere Behandlung wird auf das Buch [81] des Autors *Mathematische Optimierung mit Computeralgebrasystemen* verwiesen. In diesem Buch wird auch die Anwendung von MATHEMATICA auf dem Stand des Jahres 2002 ausführlich beschrieben.

◆

24.4   Optimierung mit MATHEMATICA

MATHEMATICA kann *Optimierungsprobleme* auf folgende drei Arten *berechnen:*

I. Berechnung von *Lösungen* der Gleichungen und Ungleichungen der notwendigen und/oder hinreichenden *Optimalitätsbedingungen* für Extremwertprobleme mittels der MATHEMATICA-Funktionen zur Gleichungslösung

Solve oder **NSolve:**

– Die *Exakte Berechnung* mittels **Solve** gelingt nur für einfache Probleme (siehe auch Kap.17).

– Eine *numerische* (näherungsweise) *Berechnung* mittels **NSolve** ist nicht immer effektiv und wird hauptsächlich für Spezialfälle wie quadratische Optimierungsaufgaben verwendet.

– Diese Methoden werden als *indirekte Methoden* bezeichnet.

II. *Direkte Berechnung* von Näherungslösungen der gegebenen Optimierungsprobleme mittels *numerischer Methoden* (Näherungsmethoden), ohne Optimalitätsbedingungen zu verwenden.

Diese Methoden werden als *direkte Methoden* bezeichnet:

– Direkte numerische Standardmethoden sind als Funktionen in MATHEMATICA integriert (vordefiniert).

– Falls die numerischen Methoden von MATHEMATICA nicht erfolgreich sind, können Anwender eigene Programme (siehe Kap.10) schreiben oder spezielle Optimierungsprogramme heranziehen.

– Da die Entwicklung effektiver numerischer Methoden ein Forschungsschwerpunkt der mathematischen Optimierung ist, werden laufend neue Methoden entwickelt, die natürlich nicht sofort in MATHEMATICA aufgenommen werden. Man findet hier aber bewährte Standardmethoden und das Package (Erweiterungspaket) *Global Optimization* (siehe Abschn.24.4.2).

III. Bei Optimierungsproblemen (mit maximal zwei unabhängigen Variablen) können *grafische Lösungsmethoden* herangezogen werden.

Wie bis jetzt in diesem Abschn.24.4 vorgestellt, bietet MATHEMATICA verschiedene Möglichkeiten zur Berechnung von Optimierungsproblemen. Die folgenden Abschn.24.4.1 und 24.4.2 ergänzen dies.

◆

24.4.1 MATHEMATICA-Funktionen zur Optimierung

Wie bereits erwähnt, sind Funktionen (*Optimierungsfunktionen*) zur exakten und numerischen Berechnung von Optimierungsproblemen in MATHEMATICA integriert (vordefiniert), von denen wir wichtige in den Abschn.24.6.4, 24.7.2 und 24.8.2 kennenlernen.

24.4.2 MATHEMATICA-Package Global Optimization

Seit längerer Zeit gibt es ein Package (Erweiterungspaket) für MATHEMATICA zur Berechnung von Optimierungsproblemen. Es hat den Namen *Global Optimization* und wird von *Craig Loehle* (Loehle Enterprises USA) entwickelt und vertrieben (verkauft).
Wir können im Rahmen dieses Buches nicht näher hierauf eingehen und verweisen auf die Internetseiten von Loehle Enterprises, die im Package enthaltene Bedienungsanweisung und das Buch [81] des Autors.

24.5 Minimum und Maximum

In der mathematischen Optimierung spielt der Begriff eines *lokalen* (relativen) bzw. *globalen* (absoluten) *Minimums/Maximums* einer reellen Funktion

$$f(\mathbf{x}) = f(x_1, x_2, ..., x_n)$$

von n reellen Variablen

$$\mathbf{x} = (x_1, x_2, ..., x_n)$$

eine fundamentale Rolle und ist auch für die Anwendung von MAHEMATICA wichtig.

Beispiel 24.1:

Illustration der Begriffe lokales und globales Minimum/Maximum durch grafische Darstellung der Polynomfunktion $-x^4 + 4x^2 + x + 3$ einer Variablen x über dem Intervall [-2,2]:

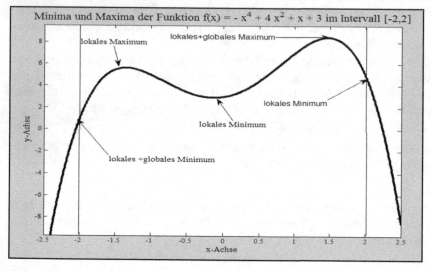

Bemerkung

Wenn in der mathematischen Optimierung nicht explizit zwischen Minimum und Maximum unterschieden wird, spricht man von einem *Optimum*.

♦

Im Folgenden stellen wir die Problematik eines *Optimums* vor:

- Eine Funktion $f(x)$ hat über einem Bereich $B \subset R^n$ ein *lokales Optimum* im Punkt x^0, wenn

$$f(x) \geq f(x^0) \qquad \text{für ein lokales Minimum}$$

$$f(x) \leq f(x^0) \qquad \text{für ein lokales Maximum}$$

in einer Umgebung $U(x^0) = U_\varepsilon(x^0) \cap B$ des Punktes x^0 gelten.

- Eine Funktion $f(x)$ hat über einem Bereich $B \subset R^n$ ein *globales Optimum* im Punkt x^0, wenn

$$f(x) \geq f(x^0) \qquad \text{für ein globales Minimum}$$

$$f(x) \leq f(x^0) \qquad \text{für ein globales Maximum}$$

$\forall x \in B$ gelten, d.h. für alle Punkte des Bereichs B.

- Ein Punkt x^0, in dem die Funktion $f(x)$ ein (lokales/globales) Optimum (Minimum/Maximum) annimmt, heißt (lokaler/globaler) *Optimalpunkt* (Minimalpunkt/Maximalpunkt). Der optimale Funktionswert (Optimum) $f(x^0)$ heißt *Optimalwert* (Minimalwert/Maximalwert).

- Der *Unterschied* zwischen einem *lokalen* und *globalen Optimalpunkt* x^0 einer Funktion $f(x)$ über einem Bereich B besteht in Folgendem:

  - Wenn man ihn nur einer Umgebung $U(x^0) = U_\varepsilon(x^0) \cap B$ betrachtet, so ist er *lokal*.

  - Wenn man ihn bzgl. des gesamten Bereichs B betrachtet, so ist er *global*.

  Dabei wird unter ε-Umgebung $U_\varepsilon(x^0)$ die Kugel

$$U_\varepsilon(x^0) = \left\{ x \in R^n : \left\| x - x^0 \right\| < \varepsilon \right\}$$

  mit Radius ε>0 und Euklidischer Norm $\left\| ... \right\|$ verstanden, wobei ε beliebig klein sein kann.

- Offensichtlich ist nach der gegebenen Definition ein globaler Optimalpunkt auch gleichzeitig ein lokaler, während die Umkehrung nicht gelten muss.

- Nach der gegebenen Definition können lokale Minimalpunkte/Maximalpunkte auch auf dem Rand eines abgeschlossenen Bereichs B liegen, da als Umgebung $U(x^0)$ der Durchschnitt

$$U_\varepsilon(x^0) \cap B$$

genommen wird.

Falls als Umgebung $U(\mathbf{x}^0)$ nur die ε-Umgebung $U_\varepsilon(\mathbf{x}^0)$ verwendet wird, können lokale Minimalpunkte/Maximalpunkte nicht auf dem Rand von B auftreten.

* Nach dem *Satz von Weierstrass* besitzt eine stetige Funktion über einem abgeschlossenen und beschränkten Bereich $B \subset R^n$ mindestens einen globalen Minimal- und Maximalpunkt. Dieser Satz liefert nur eine Existenzaussage aber keine Berechnungsmethode.

24.6 Extremwertprobleme

24.6.1 Problemstellung

Als *Extremwertprobleme* werden in der mathematischen Optimierung die Berechnungen *lokaler Minima* oder *Maxima* einer reellen Funktion

$$f(\mathbf{x}) = f(x_1, x_2, ..., x_n)$$

von n reellen Variablen

$$\mathbf{x} = (x_1, x_2, ..., x_n)$$

bezeichnet, die über dem gesamten Raum betrachtet wird, d.h.

$$f(\mathbf{x}) = f(x_1, x_2, ..., x_n) = \underset{x_1, x_2, ..., x_n}{\text{Minimum/Maximum}}$$

Sie lassen sich folgendermaßen *charakterisieren:*

* Sie gehören zu *klassischen Optimierungsproblemen*, die sich mittels Differentialrechnung untersuchen lassen.

* Es können zusätzlich *Nebenbedingungen* in Form von m Gleichungen (siehe Kap.17)

$$g_i(\mathbf{x}) = g_i(x_1, x_2, ..., x_n) = 0 \qquad\qquad (i = 1, ..., m)$$

auftreten, die sich vektoriell in der Form

$$\mathbf{g}(\mathbf{x}) = \mathbf{0} \text{ mit } \mathbf{g}(\mathbf{x}) = (g_1(\mathbf{x}), g_2(\mathbf{x}), ..., g_m(\mathbf{x}))$$

mit beliebigen Funktionen $g_i(\mathbf{x})$ schreiben:

  – Sie werden als *Gleichungsnebenbedingungen* bezeichnet.

  – Es wird m<n vorausgesetzt.

  – Für m≥n muss kein Optimierungsproblem mehr vorliegen, da ein Gleichungssystem mit n Unbekannten und n unabhängigen Gleichungen nur endlich viele Lösungen besitzen kann.

* Die exakte Berechnung von Extremwertproblemen mittels Optimalitätsbedingungen gelingt nur für einfache Fälle (siehe Abschn.24.6.2 - 24.6.4 und Beisp.24.2).

* Praktische Probleme lassen sich i.Allg. nur näherungsweise mittels numerischer Methoden unter Verwendung von Computern berechnen. MATHEMATICA liefert hierfür Hilfsmittel.

24.6.2 Optimalitätsbedingungen für Probleme ohne Beschränkungen

Die mathematische Theorie stellt *Optimalitätsbedingungen* zur *Charakterisierung* und *Berechnung* von Extremwertproblemen ohne Beschränkungen zur Verfügung, wofür die Differenzierbarkeit der auftretenden Funktionen erforderlich ist:

- *Notwendige Optimalitätsbedingungen*:
  - Sie müssen für einen Minimal- oder Maximalpunkt

    $$\mathbf{x}^0 = \left(x_1^0, x_2^0, ..., x_n^0 \right)$$

    erfüllt sein.

  - Sie haben folgende Form:

    Bei Funktionen f(x) einer Variablen ist die erste Ableitung gleich Null, d.h.

    $$f'(x^0) = 0$$

    Bei Funktionen $f(\mathbf{x}) = f(x_1, x_2, ..., x_n)$ von n Variablen $\mathbf{x} = (x_1, x_2, ..., x_n)$ sind alle partiellen Ableitungen erster Ordnung gleich Null, d.h.

    $$f_{x_1}(\mathbf{x}^0) = 0, \; f_{x_2}(\mathbf{x}^0) = 0, \; ..., \; f_{x_n}(\mathbf{x}^0) = 0$$

  - Sie lassen sich folgendermaßen *charakterisieren*:

    Sie liefern n Gleichungen für die n Variablen $\mathbf{x} = (x_1, x_2, ..., x_n)$, deren Lösungen *stationäre Punkte* oder *Extremwerte* heißen.

    Da es sich nur um *notwendige Bedingungen* handelt, muss nicht jeder stationäre Punkt (Extremwert) ein Minimal- oder Maximalpunkt sein.

Zur Bestimmung *stationärer Punkte* kann man versuchen, die von den notwendigen Optimalitätsbedingungen gelieferten Gleichungen zu lösen. Bei dieser Vorgehensweise treten zwei Schwierigkeiten auf:

- Da Gleichungen der notwendigen Optimalitätsbedingungen i.Allg. nichtlinear sind, müssen diese nicht exakt lösbar sein. Es bleibt eine numerische (näherungsweise) Lösung.

- Da die Optimalitätsbedingungen nur notwendig sind, muss man sich überzeugen, ob die hiermit berechneten stationären Punkte (Extremwerte) auch Minimal- oder Maximalpunkte sind, d.h. *hinreichende Optimalitätsbedingungen* heranziehen, die im Folgenden vorgestellt werden.

  ◆

- *Hinreichende Optimalitätsbedingungen*:
  - Sie dienen zum Nachweis, ob ein aus notwendigen Optimalitätsbedingungen berechneter stationärer Punkt ein Minimal- oder Maximalpunkt ist.
  - Sie werden durch die positive/negative Definitheit der zur Zielfunktion f(**x**) gehörenden Hesse-Matrix H(**x**) gegeben, falls f(**x**) stetige Ableitungen zweiter Ordnung besitzt:

Da dies für n≥3 nicht einfach nachzuweisen ist, gehen wir nicht näher hierauf ein und verweisen auf die Literatur.

Für n=1 und 2 sind sie problemlos zur Überprüfung stationärer Punkte anwendbar, wie im Folgenden zu sehen ist.

– Für reelle Funktionen f(x) einer Variablen haben *hinreichende Optimalitätsbedingungen* folgende Form:

Wenn $f''(x^0) \neq 0$ für einen stationären Punkt (Extremwert) x^0 gilt, dann ist x^0 für

$f''(x^0) > 0$ ein Minimalpunkt

$f''(x^0) < 0$ ein Maximalpunkt

Im Fall $f''(x^0) = 0$ müssen höhere Ableitungen solange berechnet werden, bis für ein n≥3 gilt $f^{(n)}(x^0) \neq 0$:

Ist dieses n

gerade, so liegt in x^0 ein Minimalpunkt bzw. Maximalpunkt vor.

ungerade, so liegt in x^0 ein *Wendepunkt* vor.

– Für reelle Funktionen f(x,y) von zwei Variablen haben *hinreichende Optimalitätsbedingungen* folgende Form:

Wenn die Ungleichung

$$f_{xx}(x^0, y^0) \cdot f_{yy}(x^0, y^0) - (f_{xy}(x^0, y^0))^2 > 0$$

für einen stationären Punkt (x^0, y^0) erfüllt ist, dann ist (x^0, y^0) für

$f_{xx}(x^0, y^0) > 0$ ein Minimalpunkt

$f_{xx}(x^0, y^0) < 0$ ein Maximalpunkt

– Aufgrund der geschilderten Problematik wird ab drei Variablen meistens auf den Einsatz hinreichender Optimalitätsbedingungen verzichtet. Stationäre Punkte werden hier untersucht, indem sie mit Erfahrungswerten verglichen oder Werte der Zielfunktion in ihrer Umgebung berechnet werden.

24.6.3 Optimalitätsbedingungen für Probleme mit Beschränkungen

Zur Zielfunktion können als Beschränkungen noch Nebenbedingungen in Gleichungsform (Gleichungsnebenbedingungen) hinzukommen, wie im Abschn.24.6.1 beschrieben ist. Hierfür gibt es folgende zwei Möglichkeiten zur Anwendung von Optimalitätsbedingungen:

I. *Eliminationsmethode*

Sie beruht auf folgender Vorgehensweise (siehe Beisp.24.2):

– Falls sich die m Gleichungen der Nebenbedingungen nach gewissen *Variablen auflösen* lassen, werden die erhaltenen Relationen in die Zielfunktion eingesetzt und es ergibt sich ein *Extremwertproblem ohne Beschränkungen* (Nebenbedingungen), auf das die Optimalitätsbedingungen aus Abschn.24.6.2 anwendbar sind.

– Wenn die Eliminationsmethode anwendbar ist, sollte man sie bevorzugen, da hierbei die Anzahl der Variablen in der erhaltenen Zielfunktion geringer wird und nur noch n-m beträgt.

II. *Lagrangesche Multiplikatorenmethode*

Sie ist als universelle Methode immer anwendbar und beruht auf folgender Vorgehensweise (siehe Beisp.24.2):

- Zuerst wird aus der Zielfunktion und den Funktionen der Gleichungsnebenbedingungen die *Lagrangefunktion*

$$L(\mathbf{x};\boldsymbol{\lambda}) = L(x_1, x_2, ..., x_n; \lambda_1, \lambda_2, ..., \lambda_m) =$$

$$f(x_1, x_2, ..., x_n) + \sum_{i=1}^{m} \lambda_i \cdot g_i(x_1, x_2, ..., x_n) = f(\mathbf{x}) + \sum_{i=1}^{m} \lambda_i \cdot g_i(\mathbf{x})$$

mit den *Lagrangeschen Multiplikatoren*

$$\lambda_1, \lambda_2, ..., \lambda_m$$

gebildet, die sich zu einem Vektor

$$\boldsymbol{\lambda} = (\lambda_1, \lambda_2, ..., \lambda_m)$$

zusammenfassen lassen.

- Anschließend werden *notwendige Optimalitätsbedingungen* auf die Lagrangefunktion $L(\mathbf{x};\boldsymbol{\lambda})$ bzgl. der Variablenvektoren $\mathbf{x}$ und $\boldsymbol{\lambda}$ angewandt. Dies ergibt n+m Gleichungen für $\mathbf{x}$ und $\boldsymbol{\lambda}$

$$\frac{\partial}{\partial x_k} L(\mathbf{x};\boldsymbol{\lambda}) = \frac{\partial}{\partial x_k} f(\mathbf{x}) + \sum_{i=1}^{m} \lambda_i \cdot \frac{\partial}{\partial x_k} g_i(\mathbf{x}) = 0$$

$$(k = 1, ..., n \; ; \; i = 1, ..., m)$$

$$\frac{\partial}{\partial \lambda_i} L(\mathbf{x};\boldsymbol{\lambda}) = g_i(\mathbf{x}) = 0$$

die sich unter Verwendung des *Gradienten* (siehe Abschn.21.3) in folgender *vektorieller Form* schreiben:

$$\mathbf{grad}\, f(\mathbf{x}) + \sum_{i=1}^{m} \lambda_i \cdot \mathbf{grad}\, g_i(\mathbf{x}) = 0 \; , \; \mathbf{g}(\mathbf{x}) = 0$$

- Die *Lagrangesche Multiplikatorenmethode* ist folgendermaßen charakterisiert:

  - Es wird das Extremwertproblem ohne Nebenbedingungen

$$L(\mathbf{x};\boldsymbol{\lambda}) \to \underset{\mathbf{x}\,;\,\boldsymbol{\lambda}}{\text{Minimum / Maximum}}$$

für die Lagrangefunktion betrachtet:

Dies ist eine *Ersatzaufgabe* für das gegebene Extremwertproblem mit Gleichungsnebenbedingungen.

Unter gewissen Voraussetzungen lässt sich zeigen, dass notwendige Optimalitätsbedingungen für die Lagrangefunktion notwendige Optimalitätsbedingungen für die ursprünglich gegebene Extremwertaufgabe mit Gleichungsnebenbedingungen liefern.

- Da es sich nur um notwendige Optimalitätsbedingungen handelt, müssen stationäre Punkte (Extremwerte) der Lagrangefunktion nicht immer Minimal- oder Maximalpunkte sein:

  Man muss zusätzlich *hinreichende Optimalitätsbedingungen* heranziehen, deren Anwendung sich schwierig gestaltet.

  Deshalb verzichtet man meistens auf hinreichende Optimalitätsbedingungen und untersucht erhaltene stationäre Punkte (Extremwerte), indem man sie mit Erfahrungswerten vergleicht oder Werte der Zielfunktion in ihrer Umgebung berechnet.

- *Lagrangesche Multiplikatoren* besitzen für das eigentliche Extremwertproblem keine Bedeutung, d.h. ihr Zahlenwerte sind hierfür uninteressant. Sie lassen sich jedoch in Optimierungsmodellen der Wirtschaft als sogenannte *Schattenpreise* ökonomisch interpretieren.

Beispiel 24.2:

Betrachtung eines Problems der *Materialeinsparung*, das auf ein *Extremwertproblem* (Minimierungsproblem) mit einer Gleichungsnebenbedingung führt:

- Zylindrische Konservendosen mit Deckel und einem Inhalt von $1000\,\text{cm}^3$ sollen aus Blech produziert werden, wofür ein *minimaler Materialverbrauch* gewünscht ist:

  - Für dieses Problem ist die zu minimierende Zielfunktion durch die Oberfläche $O(r,h)$ der Dose gegeben, die sich aus zwei Kreisflächen (Boden+Deckel) mit Radius r und Mantelfläche mit Höhe h zusammensetzt, d.h. es ist bzgl. der Variablen r>0 und h>0 das *Minimierungsproblem*

  $$O(r,h) = 2\cdot\pi\cdot r^2 + 2\cdot\pi\cdot r\cdot h \rightarrow \underset{r,h}{\text{Minimum}}$$

  zu berechnen.

  - Aufgrund der Beschränkung, dass die Dose ein vorgegebenes Volumen haben muss, ist folgende *Gleichungsnebenbedingung* zu berücksichtigen:

  $$V(r,h)= \pi\cdot r^2\cdot h = 1000$$

- Damit ist ein Minimum der Zielfunktion $O(r,h)$ zweier Variablen mit einer Gleichungsnebenbedingung zu berechnen, wenn von *Nicht-Negativitätsbedingungen* für die Variablen r und h abgesehen wird.

a) Für dieses Problem lässt sich die *Eliminationsmethode* einfach anwenden, da die Gleichungsnebenbedingung nach einer Variablen auflösbar ist, z.B.

$$h = 1000/(\pi\cdot r^2)$$

Durch Einsetzen in die Zielfunktion wird das *Minimierungsproblem*

$$O(r) = 2\cdot\pi\cdot r^2 + 2\cdot 1000/r \rightarrow \underset{r}{\text{Minimum}}$$

ohne Nebenbedingungen erhalten:

- Offensichtlich hängt jetzt die Oberfläche $O(r)$ nur noch von der Variablen r ab.

- Dieses Problem lässt sich mittels Differentialrechnung durch Nullsetzen der 1.Ableitung (notwendige Optimalitätsbedingung) von O(r) berechnen, d.h.

$$O'(r) = 4 \cdot \pi \cdot r - 2000 / r^2 = 0$$

Die erhaltene Gleichung kann per Hand bzgl. r gelöst werden:

$$r = (500 / \pi)^{1/3} = 5.41926$$

- Damit folgt für h das Ergebnis

$$h = 1000 /(\pi \cdot r^2) = 1000 /(\pi^{1/3} \cdot 500^{2/3}) = 10.8385$$

- Die Gleichung wird auch von MATHEMATICA mittels **NSolve** problemlos bzgl. r gelöst, wobei die angezeigten komplexen Lösungen (mit i) nicht gefragt sind:

In[1]:= **NSolve**[4*Pi*r - 2000/r^2==0, r]

b) Die Anwendung der *Lagrangeschen Multiplikatorenmethode* gelingt immer. Sie gestaltet sich hier folgendermaßen:

- Die *Lagrangefunktion* hat folgende Form

$$L(r,h;\lambda) = 2 \cdot \pi \cdot r^2 + 2 \cdot \pi \cdot r \cdot h + \lambda \cdot (\pi \cdot r^2 \cdot h - 1000)$$

- Die *notwendigen Optimalitätsbedingungen* für die Lagrangefunktion lauten folgendermaßen:

$$\frac{\partial}{\partial r} L(r,h;\lambda) = 4 \cdot \pi \cdot r + 2 \cdot \pi \cdot h + \lambda \cdot 2 \cdot \pi \cdot r \cdot h = 0$$

$$\frac{\partial}{\partial h} L(r,h;\lambda) = 2 \cdot \pi \cdot r + \lambda \cdot \pi \cdot r^2 = 0$$

$$\frac{\partial}{\partial \lambda} L(r,h;\lambda) = \pi \cdot r^2 \cdot h - 1000 = 0$$

Diese drei Gleichungen zur Bestimmung der Unbekannten λ, r und h werden von MATHEMATICA problemlos mit **NSolve** gelöst, wobei die beiden angezeigten komplexen Lösungen (mit i) nicht gefragt sind:

In[1]:=**NSolve**[{4*Pi*r + 2*Pi*h + λ*2*Pi*r*h==0, 2*Pi*r + λ*Pi*r^2==0 ,

Pi*r^2*h - 1000==0} , {r, h, λ}]

Out[1]= {r→5.41926 , h→10.8385 , λ→-0.369054}
♦

24.6.4 Berechnung mit MATHEMATICA

Die exakte bzw. numerische Berechnung lokaler *Minima* und *Maxima*, d.h. von *Extremwerten* (Extremwertproblemen - siehe Abschn.24.6.1)

$$f(\mathbf{x}) = f(x_1, x_2, ..., x_n) = \underset{x_1, x_2, ..., x_n}{\text{Minimum/Maximum}}$$

wobei gegebenenfalls *Gleichungsnebenbedingungen*

$g(x) = g(x_1, x_2, ..., x_n) = (g_1(x), g_2(x), ..., g_m(x)) = 0$

für die Variablen

$x = (x_1, x_2, ..., x_n)$

vorliegen können, kann in MATHEMATICA mittels folgender integrierter (vordefinierter) Optimierungsfunktionen geschehen:

- *Exakte Berechnung:*

    In[1]:= Minimize
        [{f[x1,x2,...,xn], g1[x1,x2,...,xn]==0 ,..., gm[x1,x2,...,xn]==0}, {x1,x2,...,xn}]
    bzw.

    In[2]:= Maximize
        [{f[x1,x2,...,xn], g1[x1,x2,...,xn]==0 ,..., gm[x1,x2,...,xn]==0}, {x1,x2,...,xn}]

- *Numerische Berechnung:*

    In[3]:= NMinimize
        [{f[x1,x2,...,xn], g1[x1,x2,...,xn]==0 ,..., gm[x1,x2,...,xn]==0}, {x1,x2,...,xn}]
    bzw.

    In[4]:= NMaximize
        [{f[x1,x2,...,xn], g1[x1,x2,...,xn]==0 ,..., gm[x1,x2,...,xn]==0}, {x1,x2,...,xn}]
    bzw.

    In[5]:= FindMinimum
        [{f[x1,x2,...,xn], g1[x1,x2,...,xn]==0 ,..., gm[x1,x2,...,xn]==0}, {x1,x2,...,xn}]
    bzw.

    In[6]:= FindMaximum
        [{f[x1,x2,...,xn], g1[x1,x2,...,xn]==0 ,..., gm[x1,x2,...,xn]==0}, {x1,x2,...,xn}]

Zu den *Optimierungsfunktionen* von MATHEMATICA ist Folgendes zu *bemerken:*
- Alle Funktionen sind wie üblich mit eckigen Klammern einzugeben.
- Um lokale Extremwerte zu erhalten, sind im Argument der Funktionen gegebenenfalls *Nicht-Negativitätsbedingungen* (*Vorzeichenbedingungen*) der Form xi>=0 hinzuzufügen, wie Beisp.24.3 illustriert.
- Bei Anwendung der numerischen Optimierungsfunktionen wählt MATHEMATICA den Startpunkt für die numerische Berechnung selbst. Bei den Optimierungsfunktionen **FindMinimum** und **FindMaximum** kann man dies zusätzlich beeinflussen, indem man im Argument bei den Variablen einen selbstgewählten Startpunkt {x10,x20,...,xn0} folgendermaßen eingibt:

    {{x1, x10},{x2, x20},...,{xn, xn0}}

Beispiel 24.3:

Illustration der Anwendung von MATHEMATICA zur Berechnung von Extremwerten:

a) Berechnung des Minimierungsproblems ohne Nebenbedingungen

    aus Beisp.24.2:

$$O(r) = 2 \cdot \pi \cdot r^2 + 2 \cdot 1000 / r \rightarrow \underset{r}{\text{Minimum}}$$

mittels:

In[1]:= **NMinimize**[{2*Pi*r^2+2*1000/r, r>=0}, r]

Out[1]= {553.581 , {r→5.41926}}

Falls die Beschränkung r>=0 weggelassen wird, berechnet MATHEMATICA das absolute Minimum für ein negatives r.
Die Funktion

In[2]:= **Minimize**[{2*Pi*r^2+2*1000/r, r>=0}, r]

liefert auch die *exakte Lösung*.

b) Numerische Berechnung des Minimierungsproblems

$$2 \cdot \pi \cdot r^2 + 2 \cdot \pi \cdot r \cdot h \rightarrow \underset{r,h}{\text{Minimum}}$$

mit Gleichungsnebenbedingung

$$\pi \cdot r^2 \cdot h = 1000$$

aus Beisp.24.2 mittels der MATHEMATICA-Optimierungsfunktion **FindMinimum**:

In[1]:= **FindMinimum**[{2*Pi*r^2 + 2*Pi*r*h , Pi*r^2*h == 1000} , {r,h}]

Out[1]= {553.581 , {r→5.41926 , h→10.8385}}

Die Optimierungsfunktion **NMinimize** berechnet ebenfalls die angezeigte Lösung mittels

In[2]:= **NMinimize**[{2*Pi*r^2 + 2*Pi*r*h, Pi*r^2*h==1000, r>=0, h>=0}, {r,h}]

c) Berechnung des Minimalpunktes $x_1 = x_2 = 1$, für den die sogenannte *Bananenfunktion*

$$f(x_1, x_2) = 100 \cdot (x_1^2 - x_2)^2 + (1 - x_1)^2$$

den minimalen Wert 0 annimmt:

In[1]:= **Minimize**[100*(x1^2 - x2)^2 + (1 - x1)^2 , {x1,x2}]

Out[1]= {0 , {x1→1, x2→1}}

Die Funktionen **FindMinimum** und **NMinimize** liefern das gleiche Ergebnis.

◆

Bemerkung

Neben der Anwendung von Optimierungsfunktionen zur Berechnung von Extremwertproblemen (siehe Beisp.24.3) kann MATHEMATICA auch mit seinen Funktionen für die Gleichungslösung zur Lösung von Optimalitätsbedingungen eingesetzt werden, wie Beisp.24.2 illustriert.

◆

24.7 Lineare Optimierungsprobleme

24.7.1 Problemstellung

Lineare Optimierungsprobleme gehören zur Klasse der nichtlinearen Optimierungsprobleme (siehe Abschn.24.8) für die Nebenbedingungen in Ungleichungsform (Ungleichungsnebenbedingungen) vorliegen und globale Minima und Maxima gesucht sind:

- In der *englischsprachigen Literatur* wird lineare Optimierung als *linear programming*
  bezeichnet, so dass in deutschsprachigen Büchern auch die Bezeichnung *lineare Programmierung* zu finden ist.

- Allgemeine lineare Optimierungsprobleme haben eine einfache *Struktur*, da Zielfunktion und Funktionen der Nebenbedingungen *linear* sind:

  - Eine *lineare Zielfunktion* ($c_1, c_2, ..., c_n$ - gegebene Konstanten)

    $$f(\mathbf{x}) = f(x_1, x_2, ..., x_n) = c_1 \cdot x_1 + c_2 \cdot x_2 + ... + c_n \cdot x_n$$

    ist bezüglich der Variablen (Unbekannten)

    $$\mathbf{x} = (x_1, x_2, ..., x_n)$$

    zu *minimieren/maximieren*, d.h.

    $$f(\mathbf{x}) = f(x_1, x_2, ..., x_n) = c_1 \cdot x_1 + c_2 \cdot x_2 + ... + c_n \cdot x_n \rightarrow \underset{x_1, x_2, ..., x_n}{\text{Minimum/Maximum}}$$

  - Die Variablen

    $$\mathbf{x} = (x_1, x_2, ..., x_n)$$

    erfüllen zusätzlich *Nebenbedingungen* in Form m *linearer Ungleichungen* (Unglei-
    chungsnebenbedingungen) mit gegebenen Koeffizienten a_{ik} und rechten Seiten b_i
    der Form

    $$
    \begin{array}{ccccccc}
    a_{11} \cdot x_1 & + & a_{12} \cdot x_2 & + & ... & + & a_{1n} \cdot x_n & \geq & b_1 \\
    a_{21} \cdot x_1 & + & a_{22} \cdot x_2 & + & ... & + & a_{2n} \cdot x_n & \geq & b_2 \\
    \vdots & & \vdots & & & & \vdots & & \vdots \\
    a_{m1} \cdot x_1 & + & a_{m2} \cdot x_2 & + & ... & + & a_{mn} \cdot x_n & \geq & b_m
    \end{array}
    $$

    $$(i=1,2,...,m \; ; \; k=1,2,...,n)$$

  - Die auftretenden Ungleichungen sind hinreichend allgemein, da sie alle auftretenden
    Fälle enthalten:
    Falls lineare Gleichungen vorkommen, so können diese durch zwei lineare Unglei-
    chungen ersetzt werden.
    Falls lineare Ungleichungen mit $\leq$ vorkommen, so können diese durch Multiplika-
    tion mit -1 in die Form mit $\geq$ transformiert werden.

  - Meistens müssen die Variablen noch *Nicht-Negativitätsbedingungen* (*Vorzeichenbe-
    dingungen*) der Form $x_j \geq 0$ (j=1,2,...,n) genügen, da bei vielen praktischen Proble-
    men nur positive Werte möglich sind.

- In *Matrixschreibweise* haben allgemeine lineare Optimierungsprobleme die Form

$$f(\mathbf{x}) = \mathbf{c}^{\mathrm{T}} \cdot \mathbf{x} \underset{\mathbf{x}}{\rightarrow} \text{Minimum/Maximum} \quad , \quad \mathbf{A} \cdot \mathbf{x} \geq \mathbf{b} \quad , \quad \mathbf{x} \geq 0$$

mit

$$\mathbf{c} = \begin{pmatrix} c_1 \\ c_2 \\ \vdots \\ c_n \end{pmatrix} \quad \mathbf{x} = \begin{pmatrix} x_1 \\ x_2 \\ \vdots \\ x_n \end{pmatrix} \quad \mathbf{b} = \begin{pmatrix} b_1 \\ b_2 \\ \vdots \\ b_m \end{pmatrix} \quad \mathbf{A} = \begin{pmatrix} a_{11} & a_{12} & \cdots & a_{1n} \\ a_{21} & a_{22} & \cdots & a_{2n} \\ \vdots & \vdots & \cdots & \vdots \\ a_{m1} & a_{m2} & \cdots & a_{mn} \end{pmatrix}$$

wobei die Vektoren **b** und **c** und die Koeffizientenmatrix **A** gegeben sind und der Vektor **x** der Variablen (Unbekannten) zu berechnen ist.

Lineare Optimierungsprobleme sind folgendermaßen *charakterisiert:*

- Im Gegensatz zu Extremwertproblemen aus Abschn.24.6 existieren nur *globale Optima* (Minima/Maxima), die auf dem Rand des durch die Nebenbedingungen bestimmten abgeschlossenen *Bereichs* liegen, der die Form eines Polyeders besitzt.

- Es existieren *spezielle Lösungsmethoden*, auf die wir im Buch nicht eingehen, da sie in MATHEMATICA integriert sind. Sie beruhen hauptsächlich auf der linearen Algebra:

  – Die bekannteste ist die *Simplexmethode*, die vom amerikanischen Mathematiker *Dantzig* in den vierziger Jahren des 20. Jahrhunderts entwickelt wurde.

  – Die Simplexmethode liefert eine exakte Lösung in endlich vielen Schritten (mit Ausnahme von Entartungsfällen).

- Lineare Optimierungsprobleme treten häufig bei Fragestellungen auf, in denen Kosten und Verbrauch (von Rohstoffen, Materialien) minimiert bzw. Gewinn und Produktionsmenge maximiert werden sollen:
  Hierzu zählen Aufgaben der *Transportoptimierung, Produktionsoptimierung, Mischungsoptimierung, Gewinnmaximierung, Kostenminimierung.*

♦

Beispiel 24.4:
Betrachtung einer typischen Problemstellung der linearen Optimierung, die im Beisp.24.5 mittels MATHEMATICA berechnet wird:

Ein einfaches *Mischungsproblem* ergibt sich aus folgender Problematik:

– Es stehen drei verschiedene Getreidesorten

  G1, G2 und G3

  zur Verfügung, um hieraus ein Futtermittel zu mischen.

– Jede dieser Getreidesorten hat einen unterschiedlichen Gehalt an erforderlichen Nährstoffen A und B, von denen das Futtermittel mindestens 42 bzw. 21 Mengeneinheiten enthalten muss.

– Die folgende Tabelle liefert die Anteile der Nährstoffe in den einzelnen Getreidesorten und die Preise/Mengeneinheit:

	G1	G2	G3
Nährstoff A	6	7	1
Nährstoff B	1	4	5
Preis/Einheit	6	8	18

– Die *Kosten* für das Futtermittel sollen *minimal* werden. Dies ergibt folgendes *lineare Optimierungsproblem*, wenn für die verwendeten Mengen der Getreidesorten G1, G2, G3 die Variablen x_1, x_2, x_3 benutzt werden:

$$6 \cdot x_1 + 8 \cdot x_2 + 18 \cdot x_3 \;\to\; \underset{x_1, x_2, x_3}{\text{Minimum}}$$

$$6 \cdot x_1 + 7 \cdot x_2 + x_3 \;\geq\; 42$$

$$x_1 + 4 \cdot x_2 + 5 \cdot x_3 \;\geq\; 21 \quad , \quad x_1 \geq 0 \ , \ x_2 \geq 0 \ , \ x_3 \geq 0$$

◆

24.7.2 Berechnung mit MATHEMATICA

MATHEMATICA kann allgemeine *lineare Optimierungsprobleme* der Form (siehe Abschn.24.7.1)

$$f(\mathbf{x}) = \mathbf{c}^T \cdot \mathbf{x} \to \underset{\mathbf{x}}{\text{Minimum}} \quad , \qquad \mathbf{A} \cdot \mathbf{x} \geq \mathbf{b} \quad , \qquad \mathbf{x} \geq 0$$

mittels der integrierten (vordefinierten) Funktion (*Optimierungsfunktion*)

In[1]:= LinearProgramming[c, A, b]

berechnen. Falls ein Maximum zu bestimmen ist, wird die negative Zielfunktion minimiert.

Beispiel 24.5:

Berechnung des linearen Optimierungsproblems

$$f(x_1, x_2, x_3) = 6 \cdot x_1 + 8 \cdot x_2 + 18 \cdot x_3 \;\to\; \underset{x_1, x_2, x_3}{\text{Minimum}}$$

$$6 \cdot x_1 + 7 \cdot x_2 + x_3 \;\geq\; 42$$

$$x_1 + 4 \cdot x_2 + 5 \cdot x_3 \;\geq\; 21 \quad , \quad x_1 \geq 0 \ , \ x_2 \geq 0 \ , \ x_3 \geq 0$$

aus Beisp.24.4:

- Dazu muss das Problem erst in die Matrixschreibweise

  $$f(\mathbf{x}) = \mathbf{c}^T \cdot \mathbf{x} \to \underset{\mathbf{x}}{\text{Minimum}} \quad , \qquad \mathbf{A} \cdot \mathbf{x} \geq \mathbf{b} \quad , \qquad \mathbf{x} \geq 0$$

  überführt werden:

  In[1]:= c={6,8,18}; A={{6,7,1},{1,4,5}}; b={42,21};

- Danach lässt sich die MATHEMATICA-Optimierungsfunktion **LinearProgramming** anwenden:

  – *Exakte Berechnung:*

    In[2]:= LinearProgramming[c, A, b]

    Out[2]= $\{ \dfrac{21}{17} , \dfrac{84}{17} , 0 \}$

– *Ergebnisberechnung* in Form von Dezimalzahlen:

In[3]:= LinearProgramming[c, A, b]//N

Out[3]= {1.23529 , 4.94118 , 0.}

Damit werden *minimale Kosten* bei Verwendung von 1.2 Mengeneinheiten der Getreidesorte G1, 4.9 Mengeneinheiten der Getreidesorte G2 und 0 Mengeneinheiten der Getreidesorte G3 erreicht.

♦

24.8 Nichtlineare Optimierungsprobleme

Eine Reihe von Optimierungsproblemen in Technik und Naturwissenschaften lässt sich nicht zufriedenstellend durch lineare Modelle beschreiben, d.h. mittels linearer Optimierung. Deshalb ist es notwendig, die *nichtlineare Optimierung* zu betrachten:

* Sobald eine Funktion der Nebenbedingungen oder die Zielfunktion nichtlinear ist, lässt sich die lineare Optimierung nicht mehr anwenden, so dass die *nichtlineare Optimierung* erforderlich ist.

* In der englischsprachigen Literatur wird die Bezeichnung *nonlinear programming* verwendet, so dass in deutschsprachigen Büchern auch die Bezeichnung *nichtlineare Programmierung* zu finden ist.

24.8.1 Problemstellung

Nichtlineare Optimierungsprobleme haben folgende *Struktur:*

– Eine *Zielfunktion*

$$f(\mathbf{x}) = f(x_1, x_2, \dots, x_n)$$

ist bezüglich der n Variablen

$$\mathbf{x} = (x_1, x_2, \dots, x_n)$$

zu *minimieren/maximieren*, d.h.

$$f(\mathbf{x}) = f(x_1, x_2, \dots, x_n) \;\to\; \underset{x_1, x_2, \dots, x_n}{\text{Minimum/Maximum}}$$

– Die Variablen müssen zusätzlich *Nebenbedingungen* in Form von m *Ungleichungen* (Ungleichungsnebenbedingungen) mit beliebigen Funktionen g_i erfüllen, d.h.

$$g_i(\mathbf{x}) = g_i(x_1, x_2, \dots, x_n) \leq 0 \qquad\qquad (i=1,2,\dots,m)$$

Nichtlineare Optimierungsprobleme sind folgendermaßen *charakterisiert:*

* Die gegebene Problemstellung ist hinreichend allgemein, d.h. sie enthält alle auftretenden Fälle:
  – Falls Gleichungsnebenbedingungen vorkommen, so können diese durch zwei Ungleichungsnebenbedingungen ersetzt werden.

- Falls Ungleichungsnebenbedingungen mit $\geq$ vorkommen, so können diese durch Multiplikation mit -1 in die Form mit $\leq$ transformiert werden.

- Im Gegensatz zu Extremwertproblemen aus Abschn.24.6 sind globale Minima/Maxima gesucht.

- Während bei der linearen Optimierung lokale und globale Minima/Maxima zusammenfallen, können bei der nichtlinearen Optimierung neben globalen auch lokale Minima /Maxima auftreten.

  ◆

Beispiel 24.6:

Betrachtung einer Problemstellung der nichtlinearen Optimierung:

Bei einem *Transport* für eine Firma sind nicht nur *Transportkosten* wie bei der linearen Optimierung zu minimieren, sondern auch gleichzeitig *Verpackungskosten:*

- Es werden $A\,m^3$ eines *Rohstoffs* für einen gegebenen Zeitraum benötigt, der von einem Erzeuger in zylindrischen *Fässern* (mit Deckel) mit Radius x_1 und Höhe x_2 geliefert wird. Die Anzahl N der benötigten Fässer beträgt damit

$$N = \frac{A}{\pi \cdot x_1^2 \cdot x_2}$$

wobei auf die nächst größere ganze Zahl aufzurunden ist.

- Die *Transportkosten* pro Fass (unabhängig von der Größe) ergeben sich zu B Euro. Diese und die Kosten der Fässer müssen von der Firma getragen werden.

- Die *Kosten* (Herstellungs- und Materialkosten) für die Fässer belaufen sich auf C Euro pro m^2, wobei das *Volumen* eines Fasses $D\,m^3$ nicht überschreiten darf.

- Für die Firma entsteht das Problem der *Minimierung* der *Gesamtkosten* (Transportkosten+Kosten für die Fässer), d.h.

$$B \cdot N + N \cdot C \cdot (2 \cdot \pi \cdot x_1^2 + 2 \cdot \pi \cdot x_1 \cdot x_2) = \frac{A \cdot B}{\pi \cdot x_1^2 \cdot x_2} + 2 \cdot A \cdot C \cdot \left(\frac{1}{x_1} + \frac{1}{x_2} \right) \rightarrow \underset{x_1, x_2}{\text{Minimum}}$$

unter den Ungleichungsnebenbedingungen

$$\pi \cdot x_1^2 \cdot x_2 \leq D \quad, \quad x_1 \geq 0 \quad, \quad x_2 \geq 0$$

- Damit liegt ein *nichtlineares Optimierungsproblem* vor, das im Beisp.24.7 mittels MATHEMATICA berechnet wird.

  ◆

24.8.2 Berechnung mit MATHEMATICA

Die *numerische Berechnung* von nichtlinearen Optimierungsproblemen

$$f(\mathbf{x}) = f(x_1, x_2, ..., x_n) = \underset{x_1, x_2, ..., x_n}{\text{Minimum/Maximum}}$$

mit Ungleichungsnebenbedingungen

$$\mathbf{g(x)} = \mathbf{g}(x_1, x_2, ..., x_n) = (\, g_1(\mathbf{x}) \,, \, g_2(\mathbf{x}) \,, ..., \, g_m(\mathbf{x}) \,) \leq \mathbf{0}$$

für die Variablen

$$\mathbf{x} = (x_1, x_2, ..., x_n)$$

kann in MATHEMATICA mittels folgender integrierter (vordefinierter) Funktionen (*Optimierungsfunktionen*) geschehen, die wir bereits bei Extremwertproblemen (Abschn.24.6) kennenlernten:

In[1]:= NMinimize
    [{f[x1,x2,...,xn], g1[x1,x2,...,xn]<=0 ,..., gm[x1,x2,...,xn]<=0},{x1,x2,...,xn}]
bzw.

In[2]:= NMaximize
    [{f[x1,x2,...,xn], g1[x1,x2,...,xn]<=0 ,..., gm[x1,x2,...,xn]<=0},{x1,x2,...,xn}]
bzw.

In[3]:= FindMinimum
    [{f[x1,x2,...,xn], g1[x1,x2,...,xn]<=0 ,..., gm[x1,x2,...,xn]<=0},{x1,x2,...,xn}]
bzw.

In[4]:= FindMaximum
    [{f[x1,x2,...,xn], g1[x1,x2,...,xn]<=0 ,..., gm[x1,x2,...,xn]<=0},{x1,x2,...,xn}]

> **Bemerkung**

Zur Berechnung praktisch anfallender nichtlinearer Optimierungsprobleme ist Folgendes zu bemerken:

- Bei Anwendung der numerischen Optimierungsfunktionen wählt MATHEMATICA den Startpunkt für die numerische Berechnung selbst. Bei den Optimierungsfunktionen **FindMinimum** und **FindMaximum** kann man dies zusätzlich beeinflussen, indem man im Argument bei den Variablen einen selbstgewählten Startpunkt {x10,x20,...,xn0} folgendermaßen eingibt:

    {{x1, x10},{x2, x20},...,{xn, xn0}}

- Es kann nicht erwartet werden, dass sich praktisch anfallende Optimierungsprobleme immer numerisch mit MATHEMATICA berechnen lassen. Dies liegt nicht an MATHEMATICA, sondern am gegenwärtigen Stand numerischer Optimierungsmethoden, die einen Forschungsschwerpunkt der Numerischen Mathematik bilden.

- Es wird Anwendern von MATHEMATICA zusätzlich empfohlen, das Package (Erweiterungspaket) *GlobalOptimization* einzusetzen (siehe Abschn.24.4.2 und [81])

◆

Beispiel 24.7:

Die *numerische Berechnung* des nichtlinearen Optimierungsproblems aus Beisp.24.6 geschieht für konkrete Werte A=1000, B=10, C=20, D=10, d.h.

$$\frac{10000}{\pi \cdot x_1^2 \cdot x_2} + 40000 \cdot \left(\frac{1}{x_1} + \frac{1}{x_2} \right) \to \underset{x_1, x_2}{\text{Minimum}}$$

Unter den Nebenbedingungen

$$\pi \cdot x_1^2 \cdot x_2 \leq 10 \ , \ x_1 \geq 0 \ , \ x_2 \geq 0$$

mittels *Optimierungsfunktionen* von MATHEMATICA folgendermaßen:

- Anwendung von **NMinimize**:

In[1]:= **NMinimize**[{10000/(**Pi**∗x1^2∗x2) + 40000∗(1/x1+1/x2), **Pi**∗x1^2∗x2<=10, x1>=0, x2>=0},{x1,x2}]

Out[1]= {52389.9, {x1→1.16754, x2→2.33509}}

- Anwendung von **FindMinimum**:

In[2]:= **FindMinimum**[{10000/(**Pi**∗x1^2∗x2)+40000∗(1/x1+1/x2), **Pi**∗x1^2∗x2<=10, x1>=0, x2>=0},{x1,x2}]

Out[2]= {52389.9, {x1→1.16754, x2→2.33509}}

♦

25 Wahrscheinlichkeitsrechnung

Da die *Wahrscheinlichkeitsrechnung* in mathematischen Modellen praktischer Anwendungen immer mehr an Bedeutung gewinnt, wird im Folgenden ein kurzer Einblick in die Problematik und die Anwendung von MATHEMATICA gegeben:

- Es gibt eine Reihe *spezieller Programmsysteme* wie SAS, UNISTAT, STATGRAPHICS, SYSTAT und SPSS, die zur Berechnung von Problemen der Wahrscheinlichkeitsrechnung und Statistik mittels Computer erstellt wurden und umfangreiche Möglichkeiten bieten:

  - Dies bedeutet jedoch nicht, dass MATHEMATICA hierfür untauglich ist.

  - Bereits der kurze Einblick in den Kap.25 und 26 lässt erkennen, dass MATHEMATICA wirkungsvolle Werkzeuge für Wahrscheinlichkeitsrechnung und Statistik zur Verfügung stellt.

  - Da MATHEMATICA Zufallszahlen erzeugen kann, lassen sich damit auch *Simulationen* durchführen.

- Eine ausführliche Behandlung der Wahrscheinlichkeitsrechnung ist aufgrund der großen Stofffülle nicht möglich, so dass hierfür auf die Bücher [102-106, 112] verwiesen wird.

25.1 Einführung

In Technik, Natur- und Wirtschaftswissenschaften werden *deterministische* und *zufällige Ereignisse* unterschieden:

- *Deterministische Ereignisse*, deren Ausgang eindeutig bestimmt ist:

  - Aus Technik, Physik, Chemie, Biologie, ... sind zahlreiche deterministische Erscheinungen bekannt.

  - Ein typisches Beispiel liefert das bekannte *Ohmsche Gesetz* $U=I\cdot R$ der Physik. Hier ergibt sich die *Spannung* U eindeutig als Produkt aus fließendem *Strom* I und vorhandenem *Widerstand* R und bei jedem Experiment wird für gleichen Strom und Widerstand dasselbe Ergebnis U erhalten.

- *Zufällige Ereignisse* (Zufallsereignisse), die vom *Zufall* abhängen, d.h. deren Ausgang unbestimmt ist:

  - In der Mathematik werden zufällige Ereignisse als mögliche *Realisierungen* (*Ergebnisse*, *Ausgänge*) eines *Zufallsexperiments* verstanden und mit Großbuchstaben A, B,... bezeichnet.

  - *Zufallsexperimente* lassen sich folgendermaßen charakterisieren:
    Sie werden unter gleichbleibenden äußeren Bedingungen (Versuchsbedingungen) durchgeführt und lassen sich beliebig oft wiederholen.
    Es sind mehrere (endlich oder unendlich viele) verschiedene Ergebnisse (Ausgänge) möglich.
    Das *Eintreffen* oder *Nichteintreffen* eines Ergebnisses (Ausgangs) kann nicht sicher vorausgesagt werden, d.h. es ist *zufällig*.

Die möglichen einander ausschließenden Ergebnisse (Ausgänge) eines Zufallsexperiments heißen seine *Elementarereignisse*.

– Einfache Beispiele für Zufallsexperimente sind *Werfen* einer *Münze*, *Würfeln* mit einem *Würfel*, *Ziehen* von *Lottozahlen*.
Beispiele aus Technik und Naturwissenschaften findet man anschließend.

Die *Wahrscheinlichkeitsrechnung* untersucht *mathematische Gesetzmäßigkeiten* von zufälligen Ereignissen und liefert für sie mathematische Modellierungs- und Berechnungsmethoden:

• Sie gewinnt *quantitative Aussagen* über zufällige Ereignisse unter Einsatz der Begriffe *Wahrscheinlichkeit*, *Zufallsgrößen* und *Verteilungsfunktion*, die wir in den folgenden Abschn.25.3-25.5 kennenlernen.

• Eine Reihe von Problemen in Technik und Naturwissenschaften kann unter Anwendung *zufälliger Ereignisse* untersucht und berechnet werden. Dazu gehören u.a.:
  – Die in einer Telefonzelle ankommenden Gespräche (Theorie der Wartesysteme)
  – Die Lebensdauer (Funktionsdauer) technischer Geräte (Zuverlässigkeitstheorie)
  – Die Abweichungen der Maße produzierter Werkstücke von den Sollwerten
  – Qualitätskontrolle in der Produktion
  – Zufallsrauschen in der Signalübertragung
  – Brownsche Molekularbewegung
  – Flugweite von Geschossen
  – Beobachtungs- und Messfehler
    ♦

25.2 Anwendung von MATHEMATICA

In MATHEMATICA sind eine Reihe von Funktionen zur Wahrscheinlichkeitsrechnung integriert (vordefiniert). Im Folgenden (Abschn.25.6.3, 25.6.4 und 25.7.3) werden wichtige vorgestellt.
Alle MATHEMATICA-Funktionen zur Wahrscheinlichkeitsrechnung erhält man aus der Hilfe durch Eingabe von

Probability

Hier illustrieren auch zahlreiche Beispiele die Problematik.

25.3 Wahrscheinlichkeit

Die *Wahrscheinlichkeit* gehört neben Zufallsgrößen und Verteilungsfunktion (siehe Abschn. 25.4 bzw. 25.5) zu grundlegenden Begriffen der (mathematischen) Wahrscheinlichkeitsrechnung.

Die (mathematische) *Wahrscheinlichkeit* ist folgendermaßen *charakterisiert:*

• Zur analytischen Beschreibung zufälliger Ereignisse A lässt sich eine Maßzahl P(A) definieren, die Wahrscheinlichkeit heißt:

- P(A) beschreibt die Chance für das *Eintreten* eines *Ereignisses*.
- Praktischerweise wird P(A) zwischen 0 und 1 gewählt, wobei die Wahrscheinlichkeit 0 für das *unmögliche* Ereignis $\varnothing$ (d.h. P($\varnothing$)=0) und 1 für das *sichere* Ereignis Ω (d.h. P(Ω)=1) stehen.
- Im Beisp.25.1 findet man Illustrationen zur Wahrscheinlichkeit.
- Die anschließend vorgestellten zwei *anschaulichen Definitionen* der Wahrscheinlichkeit reichen nur für einfache Fälle aus. Für eine allgemeine und aussagekräftige Theorie ist eine *axiomatische Definition* erforderlich, die in Lehrbüchern zur Wahrscheinlichkeitsrechnung zu finden ist.

Erste Begegnungen mit dem Begriff Wahrscheinlichkeit ergeben sich bei folgenden Betrachtungen:

- *Klassische Definition* der Wahrscheinlichkeit

$$P(A)=\frac{\text{Anzahl der für A günstigen Elementarereignisse}}{\text{Anzahl der für A möglichen Elementarereignisse}}$$

für ein zufälliges Ereignis A:
- Diese Definition gilt nur unter der Voraussetzung, dass es sich bei A um endlich viele gleichmögliche Elementarereignisse handelt.
- Offensichtlich gilt $0 \leq P(A) \leq 1$
- Klassische Wahrscheinlichkeiten lassen sich oft mittels Kombinatorik berechnen.

- *Statistische Definition* der Wahrscheinlichkeit mittels *relativer Häufigkeit*

$$H_n(A) = \frac{m}{n} \qquad\qquad\qquad (n \geq m)$$

für ein zufälliges Ereignis A:
- $H_n(A)$ steht dafür, dass A bei n Zufallsexperimenten m-mal aufgetreten ist.
- $H_n(A)$ schwankt für großes n immer weniger um einen gewissen Wert.
  Deshalb kann die *relative Häufigkeit* für hinreichend großes n als *Näherung* für die Wahrscheinlichkeit P(A) verwendet werden.
- Offensichtlich gilt $0 \leq H_n(A) \leq 1$
  ◆

25.4 Zufallsgrößen

Zufallsgrößen (auch als Zufallsvariablen bezeichnet) sind folgendermaßen *charakterisiert*:
- Sie wurden eingeführt, um mit zufälligen Ereignissen rechnen zu können.
- Eine exakte Definition ist mathematisch anspruchsvoll.
- Für Anwendungen genügt der anschauliche Sachverhalt, dass sie als Funktionen definiert sind, die Ergebnissen eines Zufallsexperiments reelle Zahlen zuordnen.

- Zufallsgrößen werden durch Großbuchstaben X, Y,... bezeichnet.
- Es wird zwischen diskreten und stetigen Zufallsgrößen unterschieden:
  - *Diskrete Zufallsgrößen:*
    Sie können nur *endlich* (oder *abzählbar unendlich*) *viele Werte* annehmen.
  - *Stetige Zufallsgrößen:*
    Sie können beliebig viele Werte annehmen.
    Im Unterschied zu diskreten ist bei stetigen Zufallsgrößen X die Wahrscheinlichkeit
    P(X=a) gleich Null, das X einen konkreten Zahlenwert a annimmt. Deshalb treten
    bei stetigen Zufallsgrößen nur Wahrscheinlichkeiten der Form P(a≤X), P(X≤b) und
    P(a≤X≤b) auf, dass ihre Zahlenwerte in gewissen Intervallen liegen (siehe Abschn.
    25.6.2).

Beispiel 25.1:

Im Folgenden sind Illustrationen zu Wahrscheinlichkeit und Zufallsgrößen zu sehen:

a) Betrachtung des Standardbeispiels *Würfeln* mit einem idealen Würfel:
   - Das Zufallsexperiment *Würfeln* hat offensichtlich die 6 *Elementarereignisse* Werfen
     von 1, 2, 3, 4, 5, 6.
   - Das *unmögliche Ereignis* ∅ besteht hier darin, dass eine Zahl ungleich der Zahlen
     1, 2, 3, 4, 5, 6 geworfen wird.
   - Das *sichere Ereignis* Ω besteht hier darin, dass eine der Zahlen 1, 2, 3, 4, 5, 6 ge-
     worfen wird.
   - Die *Wahrscheinlichkeit*, eine bestimmte Zahl zwischen 1 und 6 zu werfen, bestimmt
     sich mittels klassischer Wahrscheinlichkeit als *Quotient günstiger Elementarereig-
     nisse* (1) und *möglicher Elementarereignisse* (6) zu 1/6.
   - Ein zufälliges Ereignis A kann hier z.B. darin bestehen, dass eine *gerade Zahl* ge-
     worfen wird, d.h. A besteht aus drei Elementarereignissen 2, 4, 6. Damit tritt das Er-
     eignis A ein, wenn eine der Zahlen 2, 4 oder 6 geworfen wird und die Wahrschein-
     lichkeit beträgt P(A)=3/6=1/2.
   - Als *diskrete Zufallsgröße* X für das Zufallsexperiment *Würfeln* wird praktischerwei-
     se die Funktion verwendet, die dem Elementarereignis des Werfens einer bestimm-
     ten Zahl genau diese Zahl zuordnet, d.h. X ist eine Funktion, die Werte 1, 2, 3, 4, 5,
     6 annehmen kann.

b) Berechnung der *Wahrscheinlichkeiten* für einen *Gewinn* beim Lotto 6 aus 49:
   - Als Modell für die Ziehung der Lottozahlen kann ein Behälter verwendet werden,
     der 49 durchnummerierte Kugeln enthält. Die Ziehung der 6 Lottozahlen geschieht
     durch zufällige Auswahl von 6 Kugeln aus diesem Behälter ohne Zurücklegen der
     gezogenen Kugeln, d.h. keine Zahl kann sich wiederholen.
   - Die Anzahl der *möglichen Fälle* für die gezogenen Zahlen berechnet sich als eine
     Kombination ohne *Wiederholung* (siehe Abschn.14.3), d.h. als Auswahl von 6 Zah-
     len aus 49 Zahlen ohne Berücksichtigung der Reihenfolge und ohne Wiederholung,
     so dass sich folgender Wert ergibt:

$$\binom{49}{6} = 13\ 983\ 816$$

- Damit berechnet sich die *Wahrscheinlichkeit* für
  - *6 richtig getippte Zahlen* zu 1/13 983 816, da es hier nur einen günstigen Fall gibt.
  - das Ereignis A_k, das k Zahlen (k=0, 1, 2, 3, 4, 5, 6) *richtig getippt* werden, aus der Formel

    $$P(A_k) = \frac{\binom{6}{k} \cdot \binom{43}{6-k}}{\binom{49}{6}}$$

    da eine *hypergeometrische Wahrscheinlichkeitsverteilung* vorliegt (siehe Abschn.25.6.1).

c) Die *Temperatur* eines zu bearbeitenden Werkstücks kann als *stetige Zufallsgröße* X aufgefasst werden, der als Zahlenwerte alle Werte zugeordnet werden, die die Temperatur in einem gewissen Intervall annehmen kann, das für die Bearbeitung erforderlich ist (Toleranzintervall).

d) Der *Benzinverbrauch* eines Pkw kann als *stetige Zufallsgröße* X aufgefasst werden, der als Zahlenwerte alle Werte innerhalb eines gewissen Bereiches (Intervall) zugeordnet werden.

e) Falls *Messungen* (mit Messfehlern) vorliegen, kann bei diesen Zufallsexperimenten angenommen werden, dass die zur Messung gehörige *Zufallsgröße* X *stetig* ist.
  ◆

Allgemein treten stetige Zufallsgrößen in Technik und Naturwissenschaften überall dort auf, wo Abweichungen von Sollwerten zu untersuchen sind.
◆

25.5 Verteilungsfunktion

Die *Verteilungsfunktion* F(x) einer Zufallsgröße X ist durch

F(x) = P(X≤x)

definiert, wobei P(X≤x) die Wahrscheinlichkeit dafür angibt, dass X einen Wert kleiner oder gleich der Zahl x annimmt:

- Die Verteilungsfunktion einer *diskreten Zufallsgröße* X mit Werten

  $x_1, x_2, \ldots, x_n, \ldots$

  ergibt sich mit Wahrscheinlichkeiten

  $p_i = P(X = x_i)$ (i=1,2,...,n,...)

  dafür, dass X die Werte x_i annimmt, in der Form

$$F(x) = \sum_{x_i \le x} p_i$$

und ist folgendermaßen *charakterisiert:*

- Sie heißt *diskrete Verteilungsfunktion.*
- Die grafische Darstellung diskreter Verteilungsfunktionen hat die Gestalt einer *Treppenkurve* (siehe Abb.25.1).
- Diskrete Verteilungsfunktionen $F(x)$ sind durch Vorgabe der Wahrscheinlichkeiten

$$p_i = P(X = x_i) \qquad\qquad (i=1,2,...,n,...)$$

   eindeutig bestimmt.
   Es bleibt das Problem, diese für eine gegebene diskrete Zufallsgröße X zu bestimmen. Deshalb werden im Abschn.25.6.1 *diskrete Wahrscheinlichkeitsverteilungen* betrachtet, bei denen die Wahrscheinlichkeiten für praktisch wichtige Fälle formelmäßig gegeben sind.

• Die Verteilungsfunktion einer *stetigen Zufallsgröße* X ergibt sich mit *Dichtefunktion* (Wahrscheinlichkeitsdichte, kurz: Dichte) $f(t)$ in der Form

$$F(x) = \int_{-\infty}^{x} f(t)\, dt$$

und ist folgendermaßen *charakterisiert:*

- Sie heißt *stetige Verteilungsfunktion.*
- Stetige Verteilungsfunktionen berechnen die Wahrscheinlichkeit dafür, dass X Zahlenwerte aus dem Intervall $(-\infty,x]$ annimmt. Falls die Wahrscheinlichkeit gesucht ist, dass sie Zahlenwerte aus einem Intervall $[a,b]$ annimmt, so gilt

$$P(a \le X \le b) = P(a < X \le b) = P(a \le X < b) = P(a < X < b) = \int_{a}^{b} f(t)\, dt$$

- Speziell ist die Wahrscheinlichkeit, dass eine stetige Zufallsgröße X einen konkreten Zahlenwert a annimmt gleich Null, wie sich folgendermaßen ergibt:

$$P(X=a) = P(a \le X \le a) = \int_{a}^{a} f(t)\, dt = 0$$

- Stetige Verteilungsfunktionen $F(x)$ sind durch Vorgabe der *Dichte* $f(t)$ eindeutig bestimmt. Es bleibt das Problem, $f(t)$ für eine gegebene stetige Zufallsgröße X zu bestimmen. Deshalb werden im Abschn.25.6.2 *stetige Wahrscheinlichkeitsverteilungen* betrachtet, bei denen Dichten für praktisch wichtige Fälle formelmäßig gegeben sind.

• Die *inverse Verteilungsfunktion* F^{-1} spielt eine große Rolle:

- Der Wert x_s wird als *s-Quantil* einer Zufallsgröße X bezeichnet, wenn gilt

$$F(x_s) = P(X \le x_s) = s$$

   wobei s eine gegebene Zahl aus dem Intervall $[0,1]$ ist.

– Das s-Quantil x_s berechnet sich unter Anwendung der inversen Verteilungsfunktion aus

$$x_s = F^{-1}(s)$$

25.6 Wahrscheinlichkeitsverteilungen

Für eine betrachtete Zufallsgröße X stellt sich die Frage, mit welchen *Wahrscheinlichkeiten* ihre Werte realisiert werden, d.h. welche *Wahrscheinlichkeitsverteilung* sie besitzt. Somit wird das Verhalten einer Zufallsgröße X durch ihre Wahrscheinlichkeitsverteilung (kurz: Verteilung) bestimmt.

Bei bekannter *Wahrscheinlichkeitsverteilung* ist damit auch die *Verteilungsfunktion* einer Zufallsgröße X gegeben.

Es gibt eine Reihe bekannter Wahrscheinlichkeitsverteilungen für diskrete und stetige Zufallsgrößen, die *diskrete* bzw. *stetige Wahrscheinlichkeitsverteilungen* heißen.

Wichtige Wahrscheinlichkeitsverteilungen stellen folgende Abschn.25.6.1 bzw. 25.6.2 vor, und in den Abschn.25.6.3 bzw. 25.6.4 ist die Anwendung von MATHEMATICA beschrieben.

♦

25.6.1 Diskrete Wahrscheinlichkeitsverteilungen

Für praktische Anwendungen wichtige *diskrete Wahrscheinlichkeitsverteilungen* sind:

- *Binomialverteilung* (Bernoulli-Verteilung) B(n,p):

  Eine diskrete Zufallsgröße X, die n Zahlen 0, 1, 2, 3,..., n mit den Wahrscheinlichkeiten

$$P(X=k) = \binom{n}{k} \cdot p^k \cdot (1-p)^{n-k} \qquad (k=0,1,2,3,...,n)$$

annimmt, heißt *binomialverteilt*, d.h. sie besitzt eine Binomialverteilung mit den Parametern n und p (Wahrscheinlichkeit).

Zur *Erklärung* der Binomialverteilung kann das Modell "*zufällige Entnahme von Elementen aus einer Gesamtheit m i t Zurücklegen*" verwendet werden:

– Dieses Modell beinhaltet Folgendes:

  Gesucht ist die Wahrscheinlichkeit P(X=k), dass bei n *unabhängigen Zufallsexperimenten*, bei denen nur

  das Ereignis   A   (mit Wahrscheinlichkeit p)

  oder

  das zu A komplementäre Ereignis $\overline{A}$ (mit Wahrscheinlichkeit 1-p)

  eintreten kann, das Ereignis A k-mal auftritt (k=0,1,2,3,...,n).

– Derartige Zufallsexperimente heißen *Bernoulli-Experimente* und sind z.B. bei der Qualitätskontrolle anzutreffen:

Hier bestehen die *Zufallsexperimente* darin, aus einem großen Warenposten von Er-
zeugnissen (z.B. Schrauben, Werkstücke, Fernsehgeräte, Radios, Computer) *zufällig*
einzelne *Erzeugnisse* nacheinander *auszuwählen* und auf Brauchbarkeit (Ereignis A)
oder Ausschuss (Ereignis $\overline{A}$) zu untersuchen.

Die *Unabhängigkeit* der einzelnen Experimente wird dadurch erreicht, dass das he-
rausgenommene Erzeugnis nach der Untersuchung wieder in den Warenposten zu-
rückgelegt und der Posten gut durchgemischt wird. Es wird von einem Experiment
Ziehen mit Zurücklegen gesprochen.

Bei sehr großen Warenposten ist die Unabhängigkeit näherungsweise auch ohne Zurücklegen gegeben.

– Eine praktische Anwendung der Binomialverteilung liefert Beisp.25.2.

– Die grafische Darstellung der Verteilungsfunktion einer konkreten Binomialverteilung ist in Abb.25.2 zu finden.

• *Hypergeometrische Verteilung* H(M,K,n):

Eine diskrete Zufallsgröße X, die Zahlen 0,1,2,3,... mit Wahrscheinlichkeiten

$$P(X=k) = \frac{\binom{K}{k} \cdot \binom{M-K}{n-k}}{\binom{M}{n}} \qquad (k=0,1,2,3,...)$$

annimmt, heißt *hypergeometrisch* verteilt, d.h. sie besitzt eine hypergeometrische Verteilung mit den Parametern M, K und n, wobei zwischen k, M, K und n die Relationen

$k \leq \text{Minimum}(K,n)$, $n\text{-}k \leq M\text{-}K$, $1 \leq K < M$, $1 \leq n \leq M$

bestehen müssen.

Zur *Erklärung* der hypergeometrischen Verteilung kann das Modell "*zufällige Entnahme von Elementen aus einer Gesamtheit o h n e Zurücklegen*" verwendet werden:

– Dieses Modell beinhaltet Folgendes:

  Gesucht ist die Wahrscheinlichkeit P(X=k), dass bei n *zufälligen Entnahmen* eines
  Elements ohne Zurücklegen aus einer Gesamtheit von M Elementen, von denen K
  eine *gewünschte Eigenschaft* E haben, k Elemente (k=0,1,...,min(n,K)) mit dieser
  Eigenschaft E auftreten.

– Konkret wird meistens ein *Urnenmodell* verwendet:

  Es gibt eine *Urne* mit M *Kugeln*, wobei K davon eine bestimmte (z.B. rote) Farbe
  und M-K eine andere (z.B. schwarze) Farbe haben.

  Gesucht ist die Wahrscheinlichkeit, dass bei n *zufälligen Entnahmen* einer Kugel
  ohne Zurücklegen k von den entnommenen Kugeln die bestimmte (z.B. rote) Farbe
  haben.

  Wird die *Entnahme mit Zurücklegen* vorgenommen, so ist die Zufallsgröße binomialverteilt mit den Parametern n und p=K/M, d.h. es liegt eine *Binomialverteilung*
  B(n,K/M) vor.

• *Poisson-Verteilung* P(λ) :

Eine diskrete Zufallsgröße X, die die Zahlen 0, 1, 2, 3, ... mit *Wahrscheinlichkeiten*

$$P(X=k) \;=\; \frac{\lambda^k}{k!} \cdot e^{-\lambda} \qquad\qquad (k=0,1,2,3,...)$$

annimmt, heißt *Poisson-verteilt* mit Parameter λ:

–   Die Poisson-Verteilung kann als gute *Näherung* für die *Binomialverteilung* verwendet werden, wenn n groß und die Wahrscheinlichkeit p klein ist und n·p konstant gleich λ gesetzt wird.

–   Aufgrund der kleinen Wahrscheinlichkeiten wird die Poisson-Verteilung auch *Verteilung seltener Ereignisse* genannt.

–   Poisson-Verteilungen treten u.a. bei *folgenden Ereignissen* auf:
    Anzahl von Teilchen, die von einer radioaktiven Substanz emittiert werden.
    Anzahl der Druckfehler pro Seite bei umfangreichen Büchern.
    Anzahl der Anrufe pro Zeiteinheit in einer Telefonzentrale.

25.6.2 Stetige Wahrscheinlichkeitsverteilungen

Für praktische Anwendungen *wichtige stetige Wahrscheinlichkeitsverteilungen* sind:

•   *Chi-Quadrat-*, *Student-* und *F-Verteilungen* zum Einsatz in der mathematischen Statistik. Diese Verteilungen werden im Buch nicht benötigt, so dass wir auf die Literatur und die MATHEMATICA-Hilfe verweisen.

•   *Normalverteilung* (Gaußverteilung)

Die *Normalverteilung* besitzt unter allen stetigen Verteilungen die überragende *Bedeutung*, da viele Zufallsgrößen näherungsweise normalverteilt sind, weil sie sich als Überlagerung (Summe) einer großen Anzahl einwirkender Einflüsse (unabhängiger, identisch verteilter Zufallsgrößen) darstellen. Die Grundlagen hierfür liefern Grenzwertsätze.

♦

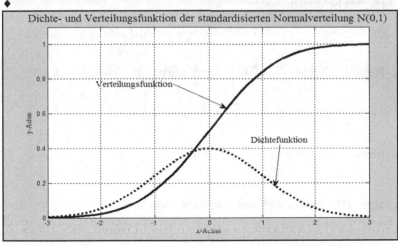

Abb.25.1: Grafische Darstellung der standardisierten Normalverteilung N(0,1)

Aufgrund der großen Bedeutung betrachten wir im Folgenden nur die *Normalverteilung* $N(\mu,\sigma)$, die folgendermaßen *charakterisiert* ist:

- Sie wird durch

  - Dichtefunktion $\qquad\qquad\qquad f(t) = \dfrac{1}{\sigma\cdot\sqrt{2\cdot\pi}}\cdot e^{-\frac{1}{2}\left(\frac{t-\mu}{\sigma}\right)^2}$

  - Verteilungsfunktion $\qquad\qquad F(x) = \dfrac{1}{\sigma\cdot\sqrt{2\cdot\pi}}\cdot\displaystyle\int_{-\infty}^{x} e^{-\frac{1}{2}\left(\frac{t-\mu}{\sigma}\right)^2}\,dt$

  definiert, wobei μ Erwartungswert , σ Standardabweichung und σ^2 Streuung (siehe Abschn.25.7) bezeichnen.

- Gelten $\mu=0$ und $\sigma=1$

  so heißt sie *standardisierte* (oder normierte) *Normalverteilung* $N(0,1)$, deren Verteilungsfunktion mit Φ bezeichnet wird:

  - Ihre grafische Darstellung ist in Abb.25.1 zu sehen.

  - Da die Dichtefunktion der standardisierten Normalverteilung eine gerade Funktion ist, folgen für die Verteilungsfunktion Φ die Beziehungen

    $\Phi(0)=1/2$ und $\Phi(-x) = 1 - \Phi(x)$

  - Falls eine Zufallsgröße X die *Normalverteilung* $N(\mu,\sigma)$ mit Erwartungswert μ und Standardabweichung σ besitzt, so genügt die aus X gebildete *Zufallsgröße*

    $$Y = \frac{X-\mu}{\sigma}$$

    der standardisierten Normalverteilung $N(0,1)$.

    Deshalb können *Verteilungsfunktionen* $F(x)=P(X\le x)$ einer $N(\mu,\sigma)$-verteilten Zufallsgröße X mithilfe der Verteilungsfunktion Φ der *standardisierten Normalverteilung* folgendermaßen berechnet werden:

    $$F(x)=P(X \le x)=P\left(\frac{X-\mu}{\sigma}\le\frac{x-\mu}{\sigma}\right)=P(Y\le u)=\Phi\left(\frac{x-\mu}{\sigma}\right)=\Phi(u)$$

    $$P(X \ge x)=1-P(X \le x)=1-P\left(\frac{X-\mu}{\sigma}\le\frac{x-\mu}{\sigma}\right)=1-P(Y \le u)=1-\Phi\left(\frac{x-\mu}{\sigma}\right)=1-\Phi(u)$$

    $$P(a \le X \le b)=P\left(\frac{X-\mu}{\sigma}\le\frac{b-\mu}{\sigma}\right)-P\left(\frac{X-\mu}{\sigma}\le\frac{a-\mu}{\sigma}\right)=\Phi\left(\frac{b-\mu}{\sigma}\right)-\Phi\left(\frac{a-\mu}{\sigma}\right)$$

    wobei sich u offensichtlich aus $u = \dfrac{x-\mu}{\sigma}$ berechnet.

Außerdem wird im Rahmen der Normalverteilung die *Fehlerfunktion*

$$\mathrm{erf}(x) = \frac{2}{\sqrt{\pi}} \cdot \int_0^x e^{-t^2} \, dt \quad , \quad x \geq 0$$

verwendet.

◆

25.6.3 Diskrete Wahrscheinlichkeitsverteilungen mit MATHEMATICA

In MATHEMATICA sind Funktionen zur Berechnung *diskreter Wahrscheinlichkeitsverteilungen* integriert (vordefiniert), von denen wir wichtige vorstellen:

* *Binomialverteilung* B(n,p):

  – **BinomialDistribution[n, p]**
    steht für die Binomialverteilung.

  – **CDF[BinomialDistribution[n, p], x]**
    berechnet für x den Funktionswert der Verteilungsfunktion F(x)=P(X≤x) der Binomialverteilung.

* *Hypergeometrische Verteilung* H(M,K,n):

  – **HypergeometricDistribution[n, K, M]**
    steht für die hypergeometrische Verteilung.

  – **CDF[HypergeometricDistribution[n, K, M], x]**
    berechnet für x den Funktionswert der Verteilungsfunktion F(x)=P(X≤x) der hypergeometrischen Verteilung.

* *Poisson-Verteilung* P(λ) mit Parameter λ:

  – **PoissonDistribution[λ]**
    steht für die Poisson-Verteilung.

  – **CDF[PoissonDistribution[λ], x]**
    berechnet für x den Funktionswert der Verteilungsfunktion F(x)=P(X≤x) der Poisson-Verteilung.

Beispiel 25.2:
Betrachtung einer praktischen Anwendung der Binomialverteilung:
Beim Herstellungsprozess einer *Ware* ist bekannt, dass 80% *fehlerfrei*, 15% mit *leichten* (vernachlässigbaren) *Fehlern* und 5% mit *großen Fehlern* hergestellt werden. Wie groß ist die *Wahrscheinlichkeit* P, dass von den nächsten hergestellten 100 Exemplaren dieser Ware

höchstens 3 , genau 10 , mindestens 4

große Fehler besitzen:

* Als *Zufallsgröße* X wird die *Anzahl* der Waren mit *großen Fehlern* verwendet.

* Die *Binomialverteilung* B(100, 0.05) kann zur Berechnung dieser Problematik herangezogen werden, deren Verteilungsfunktion (Treppenfunktion) in Abb.25.2 grafisch dargestellt ist.

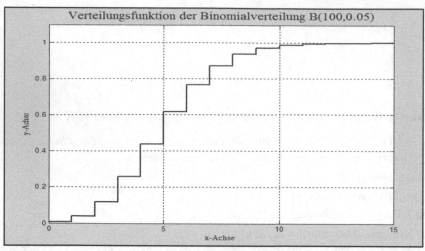

Abb.25.2: Grafische Darstellung der Verteilungsfunktion der Binomialverteilung B(100, 0.05)

- Mit der Funktion **CDF[BinomialDistribution**[100, 0.05], x] für die Verteilungsfunktion F(x) der *Binomialverteilung* berechnet MATHEMATICA folgende Werte für die gesuchten Wahrscheinlichkeiten:

  – $P(X \leq 3) = F(3)$:

  In[1]:= **CDF[BinomialDistribution**[100, 0.05], 3]

  Out[1]= 0.257839

  Damit beträgt die Wahrscheinlichkeit 0.257839, dass höchstens 3 Exemplare große Fehler besitzen.

  – $P(X=10) = P(X \leq 10) - P(X \leq 9) = F(10) - F(9)$:

  In[2]:= **CDF[BinomialDistribution**[100, 0.05], 10] -
     CDF[BinomialDistribution[100, 0.05], 9]

  Out[2]= 0.0167159

  Damit beträgt die Wahrscheinlichkeit 0.0167159, dass genau 10 Exemplare große Fehler besitzen.

  – $P(X \geq 4) = 1 - P(X<4) = 1 - P(X \leq 3) = 1 - F(3)$:

  In[3]:= 1 - **CDF[BinomialDistribution**[100, 0.05], 3]

  Out[3]= 0.742161

  Damit beträgt die Wahrscheinlichkeit 0.742161, dass mindestens 4 Exemplare große Fehler besitzen.
  ◆

25.6.4 Stetige Wahrscheinlichkeitsverteilungen mit MATHEMATICA

In MATHEMATICA sind Funktionen zur Berechnung *stetiger Wahrscheinlichkeitsverteilungen* vordefiniert, von denen wir nur die in Anwendungen dominierende *Normalverteilung* $N(\mu,\sigma)$ betrachten:

- **NormalDistribution[μ,σ]**
  steht für die Normalverteilung.

- **PDF[NormalDistribution[μ,σ], t]**
  berechnet für x den Funktionswert der Dichtefunktion f(t) der Normalverteilung.

- **CDF[NormalDistribution[μ,σ], x]**
  berechnet für x den Funktionswert der Verteilungsfunktion F(x)=P(X$\leq$x) der Normalverteilung.

- **Erf[x]**
  berechnet für x den Funktionswert der *Fehlerfunktion*.

> Bemerkung

Die MATHEMATICA-Funktionen und Erläuterungen zu den in der Statistik wichtigen *Chi-Quadrat-*, *Student-* und *F-Verteilungen* findet man in der Hilfe.

♦

Beispiel 25.3:

Betrachtung eines Beispiels zur Normalverteilung:

Die *Lebensdauer* von Fernsehgeräten sei *normalverteilt* mit Erwartungswert μ=10000 Stunden und Standardabweichung σ =1000 Stunden.

Wie groß ist die *Wahrscheinlichkeit*, dass ein zufällig der Produktion entnommenes Fernsehgerät folgend Lebensdauer hat:

a)mindestens 12000,   b)höchstens 6500,   c)zwischen 7500 und 10500 Stunden

Als *Zufallsgröße* X wird die *Lebensdauer* der Fernsehgeräte verwendet.

Unter Anwendung der Normalverteilung N(μ,σ) mit Erwartungswert μ=10000 und Standardabweichung σ=1000 werden folgende Wahrscheinlichkeiten mit der MATHEMATICA-Funktion

CDF[NormalDistribution[10000,1000], x]

berechnet:

a) Die Wahrscheinlichkeit für die Lebensdauer mindestens 12000 Stunden ergibt sich mit der Verteilungsfunktion F zu P(X$\geq$12000) = 1-P(X<12000) = 1-F(12000), d.h.

   In[1]:= 1- CDF[NormalDistribution[10000,1000], 12000]//N

   Out[1]= 0.0227501

   Damit berechnet MATHEMATICA die Wahrscheinlichkeit 0.0227501, die sehr klein ist.

b) Die Wahrscheinlichkeit für die Lebensdauer höchstens 6500 Stunden ergibt sich mit der Verteilungsfunktion F zu P(X$\leq$6500) = F(6500), d.h.

   In[2]:= CDF[NormalDistribution[10000,1000], 6500]//N

   Out[2]= 0.000232629

   Damit berechnet MATHEMATICA die Wahrscheinlichkeit 0.000232629, die fast Null ist

c) Die Wahrscheinlichkeit für die Lebensdauer zwischen 7500 und 10500 Stunden ergibt
    sich mit der Verteilungsfunktion F zu P(7500≤X≤10500) = F(10500)-F(7500), d.h.

    In[3]:= **CDF[NormalDistribution**[10000,1000], 10500]-

           CDF[NormalDistribution[10000,1000], 7500]//**N**

    Out[3]= 0.685253

    Damit berechnet MATHEMATICA die Wahrscheinlichkeit 0.685253.
    ♦

25.7 Parameter (Momente) von Zufallsgrößen

Verteilungsfunktionen von Zufallsgrößen X sind bei praktischen Problemen nicht immer
bekannt bzw. schwer zu handhaben.

Deshalb sind zusätzliche *charakteristische Kenngrößen* interessant, die *Parameter* (Momente) einer Wahrscheinlichkeitsverteilung bzw. Zufallsgröße X heißen.

Im Folgenden werden die beiden wichtigsten Parameter (Momente) *Erwartungswert* (Mittelwert) und *Streuung* (Varianz) von Zufallsgrößen X im Abschn.25.7.1 bzw. 25.7.2 vorgestellt.

25.7.1 Erwartungswert (Mittelwert)

Der *Erwartungswert*

$\mu = E(X)$

einer Zufallsgröße X gibt an, welchen Wert X im Durchschnitt (Mittel) realisieren wird, so
dass auch die Bezeichnung *Mittelwert* verwendet wird:

– Der Erwartungswert einer *diskreten Zufallsgröße* X

   mit Werten

   $x_1, x_2, \ldots, x_n, \ldots$

   und Wahrscheinlichkeiten

   $p_i = P(X = x_i)$ (i=1,2,...,n,...)

   berechnet sich aus

   $\mu = E(X) = \sum_i x_i \cdot p_i$

– Der Erwartungswert einer *stetigen Zufallsgröße* X, deren Wahrscheinlichkeitsverteilung
   durch die Dichte f(x) gegeben ist, berechnet sich aus

   $$\mu = E(X) = \int_{-\infty}^{\infty} x \cdot f(x) \, dx$$

Beide Berechnungsformeln für Erwartungswerte sind nur anwendbar, wenn die Konvergenz der Reihe bzw. des uneigentlichen Integrals gewährleistet ist.
♦

25.7.2 Streuung (Varianz)

Die *Streuung* (Varianz)

σ^2

einer Zufallsgröße X gibt die durchschnittliche quadratische Abweichung ihrer Werte vom Erwartungswert E(X) an und berechnet sich aus

$$\sigma^2 = E(X-E(X))^2$$

wobei σ als *Standardabweichung* von X bezeichnet wird.

25.7.3 Erwartungswert und Streuung mit MATHEMATICA

In MATHEMATICA sind folgende Funktionen zur Berechnung von *Erwartungswert*, *Streuung* und *Standardabweichung* für Zufallsgrößen mit bekannter *Wahrscheinlichkeitsverteilung* integriert (vordefiniert):

– *Erwartungswert:*

   In[1]:= **Mean**[*Wahrscheinlichkeitsverteilung*]

– *Streuung:*

   In[2]:= **Variance**[*Wahrscheinlichkeitsverteilung*]

– *Standardabweichung:*

   In[3]:= **StandardDeviation**[*Wahrscheinlichkeitsverteilung*]

Beispiel 25.4:
Berechnung von Erwartungswert, Streuung und Standardabweichung für die Binomialverteilung B(100,0.05) aus Beisp.25.2 mittels der MATHEMATICA-Funktionen:

– *Erwartungswert:*

   In[1]:= **Mean[BinomialDistribution[100, 0.05]]**

   Out[1]= 5.

– *Streuung:*

   In[2]:= **Variance[BinomialDistribution[100, 0.05]]**

   Out[2]= 4.75

– *Standardabweichung:*

   In[3]:= **StandardDeviation[BinomialDistribution[100, 0.05]]**

   Out[3]= 2.17945

   ♦

25.8 Zufallszahlen mit MATHEMATICA

Zufallszahlen, die vorgegebenen Verteilungen genügen, lassen sich mittels Computer erzeugen und werden als *Pseudozufallszahlen* bezeichnet, da hierfür meistens gewisse Algorithmen verwendet werden. MATHEMATICA bietet diese Erzeugung, wie im Folgenden zu sehen ist.

25.8.1   Erzeugung von Zufallszahlen

In MATHEMATICA sind Funktionen (Zufallszahlenfunktionen) zur Erzeugung von Pseudozufallszahlen integriert (vordefiniert), von denen wir wichtige vorstellen (siehe auch Bei-
sp.25.5):

−   **In**[1]:= **Random**[*type* , *range* , *precision*]
    erzeugt eine *gleichverteilte reelle Zufallszahl* vom Type *type* im Bereich *range* mit der
    Genauigkeit *precision* (kann weggelassen werden).

−   **In**[2]:= **Random**[]
    erzeugt eine *gleichverteilte reelle Zufallszahl* im Intervall [0,1]

−   **In**[3]:= **Table**[**Random,** {n}]
    erzeugt eine *Liste* von n *gleichverteilten reellen Zufallszahlen*, wobei für **Random** eine
    der vorangehenden Funktionen einzusetzen ist.

−   **In**[4]:= **Random**[*Wahrscheinlichkeitsverteilung*, n]
    erzeugt n *reelle Zufallszahlen* mit der angegebenen *Wahrscheinlichkeitsverteilung*.

−   **In**[5]:= **RandomReal**[*Wahrscheinlichkeitsverteilung*, {m,n}]
    erzeugt eine Liste mit m Zeilen und n Spalten von *reellen Zufallszahlen* mit der angege-
    benen *Wahrscheinlichkeitsverteilung*.

−   **In**[6]:= **RandomInteger**[*Wahrscheinlichkeitsverteilung*, {m,n}]
    erzeugt eine Liste mit m Zeilen und n Spalten von *ganzzahligen Zufallszahlen* mit der
    angegebenen *Wahrscheinlichkeitsverteilung*.

Es ist zu beachten, dass MATHEMATICA bei mehrfachem Aufruf einer Zufallszahlen-
funktion jedes Mal andere Zufallszahlen liefert (siehe Beisp.25.5b).
♦

Beispiel 25.5:
Illustrationen zur MATHEMATICA-Funktion **Random**, die verschiedenartige Zufallszahlen erzeugen kann:

a) Mittels

    In[1]:= **Random**[]

    Out[1]= 0.541065

    wird eine *gleichverteilte reelle Zufallszahl* aus dem Intervall [0,1] erzeugt, z.B.
    0.541065.

b) Mittels

    In[2]:= **Random**[Integer, {-163, 352}]

    Out[2]= 66

    wird eine *gleichverteilte ganzzahlige Zufallszahl* aus dem Intervall [-163, 352] erzeugt,
    z.B. 66.

    Dagegen wird bei einem weiteren Aufruf

    In[3]:= **Random**[Integer, {-163, 352}]

Out[3]= -161

eine andere *gleichverteilte ganzzahlige Zufallszahl* aus dem gleichen Intervall erzeugt, z.B. -161.

Dies zeigt, dass bei jedem neuen Aufruf einer entsprechenden MATHEMATICA-Funktion andere Zahlen erzeugt werden, da es sich um Zufallszahlen handelt.

c) Mittels **Table** wird durch

In[4]:= Table[Random[Integer, {0, 50}], {10}]

Out[4]= {0, 35, 21, 41, 37, 6, 31, 36, 38, 18}

eine Liste von 10 *gleichverteilten ganzzahligen Zufallszahlen* aus dem Intervall [0, 50] erzeugt, z.B.

{0, 35, 21, 41, 37, 6, 31, 36, 38, 18}

d) Mittels

In[5]:= Random[NormalDistribution[10000,1000]]

Out[5]= 9487.13

wird eine *normalverteilte reelle Zufallszahl* mit Erwartungswert 10000 und Standardabweichung 1000 erzeugt, z.B. 9487.13.

e) Mittels

In[5]:= RandomReal[NormalDistribution[10000,1000], 5]

Out[5]= {11333.1, 9402.72, 11038.8, 11220.2, 9534.91}

wird eine Liste von 5 *normalverteilten reellen Zufallszahlen* mit Erwartungswert 10000 und Standardabweichung 1000 erzeugt.

f) Mittels

In[6]:= RandomInteger[BinomialDistribution[100, 0.05], {5,2}]

Out[6]= {{4,0}, {6,5}, {4,7}, {6,6}, {4,4}}

wird eine zweidimensionale Liste (5 Zeilen, 2 Spalten) von *binomialverteilten ganzzahligen Zufallszahlen* mit n=100 und Wahrscheinlichkeit p=0.05 erzeugt.
♦

25.8.2   Anwendung für stochastische Simulationen

Allgemein versteht man unter *Simulation* die Untersuchung des Verhaltens eines Vorgangs /Systems mit Hilfe eines *Ersatzsystems*.

Dabei wird häufig für das *Ersatzsystem* ein *mathematisches Modell* verwandt, das unter Verwendung von Computern auszuwerten ist. In diesem Falle spricht man von *digitaler Simulation*.

Wenn zusätzlich stochastische Methoden zum Einsatz kommen, so spricht man von *stochastischer Simulation*.

Stochastische Simulationen werden u.a bei folgenden Problemen angewandt:
−   Mess- und Prüfvorgänge
−   Lagerhaltungsprobleme

– Verkehrsabläufe
– Bedienungs- und Reihenfolgeprobleme

Stochastische Simulationen, die man meistens als *Monte-Carlo-Simulationen* oder *Monte-Carlo-Methoden* bezeichnet, werden in Technik, Natur- und Wirtschaftswissenschaften angewandt, wenn die betrachteten Vorgänge, Phänomene oder Systeme so komplex sind, dass die Anwendung deterministischer Methoden zu aufwendig ist oder wenn gewisse zu untersuchende Größen zufallsbedingt sind.

Zur *stochastischen Simulation* benötigt man *Zufallszahlen*, die vorgegebenen Verteilungen genügen. Diese kann MATHEMATICA einfach erzeugen und werden als *Pseudozufallszahlen* bezeichnet.

Damit lassen sich mit MATHEMATICA wirkungsvolle Simulationen unter Verwendung der integrierten Programmiersprache durchführen, auf die wir im Rahmen des Buches nicht eingehen können. Ein Beispielprogramm findet man in [112], das auch in MATHEMATICA erstellbar ist.

◆

Monte-Carlo-Methoden lassen sich folgendermaßen *charakterisieren* :

– Ein gegebenes praktisches deterministisches oder stochastisches Problem wird durch ein formales *mathematisches stochastisches Modell* angenähert.

– Anhand des aufgestellten *stochastischen Modells* werden unter Verwendung von Zufallszahlen zufällige *Experimente* auf einem *Computer* durchgeführt.

– In *Auswertung* der *Ergebnisse* dieser zufälligen Experimente werden *Näherungswerte* für das gegebene Problem erhalten.

Monte-Carlo-Methoden können auch zur Lösung einer Vielzahl mathematischer Probleme herangezogen werden, so u.a. zur

– Lösung von algebraischen *Gleichungen* und *Differentialgleichungen*
– Berechnung von *Integralen*
– Lösung von *Optimierungsproblemen*

Sie sind aber nur zu empfehlen, wenn *höherdimensionale Probleme* vorliegen, wie dies z.B. bei mehrfachen Integralen der Fall ist. Hier sind Monte-Carlo-Methoden in gewissen Fällen deterministischen numerischen Verfahren überlegen.

◆

26 Statistik

Da die *Statistik* in mathematischen Modellen praktischer Anwendungen immer mehr an Bedeutung gewinnt, wird im Folgenden ein kurzer Einblick in die Problematik und die Anwendung von MATHEMATICA gegeben:

- Mit MATHEMATICA lassen sich wichtige Probleme der *beschreibenden Statistik* (siehe Abschn.26.4) berechnen, wie an Beispielen illustriert ist.
- Eine ausführliche Behandlung der *schließenden Statistik* (siehe Abschn.26.5) und der Anwendung von MATHEMATICA ist aufgrund der großen Stofffülle nicht möglich. Hierzu wird auf die Literatur [102-106,112] verwiesen.

Es gibt eine Reihe *spezieller Programmsysteme* wie SAS, UNISTAT, STATGRAPHICS, SYSTAT und SPSS, die zur Berechnung von Problemen der *Wahrscheinlichkeitsrechnung* und *Statistik* erstellt sind und umfangreiche Möglichkeiten bieten:

- Dies bedeutet jedoch nicht, dass MATHEMATICA hierfür untauglich ist.
- Bereits die kurzen Einblicke in den Kap.25 und 26 lassen erkennen, dass MATHEMATICA zahlreiche Werkzeuge für Wahrscheinlichkeitsrechnung und Statistik zur Verfügung stellt.
♦

26.1 Einführung

Die *Statistik* befasst sich mit der *Untersuchung* von *Massenerscheinungen* (großen Mengen) und ist folgendermaßen *charakterisiert:*

- Sie liefert Methoden, um Massenerscheinungen (große Mengen) beschreiben, beurteilen und quantitativ erfassen zu können.
- Sie unterscheidet zwischen *beschreibender* (deskriptiver) und *schließender* (induktiver, mathematischer) *Statistik*, wie folgendes Beisp.26.1 illustriert.

Beispiel 26.1:

Ein typisches Anwendungsbeispiel der Statistik aus der *Qualitätskontrolle* ist Folgendes:

- Aus der Tagesproduktion einer Massenware wird nur ein kleiner Teil (*Stichprobe*) entnommen und auf das *Merkmal* (Zufallsgröße) *brauchbar* oder *defekt* untersucht.
- Die *beschreibende Statistik* liefert nur *Aussagen* über eine entnommene *Stichprobe*. Diese Aussagen sind sicher, lassen sich jedoch nicht auf die gesamte Tagesproduktion übertragen.
- Mittels *schließender Statistik* werden *Aussagen* anhand einer entnommenen *zufälligen Stichprobe* über das *Merkmal* (Zufallsgröße) *brauchbar* oder *defekt* der gesamten Tagesproduktion erhalten, d.h. Aussagen über die Qualität der Tagesproduktion. Diese Aussagen sind jedoch nur mit einer gewissen Wahrscheinlichkeit gültig, so dass man von *Wahrscheinlichkeitsaussagen* spricht.
♦

26.2 Anwendung von MATHEMATICA

MATHEMATICA stellt zahlreiche Möglichkeiten zur Verfügung, um Aufgaben der Statistik berechnen zu können. Sie werden umfassend in der Literatur [102-106] behandelt.
Im Rahmen dieses Buches können wir in den folgenden Abschnitten nur einen kurzen Einblick in wichtige Anwendungen geben.

Ausführliche Informationen liefert auch die MATHEMATICA-Hilfe, wenn

Statistics

eingegeben wird:

– Sämtliche integrierten (vordefinierten) Funktionen zur Statistik lassen sich anzeigen.

– Zahlreiche Beispiele und Demos (Illustrationen) stehen zur Verfügung.
   ◆

26.3 Grundgesamtheit und Stichprobe

Beim Sammeln von Daten (Zahlen), die *Merkmale* (Zufallsgrößen) von *Massenerscheinungen* (großen Mengen) betreffen, ist es meistens *unmöglich* oder *ökonomisch nicht vertretbar*, die gesamte Massenerscheinung (große Menge) zu betrachten, die *Grundgesamtheit* heißt und endlich oder unendlich sein kann. Deshalb wird nur ein kleiner Teil der Grundgesamtheit betrachtet, der *Stichprobe* heißt:

Mithilfe eines Auswahlverfahrens gewonnene endliche Teilmengen mit n Elementen einer Grundgesamtheit werden als *Stichproben* vom *Umfang* (Stichprobenumfang) n bezeichnet und lassen sich folgendermaßen charakterisieren:

• Sie können durch eine der folgenden Aktivitäten gewonnen werden:
  Beobachtungen (Zählungen, Messungen), *Befragungen* (von Personen), *Experimente* oder *Entnahme* einer *Teilmenge*.

• Um *Stichproben* auf Computern verarbeiten zu können (z.B. mit MATHEMATICA), müssen sie in *Zahlenform* gewonnen werden, wobei es sich empfiehlt, erhaltenes Zahlenmaterial einer Liste (Matrix) zuzuweisen.

• Erfolgt die Gewinnung von Stichproben *zufällig*, so heißen sie *zufällige Stichproben* (Zufallsstichproben). Sie werden in der schließenden Statistik benötigt, um Wahrscheinlichkeitsaussagen über zugehörige Grundgesamtheiten zu erhalten.

• Je nach *Anzahl* der betrachteten *Merkmale* (Zufallsgrößen) in einer Grundgesamtheit spricht man von

  – eindimensionalen Stichproben   (bei einem Merkmal)

  – zweidimensionalen Stichproben   (bei zwei Merkmalen)

  – mehrdimensionalen Stichproben   (ab drei Merkmalen)

  – N-dimensionalen Stichproben   (bei N Merkmalen $X_1, X_2, ..., X_N$)

Ein- und zweidimensionale Stichproben in Zahlenform vom Umfang n sind folgendermaßen *charakterisiert*, wobei der Index bei den Stichprobenwerten bzw. -punkten die Reihenfolge der Entnahme angibt:

- *Eindimensionale* Stichproben vom Umfang n für ein Merkmal (Zufallsgröße) X bestehen aus n Zahlenwerten (Stichprobenwerten)

  $x_1, x_2, ..., x_n$

- *Zweidimensionale* Stichproben vom Umfang n für zwei Merkmale (Zufallsgrößen) X und Y bestehen aus n Zahlenpaaren (Stichprobenpunkten)

  $(x_1, y_1), (x_2, y_2), ..., (x_n, y_n)$

Beispiel 26.2:

Betrachtung zweier konkreter Stichproben:

a) Aus der Produktion von Bolzen eines Werkzeugautomaten wird eine zufällige *Stichprobe* von 20 Bolzen entnommen, deren Länge (Merkmal/Zufallsgröße X) kontrolliert werden soll, wobei das Nennmaß 300 mm beträgt:

   Die Messung der entnommenen Bolzen ergibt folgende 20 Stichprobenwerte

   299,299,297,300,299,301,300,297,302,303,300,299,301,302,301,299,300,298,300,300

   für die entnommene eindimensionale Stichprobe vom Umfang 20.

   Im Beisp.26.5a wird diese Stichprobe in MATHEMATICA einer eindimensionalen Liste (Zeilenvektor) X zugewiesen und hierfür die *statistischen Maßzahlen* Mittelwert, Median und Streuung berechnet.

b) Die zweidimensionale Stichprobe

   (20,5), (40,10), (70,20), (80,30), (100,40)

   vom Umfang 5 wird folgendermaßen erhalten:

   Um die *Abhängigkeit* des *Bremsweges* (Merkmal/Zufallsgröße Y) eines Pkw von der *Geschwindigkeit* (Merkmal/Zufallsgröße X) zu untersuchen, wird für 5 verschiedene Geschwindigkeiten (in km/h) der Bremsweg (in m) gemessen:

Geschwindigkeit x	20	40	70	80	100
Bremsweg y	5	10	20	30	40

   Im Beisp.26.5b und 26.8 wird diese Stichprobe im Notebook von MATHEMATICA mittels

   In[1]:= **X**={20,40,70,80,100} ; **Y**={5,10,20,30,40} ;

   den beiden eindimensionalen Listen (Zeilenvektoren) **X** und **Y**

   bzw. mittels

   In[2]:= **XY**={{20,5},{40,10},{70,20},{80,30},{100,40}} ;

   der zweidimensionalen Liste **XY**

zugewiesen und dazu benutzt, um *statistische Maßzahlen* bzw. für einen vermuteten linearen funktionalen Zusammenhang zwischen *Geschwindigkeit* und *Bremsweg* eine *Regressionsgerade* zu berechnen.

◆

26.4 Beschreibende Statistik

Die *beschreibende Statistik* lässt sich folgendermaßen *charakterisieren:*

* Sie erhält nur *Aussagen* über *vorliegende Stichproben*, die nicht auf die zugehörige Grundgesamtheit übertragen werden können, aus der die Stichproben stammen.

* Vorliegendes *Zahlenmaterial* einer Stichprobe

    – wird *aufbereitet* und *verdichtet* (siehe Abschn.26.4.1).

    – wird *anschaulich* mittels Punktgrafiken, Diagrammen und Histogrammen dargestellt (siehe Abschn.26.4.2 und 26.4.3).

    – wird *analytisch* mittels *statistischer Maßzahlen* wie Mittelwert, Median und Streuung beschrieben (siehe Abschn.26.4.4-26.4.7).

* Sie benötigt keine Wahrscheinlichkeitsrechnung und weitere tiefgehende mathematische Methoden, so dass MATHEMATICA umfassend einsetzbar ist.

26.4.1 Urliste und Verteilungstafel

Die Zahlenwerte einer *Stichprobe* vom *Umfang n*, die in der Reihenfolge der Entnahme vorliegen, werden als *Urliste*, *Roh-* oder *Primärdaten* bezeichnet, die bei größerem Umfang n schnell unübersichtlich werden können.

Deshalb ist es bei Untersuchungen der beschreibenden Statistik vorteilhaft, die Zahlen der *Urliste* zu *ordnen* und *gruppieren*, wie im Folgenden für eindimensionale Stichproben zu sehen ist:

* Die einfachste Form der Anordnung von Stichprobenwerten besteht im Ordnen nach der Größe (in steigender oder fallender Reihenfolge):

    – Die Differenz zwischen kleinstem und größtem Wert der Urliste heißt *Spannweite* (Variationsbreite).

    – Es kann zusätzlich die *absolute Häufigkeit* der einzelnen Stichprobenwerte gezählt werden (z.B. mittels Strichliste).

    – Es wird eine *primäre Verteilungstafel* erhalten:

      In diese Tafel werden noch *relative Häufigkeiten* aufgenommen, die sich aus durch n dividierte absolute Häufigkeiten ergeben (siehe Beisp.26.3).

      Sie liefert eine anschauliche Übersicht über die Verteilung der Werte der Urliste.

* Wenn die *Urliste* einen großen Umfang n besitzt, ist es vorteilhaft, die Werte zu *gruppieren*, d.h. in Klassen aufzuteilen (siehe Beisp.26.3):

    – Die *Klassenbreiten* d können für alle Klassen den gleichen Wert haben. Es sind auch verschiedene Klassenbreiten möglich. Dies hängt vom Umfang n und von der Spannweite der Urliste ab.

- Es muss vorher festgelegt werden, zu welcher Klasse ein Wert gehört, der auf eine Klassengrenze fällt.

- Nach Klasseneinteilung können *absolute Häufigkeiten* für jede Klasse (*absolute Klassenhäufigkeiten*) mittels Strichliste ermittelt und in Form einer Tabelle (*Häufigkeitstabelle* oder *sekundäre Verteilungstafel*) zusammengestellt werden.

- In Häufigkeitstabellen lassen sich zusätzlich *Klassenmitten* und *relative Häufigkeiten* für jede Klasse (*relative Klassenhäufigkeiten*) aufnehmen.

Die besprochenen Listen, Tabellen bzw. Tafeln lassen sich für Stichproben großen Umfangs nicht per Hand aufstellen, so dass Computer wie bei den meisten statistischen Untersuchungen erforderlich sind. Die Erstellung dieser Listen, Tabellen bzw. Tafeln kann effektiv mittels MATHEMATICA durchgeführt werden, wenn integrierte (vordefinierte) Sortierfunktionen (z.B. **Sort** und **Reverse**) und vorhandene Programmiermöglichkeiten herangezogen werden. Dies überlassen wir dem Leser.

♦

Beispiel 26.3:

Für die *Urliste* der Stichprobe vom Umfang 20

299,299,297,300,299,301,300,297,302,303,300,299,301,302,301,299,300,298,300,300

aus Beisp.26.2a sind im Folgenden *primäre* und *sekundäre Verteilungstafel* zu sehen:

a) Wenn die Zahlenwerte der Urliste der Größe nach geordnet sind, kann die *primäre Verteilungstafel* z.B. in folgender Form geschrieben werden:

Werte	Strichliste	absolute Häufigkeit	relative Häufigkeit
297	||	2	0.10
298	|	1	0.05
299	|||||	5	0.25
300	||||||	6	0.30
301	|||	3	0.15
302	||	2	0.10
303	|	1	0.05

b) Bei einer *Klassenbreite* von d=2 kann die *sekundäre Verteilungstafel* (*Häufigkeitstabelle*) z.B. in folgender Form geschrieben werden:

Klassengrenzen	Klassenmitte	Strichliste	absolute Häufigkeit	relative Häufigkeit
296.5...298.5	297.5	|||	3	0.15
298.5...300.5	299.5	|||||||||||	11	0.55
300.5...302.5	301.5	|||||	5	0.25
302.5...304.5	303.5	|	1	0.05

26.4.2   Grafische Darstellungen von Stichproben

Es sind *grafische Darstellungen* von Zahlenmaterial möglich, das mittels ein-, zwei- oder dreidimensionaler *Stichproben* gewonnen wurde:

* Für *eindimensionale Stichproben* vom Umfang n lassen sich die n Stichprobenwerte (Zahlenwerte)

  $x_1, x_2, ..., x_n$

  auf verschiedene Weise in einem zweidimensionalen Koordinatensystem *grafisch darstellen* (siehe Beisp.26.4):

  – Die einfachste Form ist die Darstellung der Stichprobenwerte in Abhängigkeit von der Reihenfolge der Entnahme, d.h. vom Index. Dies ist jedoch wenig anschaulich und wird deshalb selten angewandt.

  – Wenn aus der Stichprobe eine *primäre Verteilungstafel* erstellt wurde (siehe Abschn.26.4.1), so lassen sich deren Werte mit der zugehörigen absoluten Häufigkeit in einem zweidimensionalen Koordinatensystem zeichnen:
    Die erhaltenen Punkte lassen sich einzeln zeichnen oder durch Geradenstücke verbinden, so dass sich ein Polygonzug ergibt, der *Häufigkeitspolygon* heißt (siehe Beisp.26.4a).

  – Wenn die Werte der Stichprobe in Klassen eingeteilt sind, d.h. eine *sekundäre Verteilungstafel* (*Häufigkeitstabelle*) erstellt wurde (siehe Abschn.26.4.1), so lässt sich ein *Histogramm* (Balkendiagramm) zeichnen, indem über den Klassengrenzen auf der Abszissenachse Rechtecke gezeichnet werden, deren Flächeninhalt proportional zu den zugehörigen Klassenhäufigkeiten ist (siehe Beisp.26.4b).

* Für zwei- und dreidimensionale Stichproben vom Umfang n lassen sich die n Stichprobenpunkte

  $$(x_1, y_1), (x_2, y_2), ..., (x_n, y_n) \quad \text{bzw.} \quad (x_1, y_1, z_1), (x_2, y_2, z_2), ..., (x_n, y_n, z_n)$$

  in einem zwei- bzw. dreidimensionalen Koordinatensystem in Form einer *Punktwolke* grafisch darstellen, wie im Abschn.12.3 behandelt und im Beisp.12.1 mittels MATHEMATICA illustriert ist. Deshalb betrachten wir im Folgenden nur grafische Darstellungen eindimensionaler Stichproben mit MATHEMATICA.

26.4.3   Grafische Darstellungen eindimensionaler Stichproben mit MATHEMATICA

Im Folgenden präsentieren wir *grafische Darstellungsmöglichkeiten* von MATHEMATICA für eindimensionale Stichproben

$x_1, x_2, ..., x_n$

vom Umfang n:

Wenn aus der Stichprobe eine *primäre Verteilungstafel* erstellt wurde (siehe Beisp.26.3), kann folgende Vorgehensweise zur grafischen Darstellung angewandt werden:

- Zuerst werden die Werte u der *primären Verteilungstafel* und ihre *absoluten Häufigkeiten* v einer zweidimensionalen Liste **L** zugewiesen:

  In[1]:= **L**={{u1,v1},{u2,v2},...,{um,vm}} ;

- Danach wird durch die Grafikfunktion **ListPlot** die *Zeichnung* der *Punkte* der Liste **L** ausgelöst (siehe Beisp.26.4a):

  - Wenn *nur* die *Darstellung* der *Punkte* gewünscht wird, ist **ListPlot** folgendermaßen anzuwenden, wobei mittels Black die *Farbe* und PointSize die *Punktgröße* festzulegen ist:

    In[2]:= **ListPlot**[**L**, PlotStyle->{Black, PointSize[...]}]

  - Wenn die gezeichneten Punkte durch Geraden verbunden werden sollen, d.h. ein *Häufigkeitspolygon* gewünscht ist, so ist **ListPlot** folgendermaßen anzuwenden:

    In[3]:= **ListPlot**[**L**, Joined->True, PlotStyle->Black]

Zur Zeichnung von *Histogrammen* ist in MATHEMATICA die Funktion **Histogram** integriert (vordefiniert), über die die MATHEMATICA-Hilfe ausführliche Hinweise und Beispiele liefert. Wir verwenden die Form

In[1]:= **X**={x1, x2 ,..., xn} ;

In[2]:= **Histogram**[**X**]

in der die eindimensionale Liste (Zeilenvektor) **X** die Zahlenwerte der Stichprobe als Komponenten enthält (siehe Beisp.26.4b).

♦

Beispiel 26.4:
Illustration grafischer Darstellungsmöglichkeiten mittels MATHEMATICA am Beispiel der eindimensionalen Stichprobe

299,299,297,300,299,301,300,297,302,303,300,299,301,302,301,299,300,298,300,300

vom Umfang 20 aus Beisp.26.2a:

a) Darstellung der Werte der *primären Verteilungstafel* und der *absoluten Häufigkeiten:*

  - Zuerst werden die Werte der primären Verteilungstafel und die absoluten Häufigkeiten (siehe Beisp.26.3a) einer zweidimensionalen Liste **L** zugewiesen, d.h.:

    In[1]:= **L**={{297,2},{298,1},{299,5},{300,6},{301,3},{302,2},{303,1}} ;

  - Anschließend bietet MATHEMATICA folgende grafische Darstellungsmöglichkeiten:

    - Darstellung in *Punktform* mittels

      In[2]:= **ListPlot**[**L**, PlotStyle->{Black, PointSize[0.02]}]

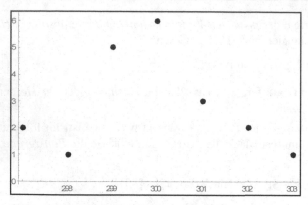

– Darstellung als *Häufigkeitspolygon* mittels
    In[3]:= **ListPlot**[**L**, Joined->True, PlotStyle->Black]

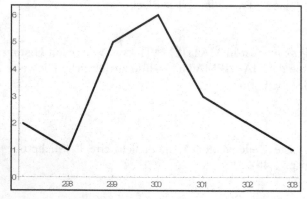

b) Die Darstellung des *Histogramms* in Form eines *Säulendiagramms* kann in MATHE-
    MATICA in folgender Form geschehen:

    – Zuerst werden die Zahlenwerte der Stichprobe als eindimensionale Liste (Zeilenvek-
       tor) **X** eingegeben:

       In[1]:=**X**={299,299,297,300,299,301,300,297,302,303,300,299,301,302,301,299,
                     300,298,300,300} ;

    – Abschließend wird die Grafikfunktion **Histogram** zur Zeichnung des Histogramms
       aufgerufen, wobei als Argument die Liste **X** zu verwenden ist:

       In[2]:= **Histogram**[**X**]

    – Aus dem von MATHEMATICA im Folgenden gezeichnetem *Histogramm* kann ab-
       gelesen werden, wie viele Zahlenwerte der Stichprobe in die einzelnen Intervalle fal-
       len:

       2 Werte in das Intervall [296,298] , 6 Werte in das Intervall [298,300],

       9 Werte in das Intervall [300,302] , 3 Werte in das Intervall [302,304].

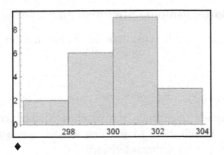

♦

26.4.4 Statistische Maßzahlen

In der *beschreibenden Statistik* dienen *statistische Maßzahlen* zur *Charakterisierung* vorliegender *Stichproben* und nicht zur Charakterisierung der Grundgesamtheit, aus der die Stichproben stammen:

- Deshalb werden sie auch als *empirische statistische Maßzahlen* bezeichnet.

- Die Bezeichnung *empirisch* weist darauf hin, dass diese Maßzahlen aus Stichproben gewonnene Schätzungen für die entsprechenden Größen wie Erwartungswert (Mittelwert), Streuung (siehe Abschn.25.7), Korrelationskoeffizient (siehe Abschn.26.4.6) für Zufallsgrößen X,Y,... sind.

- In der *schließenden Statistik* werden diese *empirischen statistischen Maßzahlen* u.a. im Rahmen der Schätz- und Testtheorie benötigt, um Wahrscheinlichkeitsaussagen über die Grundgesamtheit zu erhalten.

26.4.5 Statistische Maßzahlen für eindimensionale Stichproben

Wichtige *empirische statistische Maßzahlen* für eindimensionale Stichproben vom Umfang n mit Stichprobenwerten

$$x_1, x_2, \dots, x_n$$

für ein Merkmal (Zufallsgröße) X sind:

- *Empirischer Erwartungswert* (Mittelwert, arithmetisches Mittel) $\bar{x}$: $\quad \bar{x} = \dfrac{1}{n} \cdot \sum\limits_{i=1}^{n} x_i$

- *Empirischer Median* $\tilde{x}$: $\qquad \tilde{x} = \begin{cases} x_{k+1} & \text{falls } n = 2k+1 \text{ (ungerade)} \\[2mm] \dfrac{x_k + x_{k+1}}{2} & \text{falls } n = 2k \text{ (gerade)} \end{cases}$

wenn die Stichprobenwerte x_i der Größe $x_1 \leq x_2 \leq \dots \leq x_n$ nach geordnet sind.

- *Empirische Streuung* (Varianz) : $\qquad s^2 = \dfrac{1}{n-1} \cdot \sum\limits_{i=1}^{n} (x_i - \bar{x})^2$

wobei s als *empirische Standardabweichung* bezeichnet wird.

26.4.6 Statistische Maßzahlen für zweidimensionale Stichproben

Wichtige *empirische statistische Maßzahlen* für zweidimensionale Stichproben vom Umfang n mit Stichprobenpunkten

$$(x_1,y_1), (x_2,y_2),..., (x_n,y_n)$$

für zwei Merkmale (Zufallsgrößen) X und Y sind:

- Es können die für eindimensionale Merkmale gegebenen statistischen Maßzahlen für die x- und y-Werte herangezogen werden. Durch diese Maßzahlen werden die jeweiligen Stichprobenwerte von X bzw. Y jedoch getrennt charakterisiert.

- Bei zwei Merkmalen (Zufallsgrößen) X und Y interessiert jedoch der Zusammenhang zwischen beiden. Aussagen hierüber liefern folgende statistische Maßzahlen:

  - *Empirische Kovarianz* $s_{XY} = \dfrac{1}{n\text{-}1} \cdot \sum\limits_{i=1}^{n} (x_i - \overline{x}) \cdot (y_i - \overline{y})$

  - *Empirischer Korrelationskoeffizient* $r_{XY} = \dfrac{\sum\limits_{i=1}^{n}(x_i-\overline{x})\cdot(y_i-\overline{y})}{\sqrt{\sum\limits_{i=1}^{n}(x_i-\overline{x})^2 \cdot \sum\limits_{i=1}^{n}(y_i-\overline{y})^2}} = \dfrac{s_{XY}}{s_X \cdot s_Y}$

Zu beiden Maßzahlen ist Folgendes zu bemerken:

- In den gegebenen Formeln für *Kovarianz* und *Korrelationskoeffizient* bezeichnen

  - $\overline{x}$ und $\overline{y}$ den *empirischen Erwartungswert* für das Merkmal (Zufallsgröße) X bzw. Y,

  - s_X und s_Y die *empirische Standardabweichung* für das Merkmal (Zufallsgröße) X bzw. Y,

  die aus den entsprechenden Stichproben zu berechnen sind.

- Der *empirische Korrelationskoeffizient* ergibt sich durch Normierung der empirischen Kovarianz mittels der empirischen Standardabweichungen s_X und s_Y für die Merkmale (Zufallsgrößen) X bzw. Y.
  Der empirische Korrelationskoeffizient kann Werte zwischen -1 und +1 annehmen, d.h.

  $-1 \le r_{XY} \le +1$

  und ist ein Maß für den Grad des Zusammenhangs zwischen X und Y.
  Ist er gleich ±1 so liegt näherungsweise ein direkter bzw. indirekter linearer Zusammenhang vor und alle Stichprobenpunkte liegen auf einer Geraden.
  ♦

26.4.7 Statistische Maßzahlen mit MATHEMATICA

Zur Berechnung *empirischer statistischer Maßzahlen* sind in MATHEMATICA folgende Funktionen integriert (vordefiniert):

- Wenn für eindimensionale Stichproben die Stichprobenwerte

  $x_1, x_2, \ldots, x_n$

  im Notebook einer eindimensionalen Liste (Zeilenvektor) **X** zugewiesen sind, d.h.

  In[1]:= X={x1,x2,...,xn} ;

  berechnen die integrierten (vordefinierten) Funktionen von MATHEMATICA folgende Maßzahlen:

  In[2]:= Mean[X]   empirischer Mittelwert $\bar{x}$,

  In[3]:= Median[X]   empirischer Median $\tilde{x}$,

  In[4]:= Variance[X]   empirische Streuung.

- Wenn für zweidimensionale Stichproben die x- und y-Werte der Stichprobenpunkte

  $(x_1, y_1), (x_2, y_2), \ldots, (x_n, y_n)$

  im Notebook zwei eindimensionalen Liste (Zeilenvektoren) zugewiesen sind, d.h.

  In[1]:= X={x1,x2,...,xn} ; Y={y1,y2,...,yn};

  berechnen die integrierten (vordefinierten) Funktionen von MATHEMATICA folgende Maßzahlen:

  In[2]:= Covariance[X,Y]   empirische Kovarianz,

  In[3]:= Correlation[X,Y]   empirischer Korrelationskoeffizient

Beispiel 26.5:

Berechnung statistischer Maßzahlen für zwei konkrete Stichproben:

a) Für die eindimensionale Stichprobe vom Umfang 20 aus Beisp.26.2a werden durch

   In[1]:=X={299,299,297,300,299,301,300,297,302,303,300,299,301,302,301,299,
               300,298,300,300} ;

im Notebook die Stichprobenwerte der eindimensionalen Liste (Zeilenvektor) **X** zugewiesen. MATHEMATICA berechnet hierfür folgende Maßzahlen:

– *Empirischer Mittelwert*

   In[2]:= Mean[X]//N

   Out[2]= 299.85

– *Empirischer Median*

   In[3]:= Median[X]

   Out[3]= 300

   Der *Median* wird von MATHEMATICA auch richtig berechnet, wenn **X** nicht sortiert ist.

– *Empirische Streuung*

   In[4]:= Variance[X]//N

   Out[4]= 2.45

b) Für die zweidimensionale Stichprobe

(20,5), (40,10), (70,20), (80,30), (100,40)

aus Beisp.26.2b werden durch

In[1]:= **X**={20,40,70,80,100} ; **Y**={5,10,20,30,40} ;

die x- und y-Werte dieser Stichprobe im Notebook den eindimensionalen Listen (Zeilenvektoren) **X** bzw. **Y** zugewiesen. MATHEMATICA berechnet für diese Stichprobe folgende Maßzahlen:

- *Empirische Kovarianz*

   In[2]:= **Covariance[X,Y]//N**

   Out[2]= 447.5

- *Empirischer Korrelationskoeffizient*

   In[3]:= **Correlation[X,Y]//N**

   Out[3]= 0.978624
   ♦

26.5 Schließende (mathematische) Statistik

Die *Grundidee* der schließenden Statistik besteht kurz gesagt im *Schluss* vom *Teil* aufs *Ganze*. Die schließende Statistik lässt sich folgendermaßen *charakterisieren:*

- Aufgrund der benötigten tiefer gehenden mathematischen Methoden wird sie auch *mathematische Statistik* genannt.

- Hier werden unter Verwendung der Wahrscheinlichkeitsrechnung aus vorliegendem Zahlenmaterial einer zufällig entnommenen *Stichprobe* allgemeine *Aussagen* über die *Grundgesamtheit* gewonnen, aus der die Stichprobe stammt. Wie nicht anders zu erwarten ist, gelten die erzielten Aussagen nur mit gewissen Wahrscheinlichkeiten.

- Aussagen (*Annahmen/Behauptungen/Vermutungen*) über *Parameter* bzw. *Wahrscheinlichkeitsverteilungen* von *Grundgesamtheiten*, deren betrachtete Merkmale durch Zufallsgrößen X beschrieben werden, nennt man in der Statistik (*statistische*) *Hypothesen*.

- Ein *typisches Beispiel* der schließenden Statistik bildet die *Qualitätskontrolle:*
   In einer Firma sind für ein hergestelltes Massenprodukt (z.B. Glühlampen, Schrauben, Fernsehgeräte) aus Merkmalen einer entnommenen *Stichprobe* Aussagen (Hypothesen) über Merkmale der Produktion eines bestimmten Zeitraumes gesucht, die hier die Grundgesamtheit bildet.

- Zwei wichtige Gebiete der schließenden Statistik bestehen darin, *Aussagen* (Hypothesen) über unbekannte *Momente* (Erwartungswert, Streuung,...) und unbekannte *Verteilungsfunktionen* vorliegender Grundgesamtheiten zu gewinnen. Methoden hierfür werden in der *Schätz-* und *Testtheorie* geliefert, die kurz in den Abschn.26.5.1-26.5.4 vorgestellt werden.

- Eine weiteres wichtiges Gebiet der schließenden Statistik ist die *Korrelations-* und *Regressionsanalyse*. Hier wird ein vermuteter *Zusammenhang* zwischen *Größen* (Zufallsgrößen) in Technik, Natur- oder Wirtschaftswissenschaften *untersucht* und für diesen

Zusammenhang werden Funktionen konstruiert, wie in den Abschn.26.5.5-26.5.8 illustriert ist.

Die schließende Statistik kann in diesem Buch nur kurz an wichtigen Gebieten wie *Schätz-* und *Testtheorie, Korrelation und Regression* vorgestellt werden, da sie ein sehr umfangreiches mathematisches Gebiet ist. Dies betrifft auch die Anwendung von MATHEMATICA, das Pakete (Packages) mit Statistik-Funktionen zur Verfügung stellt. Hierzu verweisen wir auf die Literatur [102-106] und die Hilfe von MATHEMATICA (Package *Statistics*).

◆

26.5.1 Schätztheorie

Die *Schätztheorie* gehört neben der Testtheorie (siehe Abschn.26.5.3) zu wichtigen Gebieten der mathematischen Statistik.

Ihre Aufgabe besteht darin, aufgrund zufälliger Stichproben Methoden zur Ermittlung von *Schätzungen* für unbekannte *Parameter* und *Verteilungsfunktionen* einer zugrundeliegenden Grundgesamtheit anzugeben:

- Bei statistischen Untersuchungen zu einer Grundgesamtheit, deren betrachtetes Merkmal durch eine Zufallsgröße X beschrieben wird, können folgende zwei Fälle auftreten:

  - *Verteilungsfunktion* (Wahrscheinlichkeitsverteilung) und deren *Parameter* (Erwartungswert, Streuung,...) sind *unbekannt*.

  - Die *Verteilungsfunktion* (Wahrscheinlichkeitsverteilung) ist *bekannt* und nur deren *Parameter* (Erwartungswert, Streuung,...) sind *unbekannt*.

- Da bei zahlreichen praktischen Aufgaben die Verteilungsfunktion näherungsweise aufgrund des zentralen Grenzwertsatzes bzw. der Eigenschaften bekannter Verteilungen gegeben ist (siehe Abschn.25.6), sind oft nur *unbekannte Parameter* einer Grundgesamtheit wie Erwartungswert und Streuung zu *schätzen*.

- *Schätzungen* können ebenso wie *Tests* nicht in der gesamten vorliegenden Grundgesamtheit geschehen, sondern nur anhand entnommener *zufälliger Stichproben*. Deshalb sind ihre Ergebnisse nicht sicher, sondern treffen nur mit gewissen Wahrscheinlichkeiten zu.

Schätzungen unbekannter *Parameter* unterscheiden zwischen Punkt- und Intervallschätzungen:

- *Punktschätzungen* liefern einen *Schätzwert* für unbekannte Parameter.

- *Intervallschätzungen* liefern ein *Intervall*, in dem unbekannte Parameter mit einer vorgegebenen Wahrscheinlichkeit liegen.

  ◆

26.5.2 Schätztheorie mit MATHEMATICA

Ohne tiefer in die Schätztheorie eindringen zu müssen, lassen sich die integrierten (vordefinierten) Funktionen von MATHEMATICA heranziehen, um *Schätzungen* von *Momenten* durchführen zu können:

- MATHEMATICA benötigt zur *Schätzung* von *Momenten* ein Erweiterungspaket (Package), das mittels

  In[1]:= **Needs**["HypothesisTesting`"]

  geladen wird.

- Wenn die als *normalverteilt* vorausgesetzten Daten einer konkreten eindimensionalen *Stichprobe* vom Umfang n als folgende eindimensionale Liste **X**

  In[2]:= **X**={x1,x2,...,xn};

  in ein Notebook eingegeben wurden, sind folgende integrierten (vordefinierten) Funktionen von MATHEMATICA anwendbar:

  - Die Funktion **MeanCI** berechnet im Notebook mittels

    In[3]:= **MeanCI**[**X**, *Optionen*]

    das *Konfidenzintervall* für den unbekannten *Erwartungswert* (Mittelwert), wobei als Standardwert für das Konfidenzniveau (*ConfidenceLevel*) 0.95 verwendet wird.
    Im Argument sind folgende beiden *Optionen* möglich:

    KnownVariance->s

    zur Vorgabe eines Wertes s für die Streuung/Varianz,

    ConfidenceLevel->k

    zur Vorgabe eines Konfidenzniveaus k, falls man nicht den Standardwert 0.95 verwenden möchte.

  - Die Funktion **VarianceCI** berechnet im Notebook mittels

    In[4]:= **VarianceCI**[**X**, *Optionen*]

    das *Konfidenzintervall* für die *unbekannte Streuung*, wobei als Standardwert für das Konfidenzniveau 0.95 verwendet wird.
    Mittels der Option

    ConfidenceLevel->k

    kann das Konfidenzniveau verändert werden.

Auf die von MATHEMATICA zur Verfügung gestellten Funktionen zur Durchführung von Schätzungen können wir nicht umfassend eingehen und verweisen auf die Literatur [102-106, 112]).
Wir betrachten nur ein illustratives Beispiel.
♦

Beispiel 26.6:
Die eindimensionale Stichprobe

299,299,297,300,299,301,300,297,302,303,300,299,301,302,301,299, 300,298,300,300

vom Umfang 20 (siehe Beisp.26.2a) weisen wir im Notebook der eindimensionalen Liste (Stichprobenliste, Zeilenvektor) **X** zu, d.h.

In[1]:=**X**={299,299,297,300,299,301,300,297,302,303,300,299,301,302,301,299,
        300,298,300,300} ;

Nach Aufruf des MATHEMATICA-Package im Notebook mittels

In[2]:= **Needs**["HypothesisTesting`"]

lassen sich folgende Funktionen anwenden:

a) Die Funktion **MeanCI** berechnet für die Stichprobenliste **X** dieses Beispiels mittels

   In[3]:= **MeanCI**[**X**]

   Out[3]= {299.117, 300.583}

   das Konfidenzintervall

   [299.117, 300.583]

   für den *unbekannten Erwartungswert*.

   Gibt man z.B. für die Streuung/Varianz die im Beisp.26.5a berechnete *empirische Varianz* 2.45 vor, so berechnet

   In[4]:= **MeanCI** [**X**, KnownVariance->2.45]

   Out[4]= {299.164, 300.536}

   das Konfidenzintervall

   [299.164, 300.536]

   für den *unbekannten Erwartungswert*.

   Ändert man das *Konfidenzniveau* (Vertrauensniveau, ConfidenceLevel) zu 0.9, so berechnet

   In[5]:= **MeanCI** [**X**, KnownVariance->2.45, ConfidenceLevel->0.9]

   Out[5]= {299.274, 300.426}

   das Konfidenzintervall

   [299.274, 300.426]

   für den *unbekannten Erwartungswert*.

b) Die Funktion **VarianceCI** berechnet für die Stichprobenliste **X** dieses Beispiels mittels

   In[6]:= **VarianceCI**[**X**]

   Out[6]= {1.41695, 5.22651}

das Konfidenzintervall für die *unbekannte Streuung*, wobei als Standardwert für das Konfidenzniveau 0.95 verwendet wird:

[1.41695, 5.22651]

Ändert man das *Konfidenzniveau* (Vertrauensniveau, ConfidenceLevel) zu 0.9, so berechnet

In[7]:= **VarianceCI**[**X**, ConfidenceLevel->0.9]

Out[7]= {1.54428, 4.60116}

das Konfidenzintervall

[1.54428, 4.60116]

für die *unbekannte Streuung.*

◆

26.5.3 Testtheorie

Die im Abschn.26.5.1 vorgestellte Schätztheorie lässt sich nicht bei allen praktischen Problemstellungen einsetzen:

- Es werden häufig Methoden benötigt, um vorliegende (statistische) *Hypothesen* (Annahmen/Behauptungen/Vermutungen) über Eigenschaften (Parameter, Wahrscheinlichkeitsverteilung) einer Grundgesamtheit (Zufallsgröße X) zu überprüfen.

- Deshalb wurde das *Testen/Überprüfen* von *Hypothesen* über unbekannte Parameter und Verteilungsfunktionen einer Grundgesamtheit (Zufallsgröße X) entwickelt, das neben dem Schätzen zu wichtigen Gebieten der mathematischen Statistik gehört und als (statistische) *Testtheorie* bezeichnet wird.

- Die Hauptaufgabe der (statistischen) Testtheorie besteht im *Testen (Überprüfen)* aufgestellter (statistischer) *Hypothesen* über unbekannte *Parameter* und *Verteilungsfunktionen* einer Grundgesamtheit (Zufallsgröße X), d.h. man führt *statistische Tests* durch.

- Die in der Testtheorie durchgeführten *Tests* überprüfen, ob Informationen aus einer der Grundgesamtheit entnommenen zufälligen Stichprobe die über die Grundgesamtheit aufgestellten *Hypothesen* (statistisch) *nicht ablehnen* oder *ablehnen.*

- *Tests* können ebenso wie *Schätzungen* nicht in der gesamten vorliegenden Grundgesamtheit geschehen, sondern nur anhand entnommener *zufälliger Stichproben.* Deshalb sind ihre Ergebnisse nicht sicher, sondern treffen nur mit gewissen Wahrscheinlichkeiten zu.

Nach Art der aufgestellten Hypothesen lassen sich *statistische Tests* folgendermaßen *einteilen:*

- Mittels *Parametertests* werden *Hypothesen* über *Parameter* (Erwartungswert, Streuung,...) einer vorliegenden Grundgesamtheit (Zufallsgröße X) überprüft, wobei die Wahrscheinlichkeitsverteilung von X als bekannt vorausgesetzt wird.
  Parametertests heißen *Signifikanztests*, wenn es darum geht, dass eine aufgestellte Nullhypothese abgelehnt wird oder nicht.

- Mittels *Verteilungs-* bzw. *Anpassungstests* werden *Hypothesen* über *Wahrscheinlichkeitsverteilungen* einer vorliegenden Grundgesamtheit (Zufallsgröße X) überprüft, d.h. Hypothesen, ob die unbekannte Verteilungsfunktion einer Zufallsgröße X gleich einer vorgegebenen Verteilungsfunktion ist. Hiermit kann die häufig verwendete Annahme einer normalverteilten Zufallsgröße X überprüft werden.

- Mittels *Unabhängigkeitstests* werden *Hypothesen* über die *Unabhängigkeit* von Zufallsgrößen überprüft.

– Mittels *Homogenitätstests* werden *Hypothesen* über die *Gleichheit* von Wahrscheinlichkeitsverteilungen von Zufallsgrößen überprüft.

– Des Weiteren wird zwischen *verteilungsabhängigen* und *verteilungsunabhängigen Tests* unterschieden.

◆

Beispiel 26.7:

Illustration der Problematik der Testtheorie an einfachen praktischen Beispielen:

a) Bei der Herstellung eines Produkts (z.B. Bolzen) geht man aufgrund langer Erfahrung von einer Ausschussquote von 10% aus, d.h. die Wahrscheinlichkeit p, ein defektes Produkt zu erhalten, betrage p=0.1. Um die Gültigkeit dieser Annahme zu überprüfen, wird eine Stichprobe z.B. vom Umfang n=50 aus der aktuellen Produktion entnommen und auf Ausschuss untersucht. Man zählt z.B. 7 defekte Stücke. Dem Hersteller interessiert nun, ob die in der Stichprobe festgestellte *Abweichung* von der Ausschussquote 10% *zufällig* oder *signifikant* ist, so dass von einer höheren Ausschussquote ausgegangen werden muss.

In diesem Beispiel ist die *Annahme* (Hypothese) über einen *Parameter* zu überprüfen, und zwar die *Wahrscheinlichkeit* p, ein defektes Produkt zu erhalten.

b) Ein technisches Gerät wird in einer Firma in zwei verschiedenen Abteilungen hergestellt. Für die Firmenleitung ist deshalb die Frage von Interesse, ob die Lebensdauer der Geräte aus beiden Abteilungen als gleich einzuschätzen ist. Dazu betrachtet man die Lebensdauer der in beiden Abteilungen hergestellten Geräte als Zufallsgrößen X bzw. Y und muss anhand entnommener Stichproben die *Annahme* (Hypothese) prüfen, ob die beiden *Erwartungswerte* $E(X)$ und $E(Y)$ *übereinstimmen*, d.h. $E(X) = E(Y)$ gilt.

In diesem Beispiel ist die *Annahme* (Hypothese) über die *Parameter* Erwartungswerte $E(X)$ und $E(Y)$ zu überprüfen.

c) Es soll die *Annahme* (Hypothese) überprüft werden, ob sich die Haltbarkeitsdauer eines hergestellten Lebensmittels durch eine *normalverteilte Zufallsgröße* X beschreiben lässt.

Analoge Problemstellungen treten in der Technik auf, so ist z.B. zu überprüfen, ob sich die Bruchdehnung einer bestimmten Stahlsorte durch eine *normalverteilte Zufallsgröße* X beschreiben lässt.

Bei beiden Problemen ist die *Annahme* (Hypothese) über die *unbekannte Wahrscheinlichkeitsverteilung* zu überprüfen, wobei speziell auf *Normalverteilung* zu prüfen ist.

◆

26.5.4 Testtheorie mit MATHEMATICA

Es lassen sich integrierte (vordefinierte) Funktionen wie **MeanTest** und **VarianceTest** von MATHEMATICA heranziehen, um *Tests* von *Hypothesen* für *Erwartungswert* und *Streuung* durchzuführen.

MATHEMATICA benötigen zum Testen ein Erweiterungspaket (Package), das mittels

In[1]:= **Needs**["HypothesisTesting`"]

geladen wird.

Wir können jedoch aufgrund der von MATHEMATICA zur Verfügung gestellten umfangreichen Möglichkeiten zur *Durchführung* von *Tests* nicht näher hierauf eingehen, sondern verweisen auf die Literatur [102-106,112].

♦

26.5.5 Korrelation und Regression

Korrelation und *Regression* haben sich zu einem umfangreichen Gebiet der Statistik entwickelt, so dass diese für Anwendungen wichtige Problematik nur kurz vorgestellt werden kann.

In der Praxis treten häufig *Grundgesamtheiten* auf, in denen mehrere *Merkmale* betrachtet werden, die sich durch Zufallsgrößen X, Y, ... beschreiben lassen:

– In diesen Grundgesamtheiten entsteht die *Frage*, ob die betrachteten Zufallsgrößen voneinander *abhängig* sind, d.h. ob ein *funktionaler Zusammenhang* zwischen ihnen besteht.

– Die Beantwortung dieser Frage ist bei vielen praktischen Untersuchungen von großer Bedeutung, da häufig keine deterministischen funktionalen Zusammenhänge in Form von Gleichungen und Formeln bekannt sind.

Zur Untersuchung vermuteter Zusammenhänge zwischen Zufallsgrößen X, Y, ... wurden *Korrelations-* und *Regressionsanalyse* (siehe Abschn.26.5.6 bzw. 26.5.7) entwickelt, um mittels Wahrscheinlichkeitsrechnung Aussagen über Art und Form eines *funktionalen Zusammenhangs* zu erhalten, wobei wir uns auf zwei Merkmale (Zufallsgrößen) X und Y beschränken und nur lineare Zusammenhänge betrachten.

♦

26.5.6 Korrelationsanalyse

Zuerst ist die *Korrelationsanalyse* heranzuziehen, wenn ein funktionaler Zusammenhang zwischen Zufallsgrößen X, Y, ... *vermutet* wird. Sie liefert Aussagen über die *Stärke* des vermuteten Zusammenhangs z.B. zwischen zwei Merkmalen (Zufallsgrößen) X und Y, wobei lineare Zusammenhänge große Bedeutung besitzen:

• Als Maß für einen *linearen Zusammenhang* zwischen zwei Merkmalen (Zufallsgrößen) X und Y dient der *Korrelationskoeffizient*, der durch

$$\rho_{XY} = \rho(X,Y) = \frac{E((X-E(X))\cdot(Y-E(Y)))}{\sigma_X \cdot \sigma_Y}$$

definiert und folgendermaßen *charakterisiert* ist:

– Er existiert nur, wenn die Standardabweichungen σ_X und σ_Y ungleich Null sind.

– Er genügt der Ungleichung $-1 \le \rho_{XY} \le 1$

– Für $|\rho_{XY}| = 1$

besteht ein *linearer Zusammenhang* in Form der *Regressionsgeraden*

Y=a·X+b

zwischen den Merkmalen (Zufallsgrößen) X und Y mit Wahrscheinlichkeit 1.

- Aus der *Unabhängigkeit* der Zufallsgrößen X und Y folgt, dass der *Korrelationskoeffizient* den *Wert* 0 annimmt. Die Umkehrung muss nicht gelten.

- Da i.Allg. der Korrelationskoeffizient für zwei zu untersuchende Merkmale (Zufallsgrößen) X und Y einer Grundgesamtheit nicht bekannt ist, muss eine vorliegende zufällige *Stichprobe* mit den Stichprobenpunkte

$$(x_1, y_1), (x_2, y_2), \ldots, (x_n, y_n)$$

herangezogen werden, um den *empirischen Korrelationskoeffizienten* (siehe Abschn. 26.4.6)

$$r_{XY} = \frac{\sum_{i=1}^{n}(x_i - \overline{x}) \cdot (y_i - \overline{y})}{\sqrt{\sum_{i=1}^{n}(x_i - \overline{x})^2 \cdot \sum_{i=1}^{n}(y_i - \overline{y})^2}} = \frac{s_{XY}}{s_X \cdot s_Y}$$

berechnen zu können, für den ebenfalls $-1 \le r_{XY} \le +1$ gilt und der gleich ± 1 ist, wenn alle Stichprobenpunkte auf einer Geraden liegen.

26.5.7 Regressionsanalyse

Die *Regressionsanalyse* untersucht nach durchgeführter Korrelationsanalyse die *Art* des *Zusammenhangs* u.a. zwischen zwei Merkmalen (Zufallsgrößen) X und Y einer Grundgesamtheit, wobei wir nur *lineare Zusammenhänge* betrachten:

- Eine große Bedeutung besitzt die *lineare Regression*, die sich damit befasst, einen vermuteten *linearen Zusammenhang*

Y=a·X+b

zwischen zwei Merkmalen (Zufallsgrößen) X und Y herzustellen.

- Da für die Grundgesamtheit nur eine zufällige *Stichprobe* vorliegt, führt die *lineare Regression* auf das Problem, die Stichprobenpunkte

$$(x_1, y_1), (x_2, y_2), \ldots, (x_n, y_n)$$

durch eine Gerade (*empirische Regressionsgerade*)

y=a·x+b

anzunähern. Dazu wird die *Quadratmittelapproximation* (Methode der kleinsten Quadrate) verwendet, die Abschn. 11.5.2 vorstellt.

Bei hinreichend großen Stichproben lässt sich ohne statistische Tests eine *empirische Regressionsgerade* konstruieren, wenn der *empirische Korrelationskoeffizient* in der Nähe von -1 oder +1 liegt.

Einen ersten Eindruck lässt sich anhand einer *grafischen Darstellung* (siehe Abschn.26.4.2) der *Stichprobenpunkte* erhalten, ob ein linearer Zusammenhang vorliegen kann.

◆

26.5.8 Korrelation und Regression mit MATHEMATICA

MATHEMATICA bietet folgende *Möglichkeiten* zur Berechnung empirischer *Korrelationskoeffizienten* und *Regressionsgeraden* für eine Grundgesamtheit anhand einer zweidimensionalen zufälligen Stichprobe mit Stichprobenpunkten

$$(x_1,y_1), (x_2,y_2), \ldots, (x_n,y_n)$$

vom Umfang n:

- Zuerst berechnet man den empirischen *Korrelationskoeffizienten:*
  - Dazu werden x- und y-Komponenten der Stichprobenpunkte im Notebook den eindimensionalen Listen **X** bzw. **Y** zugewiesen:

    In[1]:= **X**={x1,x2,...,xn}; **Y**={y1,y2,...,yn};

  - Danach lässt sich die MATHEMATICA-Funktion **Correlation** für die Berechnung des empirischen Korrelationskoeffizienten anwenden (siehe Abschn.26.4.7):

    In[2]:= **Correlation[X,Y]//N**

- Danach berechnet man die empirische *Regressionsgerade:*
  - Dazu werden die Stichprobenpunkte im Notebook der zweidimensionalen Liste **XY** zugewiesen:

    In[3]:= **XY**={{x1,y1},{x2,y2},...,{xn,yn}} ;

  - wenn der empirische Korrelationskoeffizient in der Nähe von 1 liegt, wird die empirische Regressionsgerade mit der MATHEMATICA-Funktion **Fit** folgendermaßen berechnet:

    In[4]:= y[x_]= **Fit[XY,{1,x},x]** ; y[x]

- Die berechnete *empirische Regressionsgerade* y(x) lässt sich zusammen mit den vorliegenden *Stichprobenpunkten* (siehe Beisp.26.8 und Abb.26.1) mittels folgender Grafikfunktionen von MATHEMATICA *grafisch* im Intervall [a,b] *darstellen.*

  In[5]:= p1 = **ListPlot[XY**, Prolog->AbsolutePointSize[...]] ;

  In[6]:= p2 = **Plot[y[x],{x,a,b}]** ;

  In[7]:= **Show[p1,p2]**

Beispiel 26.8:

Illustration der Korrelations- und Regressionsanalyse mittels MATHEMATICA für die zweidimensionale Stichprobe

(20,5), (40,10), (70,20), (80,30), (100,40)

vom Umfang 5 aus Beisp.26.2b:

- Zuerst berechnet man den empirischen *Korrelationskoeffizienten:*

- Dazu werden x- und y-Komponenten der Stichprobenpunkte im Notebook den eindimensionalen Listen **X** bzw.**Y** zugewiesen:

  In[1]:= X= {20,40,70,80,100}; **Y**={5,10,20,30,40} ;

- Danach wendet man die MATHEMATICA-Funktion **Correlation** für die Berechnung des empirischen Korrelationskoeffizienten an (siehe auch Beisp.26.5b):

  In[2]:= Correlation[X,Y]//N

  Out[2]= 0.978624

- Danach berechnet man die empirische *Regressionsgerade:*
  - Dazu werden die Stichprobenpunkte im Notebook der zweidimensionalen Liste **XY** zugewiesen:

    In[3]:= XY={{20,5},{40,10},{70,20},{80,30},{100,40}} ;

  - Da der empirische Korrelationskoeffizient in der Nähe von 1 liegt, kann man die empirische *Regressionsgerade* mit der MATHEMATICA-Funktion **Fit** folgendermaßen berechnen:

    In[4]:= y[x_]= Fit [XY,{1,x},x] ; y[x]
    Out[4]= -6.20098 + 0.438725 x

- Die berechnete empirische *Regressionsgerade*
  y(x) = -6.20098 + 0.438725 x
  wird zusammen mit den gegebenen Stichprobenpunkten in Abb.26.1 mittels folgender Grafikfunktionen von MATHEMATICA *grafisch dargestellt* (siehe Kap.12):
  In[5]:= p1 = ListPlot[XY, PlotStyle->{Black, PointSize[0.02]}] ;
  In[6]:= p2 = Plot[y[x], {x, 10, 100}, PlotStyle->Black] ;
  In[7]:= Show[p1, p2]

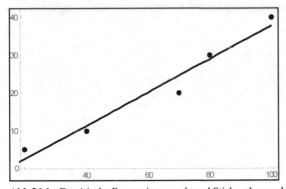

Abb.26.1.: Empirische Regressionsgerade und Stichprobenpunkte aus Beisp.26.8 mittels MATHEMATICA

Literaturverzeichnis

MATHEMATICA - Allgemein

[1] Abell, M.L., Braselton, J.P.: MATHEMATICA by Example, Academic Press 2008,

[2] Blachman, N., Williams, C.: MATHEMATICA: A Practical Approach, Prentice Hall 1999,

[3] Boccara, N.: Essential of MATHEMATICA: With Applications to Mathematics and Physics, Springer 2007,

[4] Borwein, J.M., Skerrit, M.P.: An Introduction to Modern Mathematical Computing: With MATHEMATICA, Springer 2012,

[5] Don, E.: MATHEMATICA, McGraw-Hill 2009,

[6] Gräbe, H.-G., Kofler, M.: MATHEMATICA 6, Addison-Wesley 2008,

[7] Gregor, J., Tiser,J.: Discovering Mathematics, a problem-solving approach to Mathematical Analysis with MATHEMATICA and MAPLE, Springer 2011,

[8] Hazrat, R.: MATHEMATICA: A Problem-Centered Approach, Springer 2010,

[9] Heinrich, E., Janetzko, H.-D.: Das MATHEMATICA Arbeitsbuch, Vieweg 1994,

[10] Herrmann, M.-L.: MATHEMATICA, Addison-Wesley 1997,

[11] Hoft, M.H., Hoft, H.F.W.: Computing with MATHEMATICA, Academic Press 2002,

[12] Hoste, J.: MATHEMATICA Demystified, Mc Graw Hill 2008,

[13] Kaufmann, St.: MATHEMATICA as a Tool: An Introduction with Practical Examples, Birkhäuser 2013,

[14] Kofler, M.: MATHEMATICA, Addison-Wesley 1992,

[15] Kripfganz, J.,Perlt, H.: Arbeiten mit MATHEMATICA, Hanser 1994,

[16] Lorenzen, K.: Einführung in MATHEMATICA, mitp 2014,

[17] Maeder, R.M.: Informatik für Mathematiker und Naturwissenschaftler: Eine Einführung mit MATHEMATICA, Addison-Wesley 1993,

[18] Maeder, R.M.: Computer Science with MATHEMATICA: Theory and Practice for Science, Mathematics, and Engineering, Cambridge University Press 2008,

[19] Magrab, E.B.: An Engineer's Guide to MATHEMATICA, John Wiley & Sons 2014,

[20] Mangano; S.: MATHEMATICA Cookbook, O'Reilly 2010,

[21] Mcmahon, D., Topa, D.M.: A Beginner's Guide to MATHEMATICA, Chapman & Hall 2006,

[22] Noll, J.: MATHEMATICA interaktiv, Hanser 1997,

[23] Shaw, W.T.: Complex Analysis with MATHEMATICA, Cambridge University Press 2006,

[24] Ruskeepaa, H.: MATHEMATICA Navigator: Mathematics, Statistics and Graphics, Elsevier 2009,

[25]   Shingareva, I., Lizarraga-Celaya, C.: MAPLE and MATHEMATICA, Springer 2009,

[26]   Stelzer, E.H.K.: MATHEMATICA, Addison-Wesley 1993,

[27]   Torrence, B.F., Torrence, E.A.: MATHEMATICA, Cambridge University Press 2009,

[28]   Trott, M.: The MATHEMATICA GuideBook for Symbolics, Springer 2006,

[29]   Wagon, St.: MATHEMATICA in Action, Springer 2010,

[30]   Weiß, C.H.: MATHEMATICA kompakt, Oldenbourg 2008,

[31]   Wolfram Research: MATHEMATICA 3.0 Standard Add-on Packages, Wolfram Media 1996,

[32]   Wolfram Research: MATHEMATICA 4 Standard Add-on Packages, Wolfram Media 1999,

[33]   Wolfram St.: MATHEMATICA book 5, Wolfram Media 2004,

Biomathematik mit MATHEMATICA

[34]   Schuster,R.: Biomathematik: Mathematische Modelle in der Medizinischen Informatik und in den Computational Life Sciences mit Computerlösungen in MATHEMATICA, Vieweg+Teubner 2009,

Differentialgleichungen mit MATHEMATICA

[35]   Adzievski, K., Siddiqi, A.H.: Introduction to Partial Differential Equations for Scientists and Engineers using MATHEMATICA, Chapman & Hall 2013,

[36]   Gray, A., Mezzino, M.: Introduction to Ordinary Differential Equations with MATHEMATICA, Springer 2014,

[37]   Kuzman, A., Abul, H.S.: Introduction to partial differential equations for scientists ans engineers using MATHEMATICA, CRC Press 2013,

[38]   Ross, C.C.: Differential Equations: An Introduction with MATHEMATICA, Springer 2004,

[39]   Shingareva, I., Lizarraga-Celaya, C.: Solving Nonlinear Partial Differential Equations with MAPLE and MATHEMATICA, Springer 2011,

[40]   Stavroulakis, I.P., Tersian, S.A.: Partial Differential Equations: An Introduction with MATHEMATICA and MAPLE, World Scientific 1999,

[41]   Strampp, W., Ganzha, V.: Differentialgleichungen mit MATHEMATICA, Vieweg 1995,

[42]   Vvedensky, D.: Partial Differential Equations with MATHEMATICA, Addison-Wesley 1993,

Dynamische Systeme mit MATHEMATICA

[43]   Kulenovic, M.R.S.: Discrete Dynamical Systems and Difference Equations with MATHEMATICA, Chapman & Hall 2002,

[44]   Lynch,St.: Dynamical Systems with Applications using MATHEMATICA, Birkhäuser 2007,

Finanzmathematik mit MATHEMATICA

[45]   Shaw, W.T.: Modelling Financial Derivatives with MATHEMATICA, Cambridge University Press 1998,

[46]   Stojanovic, S.: Computational Financial Mathematics using MATHEMATICA, Birkhäuser 2003,

Grafik mit MATHEMATICA

[47]   Franke, H.W.: Animation mit MATHEMATICA, Springer 2002,

[48]   Gray, A., Salomon, S.: Modern Differential Geometry of Curves and Surfaces with MATHEMATICA, Chapman & Hall 2006,

[49]   Saquip, N.: MATHEMATICA Data Visualization, Packt Publishing 2014,

[50]   Trott, M.: The MATHEMATICA Guide Book for Graphics, Springer 2004,

[51]   Wickham-Jones, T.: MATHEMATICA Graphics: Techniques & Applications, Springer 1994,

Ingenieurmathematik mit MATHEMATICA

[52]   Benker, H.: Ingenieurmathematik mit Computeralgebra-Systemen, Vieweg 1998,

[53]   Heinrich, E.: MATHEMATICA: Vom Problem zum Programm. Modellbildung für Ingenieure und Naturwissenschaftler, Vieweg 1998,

[54]   Kreysig, E., Normington, E.J.: MATHEMATICA Computer Manual for Advanced Engineering Mathematics, John Wiley & Sons 1995,

[55]   Magrab, E.B.: An Engineer's Guide to MATHEMATICA, John Wiley & Sons 2014,

[56]   Strampp, W.: Aufgaben zur Ingenieurmathematik: Differentialgleichungen, Numerik, Fourier- und Laplacetheorie - Mit MATHEMATICA- und MAPLE-Beispielen, Oldenbourg 2002,

Mathematik mit MATHEMATICA

[57]   Arangala, C.: Exploring Linear Algebra: Labs and Projects with MATHEMATICA, CRC Press 2014,

[58]   Gregor, J., Tiser, J.: Discovering Mathematics: A Problem-Solving Approach to Mathematical Analysis with MATHEMATICA and MAPLE, Springer 2010,

[59]   Hassani, S.: Mathematical Methods using MATHEMATICA, Springer 2003,

[60]   Hibbard, A.C., Levasseur, K.M.: Exploring Abstract Algebra with MATHEMATICA, Springer 1999,

[61]   Nehrlich, W.: Diskrete Mathematik - Basiswissen für Informatiker: Eine MATHEMATICA-gestützte Darstellung, Carl Hanser 2003,

[62]   Parker, L. Christensen, S.M.: MathTensor, Addison-Wesley 1994,

[63]   Pemmaraju, S.: Computational Discrete Mathematics: Combinatorics and Graph Theory with MATHEMATICA, Cambridge University Press 2009,

[64]   Shaw, W.T.: Complex Analysis with MATHEMATICA, Cambridge University Press 2006,

[65] Shiskowski, K.M., Frinkle, K.: Principles of Linear Algebra with MATHEMATICA, Wiley-Verlag 2013,

[66] Strampp, W.: Lineare Algebra mit MATHEMATICA und MAPLE, Vieweg 1999,

[67] Strampp, W.: Höhere Mathematik mit MATHEMATICA,Teil 1-4, Vieweg 1997,

[68] Strampp, W.: Analysis mit MATHEMATICA und MAPLE, Vieweg 1999,

[69] Szabo, F.: Linear Algebra with MATHEMATICA, Academic Press 2010,

[70] Szabo, F.: The Linear Algebra Survival Guide: Illustrated with MATHEMATICA, Academic Press 2015,

Mechanik mit MATHEMATICA

[71] Nomura, S.: Micromechanics with MATHEMATICA, John Wiley & Sons 2015,

[72] Romano, A.: Classical Mechanics with MATHEMATICA, Birkhäuser-Verlag 2012,

[73] Romano, A., Marasco, A.: Continuum Mechanics using MATHEMATICA: Fundamentals, Methods, and Applications, Birkhäuser-Verlag 2014,

[74] Tiebel, R.: Theoretische Mechanik in Aufgaben: Mit MATHEMATICA- und MAPLE-Applikationen, Wiley-VCH Verlag 2006,

Numerische Mathematik mit MATHEMATICA

[75] Dubin, D.: Numerical and Analytical Methods for Scientists and Engineers using MATHEMATICA, John Wiley & Sons 2003,

[76] Sanns, W., Schuchmann, M.: Praktische Numerik mit MATHEMATICA, Teubner 2001,

[77] Skeel, R.D., Keiper, J.B.: Elementary Numerical Computing with MATHEMATICA, Stipes Pub Llc 2000,

[78] Trott, M.: The MATHEMATICA GuideBook for Numerics: Mathematics and Physics, Springer-Verlag 2006,

Operationsforschung mit MATHEMATICA

[79] Hastings, K.J.: Introduction to the Mathematics of Operations Research with MATHEMATICA, Chapman & Hall 2006,

Optimierung mit MATHEMATICA

[80] Bhatti, M.A.: Practical Optimization Methods: With MATHEMATICA Applications, Springer 2000,

[81] Benker, H.: Mathematische Optimierung mit Computeralgebrasystemen, Springer 2003,

Physik mit MATHEMATICA

[82] Baumann,G.: Mathematica for Theoretical Physics: Electrodynamics, Quantum Mechanics, General Relativity, and Fractals, Springer 2005,

[83] Cap, F.C.: Mathematical Methods in Physics and Engineering with MATHEMATICA, Chapman & Hall 2007,

[84]   Enns, R.H., McGuire, G.C.: Nonlinear Physics with MATHEMATICA for Scientists and Engineers, Birkhäuser 2013,

[85]   Feagin, J.M., Pahl, F.: Methoden der Quantenmechanik mit MATHEMATICA, Springer 1995,

[86]   Grozin, A.: Introduction to MATHEMATICA for Physicists, Springer 2014,

[87]   Harris, F.H.: Mathematics for Physical Science and Engineering: Symbolic Computing in MAPLE and MATHEMATICA, Elsevier 2014,

[88]   Hassani, S.: Mathematical Methods using MATHEMATICA: For Student of Physical and Related Fields, Springer 2003,

[89]   Kinzel, W., Reents, G.: Physik per Computer: Programmierung physikalischer Probleme mit MATHEMATICA und C, Spektrum Akademischer Verlag 1996,

[90]   Koberlein, B.: Astrophysics through Computation, Cambridge University Press 2014,

[91]   Kuska, J.-P.: MATHEMATICA und C in der modernen Theoretischen Physik: mit Schwerpunkt Quantenmechanik, Springer 1997,

[92]   McClain, W.: Symmetry Theory in Molecular Physics with MATHEMATICA, Springer 2014,

[93]   Rennert, P., Chassé, A.: Einführung in die Quantenphysik: Experimentelle und theoretische Grundlagen mit Aufgaben und MATHEMATICA-Notebooks, Springer Spektrum 2013,

[94]   Tam, P.T.: A Physicist's Guide to MATHEMATICA, Academic Press 2011,

Programmierung mit MATHEMATICA

[95]   Gaylord, R.J., Kamin, S.N, Wellin, P.R.: Einführung in die Programmierung mit MATHEMATICA, Birkhäuser 1995,

[96]   Kilian, A.: Programmieren mi Wolfram MATHEMATICA, Springer 2010,

[97]   Maeder,R.: Programming in MATHEMATICA, Addison-Wesley 1996,

[98]   Trott, M.: The MATHEMATICA Guide Book for Progamming, Springer 2004,

[99]   Wellin, P.R.: Programming with MATHEMATICA: An Introduction, Cambridge University Press 2013,

[100] Zachary, J.L.: Introduction to Scientific Programming: Computational Problem Solving using MATHEMATICA and C, Springer 1998,

Spieltheorie mit MATHEMATICA

[101] Morton, J.C.: Konfliktlösungen mit MATHEMATICA, Springer 2000,

Statistik und Wahrscheinlichkeitsrechnung mit MATHEMATICA

[102] Abell, M.L., Braselton, J.P., Rafter, J.A.: Statistics with MATHEMATICA, Academic Press 1999,

[103] Hastings, K.J.: Introduction to Probability with MATHEMATICA, CRC Press 2009,

[104] Jäger, A.H.: Statistik mit MATHEMATICA, Springer 1997,

[105] Overbeck-Larisch, M., Dolejsky, W.: Stochastik mit MATHEMATICA, Vieweg 1998,

[106] Rose, C., Smith, M.D.: Mathematical Statistics with MATHEMATICA, Springer 2002,

Wirtschaftsmathematik mit MATHEMATICA

[107] Benker, H.: Wirtschaftsmathematik mit dem Computer, Vieweg 1997,

[108] Huang, C.J., Crooke, P.S.: Mathematics and MATHEMATICA for Economist, Blackwell Publ. 1997,

[109] Stinespring, J.R.: MATHEMATICA for Microeconomics, Academic Press 2002,

[110] Varian, H.R.: Computational Economics and Finance: Modeling and Analysis with MATHEMATICA, Springer 2011,

[111] Varian, H.R.: Economic and Financial Modeling with MATHEMATICA, Springer 2014,

Kurze Literaturangaben zu den weiteren Computerprogrammen für mathematische Berechnungen EXCEL, MAPLE, MATHCAD, MATLAB und MuPAD

[112] Benker, H.: Statistik mit MATHCAD und MATLAB, Springer 2001,

[113] Benker, H.: Differentialgleichungen mit MATHCAD und MATLAB, Springer 2005,

[114] Benker, H.: Wirtschaftsmathematik - Problemlösungen mit EXCEL, Vieweg 2007,

[115] Benker, H.: EXCEL in der Wirtschaftsmathematik, Springer-Vieweg 2014,

[116] Benker, H.: Ingenieurmathematik kompakt - Problemlösungen mit MATLAB, Springer 2010,

[117] Benker, H.: Mathematik - Problemlösungen mit MATHCAD und MATHCAD PRIME, Springer-Vieweg 2013,

[118] Braun, R., Meise, R.: Analysis mit MAPLE, Vieweg+Teubner 2012,

[119] Creutzig, C., Gehrs, K. und Oevel, W.: Das MuPAD-Tutorium, Springer 2004,

[120] Fuchssteiner, B.: MuPad Multi Processing Algebra Data Tool: Benutzerhandbuch MuPAD Version 1.2, Springer 1994,

[121] Kofler, M., Bitsch, G. und Komma, M.: MAPLE - Einführung, Anwendung, Referenz, Addison-Wesley Longmann 2002,

[122] Majewski, M.: Getting Started with MuPAD, Springer 2005,

[123] Rapin, G., Wassong, Th., Wiedmann, S., Koospal, S.: MuPAD: Eine Einführung, Springer 2007,

[124] Westermann, T.: Mathematische Probleme lösen mit MAPLE, Springer 2014,

[125] Westermann, T.: Ingenieurmathematik kompakt mit MAPLE, Springer 2012,

Deutschsprachige Literatur zur Computeralgebra

[126] Gräbe, H.G.: Script zum Kurs Einführung in das symbolische Rechnen, http://bis.informatik.uni-leipzig.de/HansGertGraebe,

[127]   Kaplan, M.: Computeralgebra, Springer 2005,

[128]   Koepf, W.: Computeralgebra, Springer 2006.

Sachwortverzeichnis

(Integrierte (vordefinierte) Funktionen, Kommandos und Konstanten, Befehle (Schlüsselwörter) der Programmiersprache und Dateiendungen von MATHEMATICA sind im **Fettdruck** geschrieben)

Printed in the United States
By Bookmasters